生态影响评价理论与技术

贾生元　编著

中国环境出版社·北京

图书在版编目（CIP）数据

生态影响评价理论与技术 / 贾生元编著．—北京：
中国环境出版社，2013.5
　ISBN 978-7-5111-1410-5

　Ⅰ．①生…　Ⅱ．①贾…　Ⅲ．①环境生态评价
Ⅳ．①X826

中国版本图书馆 CIP 数据核字（2013）第 063579 号

出 版 人　王新程
责任编辑　黄晓燕
责任校对　唐丽虹
封面设计　宋　瑞

出版发行　**中国环境出版社**
　　　　　（100062　北京市东城区广渠门内大街 16 号）
　　　　　网　　址：http://www.cesp.com.cn
　　　　　电子邮箱：bjgl@cesp.com.cn
　　　　　联系电话：010-67112765（编辑管理部）
　　　　　　　　　　010-67112735（环评与监察图书出版中心）
　　　　　发行热线：010-67125803，010-67113405（传真）
印　　刷　北京中科印刷有限公司
经　　销　各地新华书店
版　　次　2013 年 5 月第 1 版
印　　次　2013 年 5 月第 1 次印刷
开　　本　787×960　1/16
印　　张　21
字　　数　365 千字
定　　价　80.00 元

前　言

　　生态影响评价是规划及开发建设项目环境影响评价（简称：环评）的重要内容，而对生态学基本概念、基本原理的分析是研究生态影响评价的基础。依据生态学基本概念和基本原理对项目区域生态环境进行现状调查和评价，并结合规划及工程分析，对规划实施和工程建设造成的生态影响进行预测、评价（或评估），对造成的不利生态影响提出有针对性的生态保护措施，是生态影响评价的基本内容。

　　本书是作者根据多年来的工作实践，参考国内外有关资料，结合近年来有关规划及开发建设项目生态影响评价的实践及评估要求，对不同类型建设项目的特点及生态影响评价进行分析、总结，试图为做生态影响评价的同志提供一本实用的工作指南。

　　本书第1章给出了57个（组）生态学基本概念；第2章对60多条生态学、哲学基本原理及其在生态影响评价中的应用进行了分析；第3章是生态影响评价的主要内容；第4章为生态影响评价技术方法；第5章为典型开发建设项目生态影响评价技术要点；第6章为生态规划及规划环评生态专题；第7章为生态影响型建设项目竣工验收调查；第8章为环境监理方面的内容。

　　环境影响评价的根本属性是其实用性，同时还具有规范性（依据法律法规、规范性文件及政策、技术导则进行编写）和技术性（是综合各学科理论和实践编写的技术报告）。这是本书编写的出发点。

　　本书由贾生元编写出初稿，并最后统稿。主要编写人员如下：

第 1 章、第 2 章贾生元；第 3 章贾生元，赵东波，舒艳，蔻蓉蓉；第 4 章贾生元，黄丽华，赵欣胜，蔡春霞；第 5 章贾生元，李丽娜，刘海东，石晓枫，王天培，赵芳；第 6 章贾生元，王亚男，祝晓燕，时进钢；第 7 章贾生元，宣昊；第 8 章贾生元，穆彬。其中，"5.6 海洋与海岸带项目"特别经厦门大学环境影响评价中心主任石晓枫先生审阅、修订；第 7 章由环境保护部环境工程评估中心宣昊同志参与编写、审修。

本书可供生态影响评价技术人员、报考全国环境影响评价工程师职业资格考试的人员以及高等院校的师生参考。

目　录

第 1 章　生态学的基本概念

生态学是研究生物与生物、生物与环境之间相互作用关系的科学，也就是研究生命系统之间以及生态系统与非生命系统之间关系的科学。生态学根据研究对象、方法或范围的不同，有很多分支学科。传统生态学按照研究的层次，一般分为个体生态学、种群生态学、群落生态学、生态系统生态学、景观生态学。在生态影响评价实际工作中，除非涉及珍稀濒危保护物种，一般不关注个体生态学。

生态学概念很多，本书从开发建设项目及规划的生态影响评价的实际需要出发，从国内目前出版的生物学及生态学书籍中精心选出在环境影响评价中应用较多或以后可能会用到的 57 个（或组）概念。这些基本概念对生态影响评价十分重要，是从事生态影响评价的工作人员必备的基础知识。

1.1 种群生态学的基本概念

1.1.1 物种与种群

物种（species）是由遗传基因决定的、具有种内繁育能力、区别于其他生物类群的一类生物。物种可以是一个或几个个体，同一类生物个体的集合体即为种群（population）。但种群不是个体的简单集合，种群内部及种群间有复杂的生物或生态学关系。

种群密度是描述种群动态的常用参数。种群的数量动态和空间分布是生态影响评价中需要关注的内容。个体的移入、迁出、出生率、死亡率、栖息地条件和人类干扰等因素都会影响种群动态。

种群有三个基本特征：空间特征，即种群具有一定的分布区域；数量特征，每单位面积（或空间）上的个体数量（即密度）是变动的；遗传特征，种群具有一定的基因组成，即系一个基因库，以区别于其他物种，但基因组成也不是绝对不变的（孙儒泳，1987）。

在开发建设项目生态影响评价中，应特别关注那些受国家或地方保护的物种

（珍稀野生动植物）或有益的、有科研或经济价值的动植物。同时，还应关注因其分布与缘源关系而形成的特有种和孑遗种（刘南威，2000）。

（1）特有种：仅分布在某一地区而不在其他地区分布的动植物。它们的分布区称为特有分布区。它们分布的范围有大有小，可以是某个大陆、岛屿、山地等。根据起源、分布历史和环境条件，特有种可分为古特有种、新特有种和生态特有种。

古特有种，分类上属古老的类型，是从某一地质时期遗留下来的很少演变的种类，具有缩小的残遗分布区。如银杏、水杉、水松等。

新特有种，分类上属年轻类型，起源于近代，因时间短还未来得及扩大其分布区，或因受某种阻碍而限于其发生地区。如特产于广西、云南、贵州的金凤藤，特产于青藏高原的画笔菊和西藏微孔草等。

生态特有种，与一定的生成条件（主要是土壤及水分）相联系的特有种。

（2）孑遗种（残遗种）：过去曾经有广泛的分布区，由于地质和气候原因，现在分布范围已大大缩小，只剩个别孤立的或者是星散分布的几个小区的动植物。其现代分布区称为孑遗或残遗分布区。孑遗种不仅有分类上的含义，而且还有地理上的含义。分类学上的孑遗种又称"活化石"，在系统发生上是古老的分类群，其现代分布区可以很大，也可以很小，如水杉、银杏、鹅掌楸、枫香、蜡梅等。地理上的孑遗种，其形成主要取决于其分布历史，是环境因素综合影响、长期发展的结果，与分类学关系不大（刘南威，2000）。

1.1.2　优势种、建群种、关键种与冗余种

一般而言，群落中常有一个或几个生物种群大量控制能流，其数量、大小以及在食物链中的地位强烈影响着其他物种的生境，这样的物种称为群落的优势种（dominant species）。群落各层中的优势种可以不止一个种，即共优种。在我国热带森林里，乔木层的优势种往往是由多种植物组成的共优种。简而言之，群落中起主导和控制作用的物种称为优势种，用有关重要值（物种重要值=相对密度+相对频度+相对优势度，见本书 4.2.3.4 节）评价方法来表征，被用来划分或判断群落的类型。

群落主要层（如森林的乔木层）的优势种，称为建群种（constructive species）。建群种在数量上不一定占绝对优势，但决定着群落内部结构和特殊的环境条件。如在主要层中有两个以上的种共占优势，则把它们称为共建种。

物种在群落中的地位不同，一些珍稀、特有、庞大的物种对其他物种具有不成比例的影响，它们在维护生物多样性和生态系统稳定方面起着重要的作用。如

果它们消失或削弱，整个生态系统可能要发生根本性的变化，这样的特有种称为关键种（keystone species）。

在一些群落中，有些物种是多余的，这些种的去除不会引起群落内其他物种的丢失，同时对整个系统的结构和功能不会造成太大的影响，这类物种称为冗余种（redundant species）。

如果开发建设项目征占地区物种属于冗余种，则项目建设占地对该种植物资源的影响一般是可以接受的。

1.1.3　玛他种群

玛他种群是 meta-population 的音译，由 Levins 在 1969 年首次提出，其定义为"一组种群构成的种群"，是指生活在栖息地已破碎的、呈斑块状分布的种群。即"由经常局部性灭绝，但又能重新定居而再生的种群所组成的种群"。也有翻译为集合种群（meta-population）、异质种群（meta-population）、斑块种群（patch-population）、多种群（multi-population）、亚种群组（sub-population group）、种群中的种群（population of populations）等。换言之，这类种群是由空间上相互隔离但又有功能联系（繁殖体或生物个体的交流）的两个或两个以上亚种群组成的种群系统，是一个复合系统。该理论是种群生态学及景观生态学"源-汇模型"的理论基础。

一个典型的玛他种群需满足以下 4 个条件：

（1）适宜的生境以离散斑块形式存在，这些离散斑块可以被局域繁育种群占据。

（2）即使是最大的局域种群也有灭绝风险，否则，集合种群会因最大局域种群的永不灭绝而可以一直存在下去，从而形成大陆-岛屿型集合种群。

（3）生境斑块不可过于隔离而阻碍局域种群的重新建立。如果生境斑块过于隔离，就会形成不断趋于集合种群水平上的灭绝的非平衡态集合种群。

（4）各个局域种群的动态不能完全同步，如果完全同步，那么集合种群不会比灭绝风险最小的局域种群续存更长的时间。这种异步性足以保证在当前环境下不会使所有的局域种群同时灭绝。

1.1.4　边缘种

两个群落交错区，经长期发育，边缘效应较为稳定，生物种类既有两个群落的共有种，也有交错区的特有种。这种仅存在于交错区或原产生交错区的最丰富的物种，称为边缘种（edge species）。调查边缘种，可以更充分地了解区域物种多样性，对了解群落演替具有重要意义，有利于了解不同群落之间互相渗透、扩散的过程。

1.1.5　种群密度

种群密度（density of population）是指单位面积或单位空间内的个体数目，是生境质量的重要指标。但从景观生态过程来看，也并非总能作为生境质量的指标，某一物种的个体经常会出现在不适宜的生境中，甚至会集中到"汇"生境中，如果没有持续的迁入量，将导致种群就地灭绝。

1.1.6　生物量

原《环境影响评价技术导则　非污染生态影响》（HJ/T 19—1997）关于生物量的术语定义：生物量又称"现存量"，指单位面积或单位体积内生物体的重量[修订后的《环境影响评价技术导则　生态影响》（HJ 19—2011）中取消了该术语解释]。

生物量（biomass）泛指单位面积或体积所有生物生产的有机质积累的总量，是研究第一性生产量的基础，也是评价生态系统结构与功能的重要指标。现存量（standing crop），是指单位面积上当时所测定得到的生物体总重量，即测定某一时间内活体的生物量。

实际上，生物量包含的内容很广，目前学术界对此还有一定争议。按《简明生物学词典》（上海辞书出版社，1982）给出的含义，"生物量是在某一时间内，一个单位面积或体积内所含的一个或一个以上生物种，或一个生物群落中所有的生物种的个体总量"。严格地讲，生物量应该指的是植物的生物量，动物生物量除地表微生物量、土壤动物生物量相对较容易测量外，野生哺乳动物的生物量是难以测量的。生物量不仅包括地上的，而且应该包括地下的（有时地下生物量反而比地上生物量更多），甚至应该包括枯枝落叶。因此，生物量的确定或测定需要明确包含的内容或涉及的范围。某一地区的生物量往往是处于动态变化之中的。

进一步讲，用单位面积、单位时间（年）内的生长量来表示植物生物量更有意义。对农作物而言，在生态影响评价中计算工程建设占地造成的生物量损失，以人们比较习惯的农作物产量损失来表示造成的损失容易接受；而对于林地，以森林木材蓄积量表示则更实用。

在生态影响评价工作中，HJ 19—2011 要求生态一级评价应通过样方实测或遥感获得生物量及物种多样性数据。实际工作中有较大的难度，且往往失去实际意义。因此，我们可以根据现状调查中收集的有关科研资料或以生态现状调查为基础进行计算、估算地表植物生物量（以干重或鲜重表示），必要时可进行实测。

1.1.7　净第一性生产力

指植物单位面积上单位时间内除去呼吸消耗外，生产的有机质的数量。通常，净第一性生产力是单位时间内植物的生长量、植物凋落物及枯落物量和被动物吃掉的损失量三者之和。即，植被的净第一性生产力（net primary productivity，NPP）是指植物群落在单位时间和单位面积上所积累的净光合产量，它是群落中植物个体不同的生理生态学特性和环境因子相互作用的产物。

一定区域的植被净第一性生产力，除受植被自身的生物-生态学特性制约外，主要取决于环境中热量和水分条件的分配与组合。气候要素不仅决定了植被的分布，也决定了其净第一性生产力，这是地带性植被表现出的基本特征之一，也是气候-植被关系研究的主要内容。

1.2　群落及生态系统生态学的基本概念

1.2.1　生物群落

指一定地域内所有生物种群的集合体，包括该地区中的动物、植物和微生物。生物群落（biocoenosis）不是生物物种的简单集合，而是一个由各种关系联系在一起的整体。一般将群落分为动物群落、植物群落、微生物群落。

实际上，群落的划分也因划分角度、范围、方式各异，我们经常看到的动物多是以"种群"的形式存在的，当然从较大尺度上去划分，动物也可以为"群落"。植物群落一般可从总体上以其外部形态特征确定（如森林群落、灌丛群落、草本植物群落、农田植物群落等）。但是，物种重要值是确定群落类型的基本方法。一般是通过植物样方或样地的调查来计算物种重要值，以重要值最高或重要值排在前两位或前三位的植物种确定群落的类型。如华南地区的马尾松林，就是马尾松重要值为最高的植物群落，而东北地区的落叶松与白桦针阔叶混交林，就是以重要值排在第一位的落叶松与排在第二位的白桦命名的群落类型。

1.2.2　群丛与群系

（1）群丛（association）

群丛是植物群落分类的基本单位，为同类群落的联合。类似植物分类学中的"种"为同种个体的联合。通常属于一个群丛的植物群落，其植物种类组成，建群种和优势种，外貌和结构，以及生境的特点均相似。例如在我国亚热带低山或红色丘陵上所分布的上层乔木以马尾松为主，地面覆被着茂密的芒萁的群落，均属于以"马尾松-芒萁"命名的群丛。

（2）群系（formation）

群系是植物群落的中级分类单位，指相近的群丛联合。优势种生活型相同的群系，可联合为植被型。

1.2.3 地带性植被与非（或超）地带性植被

（1）地带性植被（zonal vegetation）

地带性植被是指能够充分反映一个地区气候特点的植被，是当地气候条件长期自然选择的结果，具有最大的适应性和最大的相对稳定性。是区域尺度上的植被类型。

（2）非地带性植被（azonal or extrazonal vegetation）

非地带性植被不是固定在某一植被带中，而是同时出现在两个以上的植被带中。如盐生植被既出现在草原带和荒漠带，也出现在其他带的沿海地区，沼泽植被几乎出现在所有的植被带中；水生植被普遍分布在世界各地的湖泊、池塘、河流等淡水水域，这些植被统称为隐域植被（intrazonal vegetation）。它们对气候带没有专一性，因而是非地带性植被。

1.2.4 植物生态型与生活型

（1）生态型（ecotype）

生态型是种群在自然或人为选择下对不同生境或植培条件长期适应分化的产物。该概念是瑞典植物学家 G. W. Turesson 于 1992 年提出的。不同生态型分别分布在特定的生境内，并具有形态、生理、遗传和适应性的差异。如早稻与晚稻，籼稻与粳稻。

（2）生活型（life form，biological type）

植物生活型实际上是生态型的一种。植物对综合生境条件长期适应而在外貌上表现出来的生长类型，如乔木、灌木、草本、藤本、垫状植物等。其形成是不同植物对相同环境条件产生趋同适应的结果。

丹麦植物生态学家劳恩凯尔（C. Raunkiaer）建立的系统按越冬休眠芽的位置与适应特征，将高等植物分为"高位芽""地上芽""地面芽""地下芽"和"一年生植物"五大生活型类群。在各类群的基础上，按植物的高度、茎的质地、落叶或常绿等特征，再分为若干较小的类群。

根据植物对光照长度的反应可分为：长日照植物（每日光照长度为 12～14 h）、

短日照植物（每日光照长度为 8～10 h）、中日照植物（要求日照与黑暗各半）。

根据植物水的反应可分为：水生植物和陆生植物。水生植物又可分为沉水植物、浮水植物和挺水植物；陆生植物可分为湿生植物、中生植物和旱生植物。

1.2.5　生境

生境（habitat）一般指物种（也可以是种群或群落）存在的环境域，即生物生存的空间和其中全部生态因子的总和。植物生长的土壤及各种条件，动物的栖息地、食源地、庇护所、繁殖地等。在林业上常将林木的生境称为"立地条件"。实际上也就是生物生存的环境。

生境包括结构性因素、资源性因素以及物种之间的相互作用等。生境结构可以分为水平结构（空间异质性）、垂直结构（垂直分化或分层现象）和时间结构（周期性变化）。

随着作为研究对象的生物的大小，生活方式等的不同，作为生境来研究的空间的大小也不同。微小生物栖息的、具有特殊环境条件的微小场所或某一群落的内部小场所，通常被称为小生境（microhabitat）；不仅涉及内部环境，还包括外部环境的大范围区域，则称为大生境（majorhabitat）。

生境是一个非常重要的概念，在生态影响评价中会经常用到，特别是涉及野生动植物保护时，十分重要的就是保护其"生境"，也就是说保护野生动物或植物，最切实的措施就是保护其"生境"。如保护植物最重要的就是保护土壤和水分条件（阳光和空气一般并不缺失，阳光不足的地方，还会有喜阴植物生长）；保护动物，就要保护动物的食源地、水源地、庇护所、繁殖所、领地等。

1.2.6　群落演替

群落演替（community succession）是指在一定区域内，植物群落随时间变化，由一种类型演变为另一种类型的有序的自然过程。其实质是生态系统内部资源供给中由生物驱动的变化所造成的生态系统结构与机能执行上的定向改变。其典型的时间尺度从数年到数世纪。因此，演替不包括生态系统过程中由气候直接驱动的由夏至冬的季节性波动。

也有人称为"生态演替"，实际上生态演替只是一种习惯说法，不是一个很准确的概念，称为"群落演替"才是更科学的。

群落演替又分原生演替和次生演替。

（1）原生演替（primary succession）

发生在严重的干扰之后的演替，这样的干扰移走或掩埋了生态系统过程的大多数产物，很少甚至根本不留下任何的有机质或生物有机体。开发建设项目环境影响评价工作中遇到会发生这类演替的一般为矿山开采类项目。采矿会导致严重的生态干扰，其自然恢复过程往往是原生演替过程。此外，火山、冰河、山崩、洪水、海岸沙丘的形成以及湖泊干涸也会导致原生演替。

（2）次生演替（secondary succession）

发生在原来有植被的区域，只是干扰导致此前植被的破坏。干扰移走或杀死了大多数地上生物，但留下一些土壤有机质与植物或植物繁殖体，可以继续生长植被的过程。

1.2.7 生态元、生态位与非生态位

生态元（ecological unit）是指不同水平的生物统称。

在生态因子的变化范围内，能够被生态元实际和潜在占据、利用和适应的部分，称为生态位（niche），其余部分称为生态元的非生态位（non-niche）。

简言之，生态位就是指群落内一个物种的资源利用。每个生命现象，无论物种或植被，都在变量空间占有特定的位置和空间。

在生物群落中，能够被生物利用的最大资源空间被称为该生物的基础生态位。由于存在着竞争，很少物种能够全部占领基础生态。物种实际占有的生态位被称为现实生态位。

1.2.8 食物链与食物网

（1）食物链（food chain）

食物链指群落中不同生物种群通过取食与被食的关系，形成的营养连锁结构。

（2）食物网（food web）

群落中的食物链通过营养联系，相互交叉，形成一个错综复杂的网状结构，称为食物网。实际上，一个地区的食物网与非生物环境的结合，就是生态系统。

1.2.9 群落交错区与边缘效应

（1）群落交错区（ecotone）

群落交错区是指在两个不同群落交界的区域。群落交错区实际上是一个过渡地带。

（2）边缘效应（edge effect）

群落交错区中既可有相隔群落的生物种类，又可有交错区特有的生物种类。这种在群落交错区中生物种类增加和某些种类密度加大的现象，叫做边缘效应。

1.2.10 集群与领域

（1）集群（aggregation、society、colony）

集群是某类生物的一种重要的适应性特征。同一种生物的不同个体，或多或少都会在一定的时期内生活在一起，从而保证种群的生存和正常繁殖。集群有临时、永久，集会和社会等之分。

（2）领域（territory）

领域也是某些动物的生物学或生态学特性。动物个体、配偶或家族通常只局限活动在一定范围的区域，如果这个区域受动物保卫，不允许其他动物，通常是同种动物的进入，这个区域或空间就称为该动物或该群体的"领域"。领域也有暂时和永久之分。如大部分鸟类只是在繁殖期间才建立和保卫领域。

1.2.11 生物多样性

根据联合国"生物多样性公约"，生物多样性（biodiversity）是指所有来源的形形色色的生物体，这些来源包括陆地、海洋和其他水生生态系统及其所构成的生态综合体；这包括物种内部、物种之间和生态系统的多样性。

因此，概括地说，生物多样性是指遗传多样性、物种多样性、群落多样性或生态系统多样性。

保护生物多样性不仅对区域生态保护具有极重要的意义，对维护全球生态系统也具有重要意义。保护生物多样性要加强国际合作，依法保护，采取就地保护，如建立自然保护区、森林公园，建立种子库或基因库，有效实际异地（迁地或易地）保护，并加强生物多样性监测和保护研究等措施。

1.2.12 生态系统

生态系统（ecosystem）指在一定的时间和空间内，由生物群落与其环境组成的一个整体，各组成要素间借助物种流动、能量流动、物质循环、信息传递而相互联系，相互制约，并形成具有自调节功能的复合体。简而言之，生态系统就是"生物群落+环境"。

生态系统的基本特征：

① 具有整体性特征；

② 具有复杂、有序的层级结构；

③ 是一个开放的系统；

④ 有一定的负荷能力；

⑤ 有进化、演替的能力；

⑥ 有明确功能和服务性能；

⑦ 有自维持、自调控功能；

⑧ 有动态变化的特征；

⑨ 有可持续发展特性。

生态系统类型的划分一般应该依据"气候、地形及植被"三者相结合来划分，如寒温带山地针叶林生态系统，但在实际工作中往往不容易掌握。因此，在实际工作中首先从植被类型（即地表生长的是什么植物）着手确定生态系统类型，然后再结合地形地貌与气候做进一步的确定。这是生态影响评价中需要掌握的基本知识。

地球上的生态系统大致有以下几类：

（1）陆地生态系统

① 荒漠生态系统，又可分为干荒漠生态系统和冷荒漠生态系统；

② 冻原生态系统；

③ 极地生态系统；

④ 高山生态系统，又分为高山森林生态系统、高山灌丛生态系统、高山草地生态系统；

⑤ 草地生态系统，又可分为湿草地生态系统和干草原生态系统；

⑥ 稀树干草原生态系统；

⑦ 亚热带常绿阔叶林生态系统；

⑧ 热带雨林生态系统，又可分为雨林生态系统和季雨林生态系统；

⑨ 农业生态系统或农田生态系统；

⑩ 城市生态系统。

（2）水域生态系统

① 淡水生态系统，分为静水生态系统和流水生态系统。

静水生态系统，又可分为湖泊生态系统、池塘生态系统、水库生态系统、湿地生态系统或沼泽生态系统等；

流水生态系统，又可分为河流生态系统、溪流生态系统等。

② 海洋生态系统，可分为：

远洋生态系统；

珊瑚或珊瑚礁生态系统；

上涌水流区生态系统；

浅海（大陆架）生态系统；

河口生态系统；

海岸带生态系统，又可分为岩岸生态系统、沙岸生态系统。

（3）社会-自然-经济复合生态系统

这是马世骏、王如松（1984）在总结了以整体、协调、循环、自生为核心的生态控制论原理的基础上，针对社会经济发展与生态系统的关系，从实际出发提出的一个综合了人类社会、经济发展和自然环境的宏观上的"大系统"，是符合人类社会实际，也符合当前各类生态系统实际的一个开创性的学术观点。同时包含了时（代际、世际）、空（地域、流域、区域）、量（各种物质、能量代谢过程）、构（产业、体制、景观）、序（竞争、共生与自生序）等复杂的生态关联及调控方法。

另外，有学者及专著《中国生态系统》中将生态系统进行了要素分类与编码（尽管本书作者从开发建设项目生态影响评价的实际应用角度来看，并不认可这一分类。因为这种套用群落划分方法或思维而对生态系统划分的结果，在实际工作中并不实用。但考虑到生态影响评价的实质是对生态系统的评价这一基本内涵，仍将当前生态系统要素分类与编码研究成果列出，供感兴趣的同行深入探讨和进一步研究），主要内容如下：

① 陆地生态系统类型要素分类与编码。

生态系统分类系统采用 6 级分类单位。

生态系统型：陆地生态系统，海洋生态系统。

　生态系统纲：如森林生态系统，草地生态系统。

　　生态系统目：如针叶林生态系统。

　　　生态系统科：如寒温带和温带山地针叶林生态系统。

　　　生态系统属：如落叶松林。

　　　　生态系统丛：如兴安落叶松林。

生态系统编码方式（×-××-××-××-×××-×××），见表 1-1 和表 1-2。

表 1-1　生态系统分类单位编码

×	××	××	××	×××	×××
生态系统型	生态系统纲	生态系统目	生态系统科	生态系统属	生态系统丛
TYPE	CLASS	ORDER	FAMILY	GENUS	CLUSTER

注：生态系统型代码设定为 1 位数字码，陆地生态系统型为 1，海洋生态系统型为 2。生态系统纲代码设定为 2 位数字码，空位以 0 补齐；生态系统目代码设定为 2 位数字码，空位以 0 补齐；其余分类单元类同。

表 1-2 生态系统纲的分类代码

代码	生态系统纲	说明
01	森林生态系统	—
02	灌丛生态系统	—
03	草地生态系统	—
04	荒漠生态系统	—
05	湿地生态系统	包括陆地河流、湖泊和水库等各类咸淡水体
06	农田生态系统	—
07	城市生态系统	—

② 陆地生态系统分类标准

自然生态系统主要依据《中国植被》提出的植物群落分类系统为基础，并参考《中国生态系统》的分类方法，作进一步改进。人工生态系统主要采用各个学科的知识体系进行分类。全部生态系统分类采用 6 级单位，见本书 3.2 节所述。

在《中国生态系统》的分类系统上增加了生态系统科一级，并对生态系统目进行了重新定义。这是考虑到《中国生态系统》中从生态系统纲到生态系统目的跳跃性较大，因此将其定义的生态系统目改为生态系统科，而在生态系统科和生态系统纲之间增加新的生态系统目。对自然生态系统而言，从生态系统目到生态系统丛，主要与《中国植被》植物群落分类系统中的植被型组、植被型、群系和群丛等相对应。

A．生态系统型，为生态系统最高级单位。根据生态系统结构、过程和功能的差异，我们将中国的生态系统分为陆地生态系统型和海洋生态系统型，其目的主要是为了研究和管理的方便。

B．生态系统纲，为生态系统的高级单位。在陆地生态系统型内，对自然生态系统，按照建群种生活型相近而群落外貌形态相似和水分条件相当，将陆地的自然生态系统分为森林生态系统、灌丛生态系统、草地生态系统、荒漠生态系统和湿地生态系统；对人工生态系统，按照人类对土地利用方式的差异，将陆地上人为影响的生态系统分为农田生态系统和城市生态系统。

C．生态系统目，为生态系统最主要的高级分类单位。在自然生态系统纲内，综合考虑植被的生态与外貌特征、地表水文特征以及植被分类的习惯进行生态系统目的划分。如森林生态系统可以划分为针叶林生态系统目、针阔混交林生态系统目、阔叶林生态系统目等；考虑到人工森林的特殊性，单列一目，即人工森林生态系统目。草地生态系统纲则划分为草原生态系统目、草丛生态系统目、草甸生态系统目、高寒生态系统目等。荒漠生态系统纲则根据植被有无划分为有植被荒漠生态系统目和无植被荒漠生态系统目。湿地生态系统纲则主要根据水文特点，划分为沼泽生态系统目、河流生态系统目、湖泊生态系统目和永久性冰川雪地生态系统目。农田生态系统纲则根据耕作方式和作物的不同划分为耕地生态系统目和园地生态系统目。在人居住的城市生态系统纲内，根据人类聚落的差异和生产功能的差异将城市生态系统划分为城市生态系统、区镇生态系统以及农村居民点生态系统。

D. 生态系统科，为生态系统的中级单位。

在自然生态系统目内，根据水热条件、大气候带和地形进行划分。如针叶林生态系统目可以划分为寒温带和温带山地针叶林生态系统科、亚热带针叶林生态系统科、热带针叶林生态系统科以及亚热带和热带山地针叶林生态系统科。

在人为影响的生态系统目内，同样根据水热大气候带和地形进行划分。但河流生态系统目主要根据其汇流的海洋进行划分，如渤海水系生态系统科等。

E. 生态系统属。对于自然生态系统，主要依据已有的、被广泛承认的划分方法进行分类。

对森林生态系统、灌丛生态系统和草地生态系统，主要根据建群种（共建种）的属进行划分。如在寒温带和温带山地针叶林生态系统中划分出落叶松林生态系统属、云杉林生态系统属等；在温带落叶阔叶灌丛生态系统中划分出柳灌丛等；在温带草甸生态系统中划分出羊草草甸草原。

河流生态系统属主要根据干流和支流进行划分。湖泊生态系统属根据淡水和咸水进行划分。在农田生态系统属主要依据灌溉方式进行划分，果园生态系统属主要依据种植的对象进行划分。城市生态系统属主要依据城市规模和管理方式进行划分。

F. 生态系统丛，是生态系统划分的基本单元。在各个生态系统属内，根据优势种（共优种）、结构、动态（包括季节变化和演替动态）和生境进行划分。即属于同一生态系统丛的生态系统应具有相同的优势种、相同的结构、相同的生态特征、相同的动态特点和相似的生境。对于城市生态系统，主要根据具体城市规模和城镇地位进行划分；对于农田生态系统，则主要根据同一熟制下的耕作制度及其在同一轮作周期内的作物群落进行划分。

③ 陆地生态系统分类单元（纲）定义。

A. 森林生态系统，是指以乔木、竹类和灌木等为主要生产者的陆地生态系统。中国的森林生态系统主要分布在东部、西南部和西北高山等湿润或较湿润的地区，类型十分丰富。其主要特点是：

a. 动植物种类繁多，木本植物和树栖动物种类丰富；

b. 层次结构、层片结构和营养结构复杂，形成复杂的食物网，环境空间以及营养物质利用充分；

c. 种群的密度和群落的结构能够长期处于较稳定的状态，尤其是热带雨林生态系统。

d. 生产力高，生物量大；

e. 生态系统服务功能高，如在调节气候、涵养水源、净化空气、保持水土、防风固沙、吸烟滞尘、改变区域水热状况等方面有着突出的作用。

B. 灌丛生态系统，是指以灌木和草本植物为主要生产者的陆地生态系统。我国的灌丛生态系统具有分布广泛、类型多样、种类复杂、生态适应性广等特点。既有在自然环境条件下发育的原生类型，也有在人为干扰下形成的持久性的次生类型。其主要特点是：

a. 主要由丛生无主干的灌木组成，高度 5 m 以下，盖度大于 30%；

b. 物种组成、层次结构和营养结构相对简单；

c. 种群密度、群落结构和生产力的时空变化较小，不同地区的灌丛生态系统限制因子不同；

d. 生态系统服务功能主要体现在涵养水源、保持水土和防风固沙等方面。

C. 草地生态系统，是指以多年生草本植物为主要生产者的陆地生态系统。我国的草地生态系统主要分布在北部、西北部和西南部的干旱和半干旱区，以及南方湿润区的荒地，是我国陆地面积最大的生态系统类型。其主要特点是：

a. 主要由多年生禾草植物组成，多年生杂类草及半灌木也起到一定的作用；

b. 群落结构和营养结构相对简单；

c. 种群密度、群落结构和生产力的时空变化较大，主要是受到水分的限制；

d. 生态系统服务功能主要在于涵养水源、保持水土、防风固沙和改变区域水热状况等方面。

D. 荒漠生态系统，是指分布在干旱区的以耐旱植物为主要生产者的陆地生态系统。我国荒漠生态系统主要分布在北部和西北部的干旱区。其主要特点是：

a. 由于自然条件极为严酷，动植物种类非常稀少；

b. 植物以极其耐旱的灌木、小半灌木和肉质植物为主，动物大都具有特殊的适应能力，如昼伏夜出等；

c. 植被稀疏，结构单调，生产力低下，食物网过于简单；

d. 种群密度、群落结构和生产力的时空变化较大，主要是受到水分的限制；

e. 生态系统服务功能低下。

E. 湿地生态系统，是指所有的陆地淡水生态系统，如河流、湖泊、沼泽，以及作为河流归宿地的内陆河尾闾湖泊、陆地和海洋过渡地带的滨海湿地生态系统，是陆地、水域共同与大气相互作用、相互影响、相互渗透，是兼有水陆双重特征的特殊生态系统。我国湿地类型多样，分布广泛。其主要特点是：

　　a. 兼具陆生与水生动植物类群，生物多样性丰富；

　　b. 结构复杂，生产力高，在水文情势影响下，生态系统随之出现同步波动，强弱互替；

　　c. 生态系统服务功能高，主要在于径流调节、蓄水抗旱、防洪排涝、废弃物降解、调节气候、净化空气等方面。

　　F. 农田生态系统，是指以作物为主要生产者的陆地生态系统。由于是人工建立的生态系统，人的作用非常突出。我国的农田生态系统主要分布在东部湿润地区的平原和丘陵。其主要特点是：

　　a. 生物群落结构较简单，常为单优群落，伴生有杂草、昆虫、土壤微生物、鼠、鸟等其他小动物；

　　b. 由于大部分生产力随收获而被移出系统，养分循环主要靠系统外投入而保持平衡；

　　c. 农田生态系统的稳定有赖于一系列耕作栽培措施的人工养地，在相似的自然条件下，土地生产力远高于自然生态系统；

　　d. 其生态系统服务功能主要在于提供食品，其他服务功能较低。

　　G. 城市生态系统，是人类对自然环境的适应、加工、改造而建设起来的特殊的人工生态系统。它不仅有生物组成要素（植物、动物和细菌、真菌、病毒）和非生物组成要素（光、热、水、大气等），还包括人类和社会经济要素，这些要素通过能量流动、生物地球化学循环以及物资供应与废物处理系统，形成一个具有内在联系的统一整体。我国的城市生态系统主要分布在东部湿润区的平原和丘陵。其主要特点是：

　　a. 以人为主体，人在其中不仅是主要的消费者，而且是整个系统的营造者；

　　b. 几乎全是人工生态系统，其能量和物质运转均在人的控制下进行，居民所处的生物和非生物环境都已经过人工改造，是人类自我驯化的系统；

　　c. 城市中人口、能量和物质容量大，密度高，流量大，运转快，与社会经济发展的活跃因素有关；

　　d. 是不完全的开放性的生态系统，系统内无法完成物质循环和能量转换。许多输入物质经加工、利用后又从本系统中输出（包括产品、废弃物、资金、技术、信息等）。

表 1-3 荒漠生态系统纲的分类代码

名称（目）	名称（科）	名称（属）	名称（丛）
有植被荒漠生态系统	温带矮半乔木荒漠生态系统	梭梭荒漠	梭梭荒漠
			梭梭沙漠
			梭梭砾漠
			梭梭壤漠
			白梭梭荒漠
	温带灌木荒漠	麻黄荒漠	膜果麻黄荒漠
			帕米尔麻黄荒漠
		霸王荒漠	霸王荒漠
		锦鸡儿荒漠	白皮锦鸡儿荒漠
			库车锦鸡儿、沙生针茅、新疆绢蒿荒漠
		金露梅荒漠	小叶金露梅荒漠
		沙拐枣荒漠	白杆沙拐枣荒漠
			塔里木沙拐枣荒漠
			红皮沙拐枣荒漠
			蒙古沙拐枣荒漠
		柽柳荒漠	多枝柽柳荒漠
			多花柽柳荒漠
			刚毛柽柳荒漠
		白刺荒漠	泡泡刺荒漠
			西伯利亚白刺荒漠
			齿叶白刺荒漠
			唐古特白刺荒漠
		裸果木荒漠	裸果木荒漠
	温带草原化灌木荒漠	沙冬青荒漠	沙冬青荒漠
			沙冬青砾漠
			沙冬青沙漠
		半日花荒漠	半日花、矮禾草荒漠
		刺旋花荒漠	刺旋花、矮禾草荒漠
		绵刺荒漠	绵刺、矮禾草荒漠
		柠条荒漠	柠条、蒙古沙拐枣、霸王、矮禾草荒漠
		锦鸡儿荒漠	矮锦鸡儿、矮禾草荒漠
			藏锦鸡儿、矮禾草荒漠
		棘豆荒漠	刺叶棘豆、矮禾草荒漠
		四合木荒漠	四合木、矮禾草荒漠

名称（目）	名称（科）	名称（属）	名称（丛）
有植被荒漠生态系统	温带半灌木、矮半灌木荒漠	红砂荒漠	红砂荒漠
			红砂沙漠
			红砂砾漠
			红砂壤漠
			五柱红砂荒漠
			黄花红砂荒漠
		驼绒藜荒漠	驼绒藜荒漠
			驼绒藜沙漠
			驼绒藜砾漠
			驼绒藜壤漠
	温带半灌木、矮半灌木荒漠	猪毛草荒漠	松叶猪毛菜荒漠
			珍珠猪毛菜荒漠
			蒿叶猪毛菜荒漠
			蒿叶猪毛菜砾漠
			蒿叶猪毛菜石漠
			木本猪毛菜荒漠
			天山猪毛菜荒漠
			东方猪毛菜荒漠
		合头草荒漠	合头草荒漠
			合头草砾漠
			合头草石漠
			合头草沙漠
			合头草壤漠
			合头草、粗毛锦鸡儿荒漠
		樟味藜荒漠	樟味藜、短叶假木贼荒漠
		小蓬荒漠	小蓬荒漠
		戈壁藜荒漠	戈壁藜荒漠
		假木贼荒漠	短叶假木贼荒漠
			短叶假木贼沙漠
			短叶假木贼砾漠
			盐生假木贼荒漠
			无叶假木贼荒漠
			高枝假木贼荒漠

名称（目）	名称（科）	名称（属）	名称（丛）
有植被荒漠生态系统	温带半灌木、矮半灌木荒漠	绢蒿荒漠	纤细绢蒿荒漠
			白茎绢蒿荒漠
			伊犁绢蒿荒漠
			新疆绢蒿荒漠
			博乐绢蒿荒漠
			博乐绢蒿砾漠
			博乐绢蒿壤漠
			沙漠绢蒿荒漠
			高山绢蒿荒漠
			高山绢蒿、刺叶柄棘豆荒漠
			高山绢蒿壤漠
			高山绢蒿沙漠
		蒿草荒漠	昆仑蒿荒漠
			沙蒿荒漠
			籽蒿荒漠
			油蒿荒漠
			漠蒿荒漠
			旱蒿荒漠
		灌木亚菊荒漠	灌木亚菊荒漠
		短舌菊荒漠	南山短舌菊荒漠
			垫状短舌菊荒漠
		紫菀木荒漠	紫菀木、灌木亚菊、沙生针茅荒漠
		黄芪荒漠	细枝黄芪、白沙蒿、沙鞭荒漠
	温带多汁盐生矮半灌木荒漠	盐爪爪荒漠	圆叶盐爪爪荒漠
			里海盐爪爪荒漠
			尖叶盐爪爪荒漠
			细枝盐爪爪荒漠
			盐爪爪荒漠
		木碱蓬荒漠	木碱蓬荒漠
		盐节木荒漠	盐节木荒漠
		盐穗木荒漠	盐穗木荒漠
	温带草本荒漠	盐生草荒漠	盐生草荒漠
	高寒垫状矮半灌木荒漠	高山绢蒿高寒荒漠	高山绢蒿、高山紫菀高寒荒漠
		蒿草高寒荒漠	昆仑蒿高寒荒漠
		藏亚菊高寒荒漠	藏亚菊高寒荒漠
		驼绒藜高寒荒漠	垫状驼绒藜高寒荒漠
		红景天高寒荒漠	唐古特红景天高寒荒漠

名称（目）	名称（科）	名称（属）	名称（丛）
无植被荒漠	沙漠	裸露沙漠	裸露沙漠
	戈壁	裸露戈壁	裸露戈壁
	石山	裸露石山	裸露石山
	盐碱地	裸露盐碱地	裸露盐碱地
	盐壳	盐壳	盐壳
	龟裂地	龟裂地	龟裂地
	风蚀残丘	风蚀残丘	风蚀残丘
	风蚀裸地	风蚀裸地	风蚀裸地
	高山岩屑	高山岩屑	高山岩屑

注：① 最低分类单元即生态系统丛对应植被中的群系或亚群系；② 生态系统属是建群种同在一属的生态系统丛的集合；主要考虑到同属植物在地理分布、生物学和生态学特征、对生态系统结构和功能的影响相近；③ 生态系统科对应植被中的植被型或植被亚型。

H. 典型海洋生态系统（marine ecosystem）主要包括海岸滨海、河口、湿地、海岛、红树林、珊瑚礁、上升流以及大洋区等生态系统。它们既赋存天然的生态价值，也具有不同的社会服务功能。

以红树林生态系统为例，红树林庞大的根系促使泥沙淤积；它的消能作用大大减轻了海岸地带侵蚀；繁茂的红树林还是海洋生物的乐园。一旦遭到破坏，海滩就可能变成裸滩，导致海岸侵蚀后退和生态失调，生物资源种类与数量也逐年下降，特别是以红树林为栖息地的海鸟几乎绝迹。

但是，本书作者认为这种套用群落划分方法或思维而对生态系统划分的结果，在实际工作（特别是环境影响评价工作）中并不实用。

1.2.13 生态平衡

生态平衡（ecological equilibrium）是指一个生态系统在特定时间内，其结构和功能相对稳定，物质和能量输入输出接近平衡，在外来干扰下，通过自身调控能恢复到原初的稳定状态。

简而言之，就是生物与其环境的相互关系处于一种比较协调和相对稳定的状态。即"和谐"关系，是一个动态的平衡。保护生态系统，实际上就是为了维护生态系统的平衡，防止平衡失调，控制生态退化或恶化，避免产生生态灾难。

1.2.14 生态系统服务功能

生态系统具有对人类社会支持与服务的功能。生态系统服务（ecosystem services）是指人类直接或间接从生态系统得到的各方面利益。主要包括向经济社会系统输入有用物质和能量、接受和转化来自经济社会系统的废弃物，以及直接向人类社会成员提供服务（如人们普遍享用洁净空气、水等舒适性资源）。即提供产品、调节、文化和支持四大方面的功能。

1997 年，Robert Costanza 等在《自然》杂志上发表了"全球生态系统服务功能价值和自然资本"，在世界范围内引起巨大反响。Costanza 等将全球生态系统类型划分为海洋、森林、草原、湿地、水面、荒漠、农田、城市等 16 个大类 26 个小类。将生态系统服务功能具体划分为：

固定 CO_2、释放 O_2（有资料报道，处于生长季节的每公顷阔叶林一天可吸收 1 000 kg 的 CO_2，释放出 730 kg 的 O_2）、稳定大气层等气候调节功能，水文调节、水资源供应等水调控功能，控制水土流失的水土保持功能，土壤熟化、营养元素等物质循环功能，废弃物处理、污染净化功能，传花授粉、提供生境、生物控制的功能，食物生产、原材料供应的功能，遗传基因库功能，文化娱乐以及科研、教育、美学、艺术价值等 17 种功能。

1.2.15　生态完整性

生态系统是一个有机整体，其存在方式、功能都表现出统一的整体性。有时也称为"生态整体性"（ecological integrity）。

就面积而言，同类型的生态系统面积越大越完整，面积大的区域生态比面积小区域的生态具有相对高的完整性。但生态完整性不仅仅局限于面积，还与生态系统内部组成与结构，生态系统与外部环境之间的联系有关，特别是地形、土壤、水系、气候等。

完整的生态系统一般是比较稳定的，有较强的抵抗外界干扰并持续发展的能力。

1.2.16　生态稳定性

生态稳定性是指生态系统所具有的保持或恢复自身结构和功能相对稳定的能力。实际上就是生态系统维持自我平衡的、自组织能力的特性。一般表现为恢复稳定性和阻抗稳定性。

恢复稳定性是指生态系统在遭到外界因素干扰后恢复到原状的能力。

河流被严重污染后，导致水生生物大量死亡，使河流生态系统的结构和功能遭到破坏。如果停止污染物的排放，河流生态系统通过自身的净化作用，还会恢复到接近原来的状态。这说明河流生态系统具有恢复自身相对稳定状态的能力。再如，一片草地上发生火灾后，第二年就又长出茂密的草本植物，动物的种类和数量也能得到恢复。

森林生态系统的抵抗力稳定性比草原生态系统的高，但是，它的恢复力稳定性要比草原生态系统低得多。热带雨林一旦遭到严重破坏（如乱砍滥伐），要想再恢复原状就非常困难了。

阻抗稳定性指生态系统抵抗外界干扰并使自身的结构和功能保持原状的能力。生态系统之所以具有阻抗稳定性，是因为生态系统内部具有一定的自动调节能力。如森林生态系统对气候变化的抵抗能力，就属于抵抗力稳定性。再如，在森林中，当害虫数量增加时，食虫鸟类由于食物丰富，数量也会增多，这样害虫种群的增长就会受到抑制。

1.2.17 生态脆弱性

生态脆弱性是生态系统在特定时空尺度上相对于干扰而具有的敏感反应和恢复状态，它是生态系统固有属性在干扰作用下的表现。

生态脆弱性的一般属性有：范围的区域性、类型的单一性、变迁的长期性、经济的滞后性等。

生态脆弱性研究目前还主要是定性研究，探讨的问题也主要是生态环境脆弱带现状与形成机理、脆弱性临界值的确定以及脆弱生态环境评价等，其中脆弱生态环境评价主要采用建立指标体系的方法。由于生态系统极其复杂，实际上很难建立一个为大家所公认的统一的指标体系，因而有关生态脆弱性的研究，概念模型和定性分析仍占很大比例。

生态脆弱地区是指那些自然生态破坏比较严重，且呈继续恶化的地区。

我国是世界上生态脆弱区分布面积最大、脆弱生态类型最多、生态脆弱性表现最明显的国家之一。为保护和改善我国的生态脆弱区，2008 年 9 月环境保护部颁布了《全国生态脆弱区保护规划纲要》。不仅要保护生态优良区，也要维护生态脆弱区，生态脆弱区被破坏后更不容易恢复，且容易导致生态灾难。

1.3 景观生态学的基本概念

1.3.1 景观与景观生态学

景观（landscape）是空间异质性的区域，既是生物的栖息地，更是人类的生存环境，具有高度的综合性和明显的地域性，它整合和浓缩了特定地域上诸多自然要素和人文现象间的内在联系。景观是由具有不同生态特性的斑块组成的嵌合体，一般适用于大尺度或中尺度（数十平方公里至数百平方公里，甚至全球尺度）生态过程的研究。景观生态具有众多与一般群落或生态系统的不同特征，是当前生态学研究的一个重要分支学科。随着规划及规划环境影响评价工作的不断深入，景观生态学将在其中发挥重要作用。

景观一般由拼块（缀块）、基质（模地）和廊道组成。狭义景观是指在几十千米至几百千米范围内，由不同类型的生态系统所组成的、具有重复性格局的异质性地理单元。广义景观则包括出现在从微观到宏观不同尺度上的、具有异质性或缀块性的空间单元。

景观生态学是研究景观单元的类型组成、空间配置及其生态学过程相互作用的综合性学科。强调空间格局、生态学过程与尺度之间的相互作用是景观生态学研究的核心所在。

景观生态学研究对象和内容可概括为三个方面：景观结构、景观功能、景观动态。重点集中在：空间异质性或格局的形成和动态及其与生态学过程的相互作用；格局-过程-尺度之间的相互关系；景观的等级结构和功能特征以及尺度问题；人类活动与景观结构、功能的相互关系；景观异质性（或多样性）的维持和管理。

1.3.2 区域

景观的研究范畴是较大区域的生态特性。区域（region）是反映地理、气候、生物、经济、社会和文化综合特征的景观复合体。在生态环境现状调查与影响评价中需给出明确的区域地理位置（坐标）、面积数量。

区域的范围小则几十平方千米，大则几十万平方千米、几百万平方千米，甚至更大。在环境影响评价中，一般是指比评价范围更大的、建设项目所在的行政区，可以是行政村、乡镇、县或县级以上的行政区。

1.3.3 异质性

异质性（heterogeneity）是指某种生态学变量在空间分布上的不均匀性及复杂程度。是空间缀块（拼块）性与空间梯度的综合反映。

在《环境影响评价技术导则　非污染生态影响》（HJ/T 19—1997）中，异质性是指在一个区域里（景观或生态系统）对一个种或者更高级的生物组织的存在起决定作用的资源（或某种性状）在空间或时间上的变异程度（或强度）（《环境影响评价技术导则　生态影响》（HJ 19—2011）中取消了对该术语的解释）。

1.3.4　相对同质

指自然等级体系中低于一定景观尺度的等级系统（主要指生态系统）具有的不同于景观的基本特征，即它是由具有相似特征的组分组成的系统。这些组分即表现相对同质。

生态系统是相对同质的，而景观和区域则是异质的。

1.3.5　缀块

缀块（patch）泛指与周围环境在外貌或性质上不同，并且具有一定内部均质性的空间单元，可以是植物群落、湖泊、草原、农田或居民区等。缀块有时也被称为"拼块"。

1.3.6　廊道

廊道（corridor）指景观中与相邻两侧环境不同的线性或带状结构。常见的廊道包括农田间的防风林带、篱笆、河流、道路、峡谷、输电线路等。

在物种保护规划中鼓励建立廊道，但廊道的有效性还处于争议之中。斑块间廊道的有效性取决于物种的个体大小、活动能力或斑块间干扰的性质。例如，栅栏对于田鼠而言是一个廊道，对于牛而言是一个障碍，而对于鸟则可以被认为不存在任何影响。

1.3.7　基底（基质）

基底（基质）（matrix）指景观中分布最广、连续性最大的背景结构。常见的有森林基底、草原基底、农田基底、城市用地基底等。判断基底一般依据面积上的优势、空间上的高度连续性和对景观总体动态的支配作用，即"相对面积大"、"连通程度高"、"具有动态控制功能"。一般而言，面积比达到 50% 以上时，可视该基质为景观模地。

注意：在景观生态影响评价实际工作中，可按自然景观与不同的人工景观考虑，将面积比在 50% 以上的自然景观视为模地，如天然林地与天然草地结合形成的自然景观面积比合计超过 50%，可以称其为"林草地"模地。

1.3.8　景观拼块频率、密度及景观连通程度

景观拼块频率指景观体系中某一类型拼块在该地域出现的样方数与总样方数的百分比。

　　景观拼块密度指景观体系中某一类型拼块在某一地域中的数目与拼块总数的百分比。

　　景观连通程度指不同类型生态系统或景观成分在区域空间的隔离其他成分的物理屏障能力和具有的适宜物种流动通道能力。当外界干扰突然来临时，如气候异常变化，景观斑块间的连通度就非常重要了，面对剧烈的变化，物种可以迁移到另一景观斑块中。

1.3.9　景观分离度

　　指景观类型中不同元素或斑块个体分布的分离度。它在一定程度上反映了人类活动强度对景观结构的影响。分离度越大，表明景观类型在地域上越分散，其稳定性越差。主要有分离度指数法、最小距离法、类斑散度三种表示方法。

1.3.10　分维数

　　景观斑块的分维数（fractals）反映了景观形状的复杂程度和景观的空间稳定程度。它采用周长与面积关系进行计算。分维数一般为 1～2。其值越接近于 1，则斑块的几何形状越趋于简单、规则，表明受干扰的程度越大；反之，越趋近于 2，斑块的几何形状越复杂，自然度越强。

1.3.11　破碎度

　　指某景观类型在特定时间和特定性质上的破碎化程度。它在一定程度上也反映了人类对景观的干扰程度。表征景观破碎度的指标很多，如斑块密度、斑块破碎化指数等。

1.4　与生态影响评价相关的其他重要概念

1.4.1　生态影响评价

　　借用环境影响评价的法律定义，生态影响评价（ecological impact assessment）是指规划和建设项目实施后可能对生态的影响进行分析、预测和评估，提出预防或减轻不良生态影响的对策和措施，进行生态监理或监测的技术工作过程。

　　在《环境影响评价技术导则　生态影响》（HJ 19—2011）中，指经济社会活动对生态系统及其生物因子、非生物因子所产生的任何有害或有益的作用，影响可划分为不利影响和有利影响，直接影响、间接影响和累积影响，可逆影响和不可逆影响（HJ/T 19—1997）中的"生态影响"是指通过定量揭示或预测人类活动对生态影响及其对人类健康和经济发展作用的分析确定一个地区的生态负荷或环境容量。这个概念实际上是对生态承载力的评价，其表征的范围比较大，更适用于大尺度范围的生态影响评价，如区域开发、开发区建设或景观生态影响的评价，而且综合了社会经济评价的内容）。

1.4.2 累积生态影响

指当一个项目与过去、现在和未来可能预见到的项目进行叠加时，会对环境产生综合影响或累积影响，特别是指各个项目的单独影响不大，而综合起来的影响却很大的现象。简言之，在开发建设项目生态影响评价中，指若干开发建设项目对生态环境在时间和空间上的叠加影响（《环境影响评价技术导则　生态影响》（HJ 19—2011）中是指：经济社会活动各个组成部分之间或者该活动与其他相关活动（包括过去、现在、未来）之间造成生态影响的相互叠加）。

累积影响的特征可归纳为以下 3 个方面。

（1）时间累积的特征

当两个干扰之间的时间间隔小于环境系统从每个干扰中恢复过来所需的时间时，就会产生时间上的累积现象（例如森林砍伐速度高于林木恢复速度）。时间上的累积可以是连续性的、周期性的或不规则性的，产生的时间可长可短。"累积频率"是指某个区域在某段时间内出现累积效应或累积影响的时间比率，可用下式表示：

$$F=T_d/T_s \tag{1-1}$$

式中：F —— 某个区域内累积效应或累积影响出现的频率；

　　　T_d —— 累积效应或累积影响持续的时间；

　　　T_s —— 选择的时间尺度。

（2）空间累积的特征

当两个干扰之间的空间间距小于疏散每个干扰所需的距离时，就会产生空间上的累积现象（例如大气污染烟羽的汇合）。空间累积在空间上可以是局部的、区域的或全球的，在密度上可以是分散的或集聚的，在外形上可以是点状的、线状的或面状的。累积影响在累积影响区内的累积程度可采用"累积度"的概念进行描述。"累积度"可用下式表示：

$$D=C/P \tag{1-2}$$

式中：D —— 区域内某个累积影响区的累积度；

　　　C —— 累积变化值；

P —— 环境阈值或临界值。

当 D 不大于 1 时，累积影响就不会出现；当 D 大于 1 时，累积影响就会出现。

（3）人类活动导致的特征

当各种人类活动之间在时间和空间上出现上述两个方面特征的关联时，人类活动的特征也会影响累积发生的方式。

1.4.3 次生生态影响

在生态影响评价中，一般指由一项目的建设引发其他项目的建设，导致拟建项目所在区域生态环境受到不利影响的范围和程度不断扩大的过程。

一个开发建设项目的建设不是孤立的，特别是一些大型基础设施的建设，如机场、公路、商贸中心，或大型基础设施的建设往往会引发其他一些项目在其周边建设，对生态环境的影响就不仅仅是该项目本身对生态环境的影响，而且要考虑其他项目建设对区域生态环境的影响，需要提出必要的规划与防范措施。

1.4.4 生态因子

指环境中对生物生长、发育、生殖等行为和分布有直接或间接影响的环境要素。所有生态因子构成生物的生境，是生物生存的条件。

生态因子（ecological factor）可以分为 5 类。

① 气候因子：如温度、湿度、光、降水、风、气压和雷电等；

② 土壤因子：土壤类型、结构、有机质、无机成分和土壤生物等；

③ 地形因子：地面的起伏、山体的坡度、阴坡、阳坡等；

④ 生物因子：植物、动物及生物之间的相互关系，捕食、寄生、竞争和互惠共生等；

⑤ 人为因子：人类的干扰，如垦殖、放牧、采伐、开发与工程建设等。

此外，还包括河流水系、pH 值等。在生态学的近期发展中，将时间因子和环境因子统称为生态因子。

1.4.5 自然资源

自然资源指在一定的技术经济条件下，自然界中对人类生活、生产的一切自然形成的物质、能量的总体。包括非生物资源（土地及矿产资源）与生物资源（动物、植物及其生态系统）。

在开发建设项目生态影响评价，特别是规划及规划环境影响评价中，更关注土地资源、水资源、生物资源这三大资源。

1.4.6 社会环境

在自然环境的基础上，人类通过长期有意识的社会劳动，加工和改造了的自然物质，创造的物质生产体系，积累的物质文化所形成的环境体系。包括社会发展基础设施、城市建设、历史文化、交通、通信、体育等。随着开发建设项目环境影响评价内涵的扩大，特别是公众参与环境影响评价的加强，社会环境影响的评价亦将被纳入环境影响评价的范畴。

1.4.7 生态制图

将生态学的研究成果用图的方式表达，主要指通过遥感及 GPS 技术编制而成的与生态影响评价有关的各类图件。

根据评价等级，需要的图件不尽相同，但在一般项目生态影响评价中基本生态图件（地形图、土地利用图、植被类型图、土壤侵蚀图）应该具备。

1.4.8 土壤侵蚀

土壤在外营力（风、水流、冻融和重力）的作用下，被剥蚀、搬运和沉积的过程。

根据外营力的作用，土壤侵蚀可分为水力侵蚀、风力侵蚀、冻融侵蚀，是导致沙化、荒漠化的重要因素。生态环境保护的一个重要内容就是防止土壤侵蚀，对已发生或容易发生土壤侵蚀的地区实施水土保持措施。

1.4.9 荒漠化

荒漠化是指包括气候变化和人类活动在内的种种因素所造成的干旱、半干旱地区的土地退化。

有关研究认为，荒漠化是人类过度的经济活动和潜在的自然因素相互影响、共同作用的产物。其中人类活动在荒漠化发生和发展过程中起着决定性的作用。

荒漠化有若干种分类方法。如根据成因分为风蚀荒漠化、水蚀荒漠化、草原植被退化、盐渍化，此外，还有冻融荒漠化。根据荒漠化结果，可分为沙质荒漠化、砾石荒漠化、水质荒漠化和工矿型荒漠化。

1.4.10 沙化与沙化土地

① 沙化指因气候变化和人类活动所导致的天然沙漠扩张和砂质土壤上植被破坏、沙土裸露的过程。

沙化是土地退化的一种类型。土壤质量变差，进而植被越来越少，生态系统的结构受到破坏，功能减退或消失。

② 沙化土地，是指已经沙化了的土地。

沙化是一个"过程"，而沙化土地是一个已经沙化的结果。

1.4.11 本地种、外来种与生物入侵

"本地种"的概念是指在当地进化的物种，或"在石器时代前就到达这些地方或在没有人类干扰前就出现于这些地方的物种"（Webb，1993）。

狭义的"外来种"是指由于人类有意或无意的作用将自然演化区域的物种带到其自然演化区域以外的物种。一般是长距离迁移。这个定义强调物种被人为引进，因此，不包括自然入侵的物种和基因工程得到的物种或变种。广义的外来种是指非本地产生的，而是由异地进入一个当地生态系统的新物种，包括自然入侵的物种、无意引进的物种、有意引进的物种以及基因工程获得的物种或变种和人工培育的杂种。

不是所有的外来种都会造成生物入侵。一些外来种由于不适应新的生境，有可能只能短暂生存，最终衰退或消亡；而另一些外来种则会造成生物入侵。

有学者指出，可以从以下 9 个方面来甄别本地种和外来种。

① 化石证据：从更新世时期有无化石连续存在。

② 历史证据：历史文献记录的引种为外来种。

③ 栖息地：局限于人工环境的种可能是外来种。

④ 地理分布：物种出现地理上不连续时，暗示可能为外来种。

⑤ 移植频度：被移栽到多个地方的物种可能是外来种。

⑥ 遗传多样性：外来种在不同地方间其遗传差异出现均质性。

⑦ 生殖方式：缺乏种子形成的物种可能是外来种。

⑧ 引种方式：解释物种引进的假说合理可行，说明物种是外来种。

⑨ 同寡食性动物的关系：取食外来植物的动物少。

此外，还需要注意以下 3 个问题：

① 如果某物种引起生态系统发生重大的波动变化，历史文献又没有有关的记录，该种可能是外来种。

② 外来种侵入生态系统后，经过 1 000 年就难以把它同本地种区分开。

③ 并非所有的物种都可区分为外来种和本地种。

生物入侵是指某种生物从外地自然传入或经人为引种后成为野生状态，并对本地生态系统造成一定危害的现象。外来入侵物种一旦形成优势种群，将不断排

挤本地物种并最终导致本地物种灭绝，破坏生物多样性，使物种单一化；更甚者，将导致生态系统的物种组成和结构发生改变，最终彻底破坏整个生态系统。

外来入侵物种将对农业、畜牧业、林业、水产业、园艺业及其他相关产业产生深远的负面影响。一些入侵物种还是新疾病的病源，直接威胁人类健康。特别是一些外资或合资企业，在引进国外物种时，是否会造成对本地种的损害，是需要认真评价的。比如在林浆纸一体化开发建设项目中，其造纸用材林"林基地"的建设往往选用的是单一树种（如大面积种植的桉树人工林），均需要长期关注外来物种的影响。

1.4.12　生物迁移

生物迁移主要是指动物靠主动和自身习性进行扩散和移动。

（1）昆虫的迁移

昆虫的迁移，也称"迁飞"。

（2）鱼类的迁移

鱼类的迁移，也称"洄游"。

① 根据生理特性，鱼类洄游有三种类型：生殖洄游、索饵洄游、越冬洄游。

② 根据洄游区域的不同环境特性，洄游鱼类分为：洄游性鱼类（通常指在海洋内不同区域之间，或在江河与海洋之间洄游的鱼类）和半洄游性鱼类（通常指在江河上下游之间、河口与河流上中游之间，或湖泊与江河之间洄游的鱼类）。

③ 根据其生物学功能，鱼类的洄游可分为：觅食洄游、越冬洄游、生殖洄游。

④ 有些鱼类的生殖洄游是从淡水到海洋的，称为降河洄游，如鳗鲡等；有些鱼类的生殖洄游是从海洋到淡水的，称为溯河洄游，如大麻哈鱼等。

据2012年4月3日央视《新闻1+1》报道，由于受环境污染、过度捕捞等因素影响，长江刀鱼数量锐减，市场价格骤增。长江刀鱼（刀鲚），一种洄游性的鱼类，每年从东海进入长江口，从长江口开始就往上洄游，去寻找它的产卵场，要经过上海市河口区，然后要经过江苏省的整个长江江段，还要经过安徽省的大部分长江江段，洄游到安徽省安庆市以上一直到鄱阳湖湖口那一段，基本上就是它的产卵区。当然历史上它可以上溯得更远，曾经到洞庭湖去产卵。现在洄游距离越来越短，事实上正因为它是洄游的，所以在整个洄游全程中间，如果长江沿线哪怕有1 km或者2 km这么短的一块水域中间，一旦出现水质状况不好或者水域污染事件，刀鲚洄游就过不了该水域，导致整个洄游活动终止。洄游活动终止以后紧接着的连锁反应就是当年的鱼苗产量大量下降，也就是鱼苗的产量几乎没有。所以说刀鱼的洄游环境问题很重要，要保持整个洄游全程水质都能够达到国家渔业用水标准，在这种情况下使其能通畅地到达产卵场，这样刀鱼鱼苗的产量就有可能保证在一定的数量之上。

（3）鸟类、哺乳类的迁移称为"迁徙"。

我国可划分为三个鸟类主要迁徙区：东部候鸟迁徙区，中部候鸟迁徙区，西部候鸟迁徙区。

哺乳动物的迁徙比较复杂，主要有因越冬需要的迁徙、因食物的迁徙、因育幼需要的迁徙。

1.4.13 环境敏感区

根据《建设项目环境保护管理条例》（国务院令 253 号，1998 年），环境敏感区主要指具有以下特征的区域：

① 需要特殊保护地区（饮用水水源保护区、自然保护区、风景名胜区、生态功能保护区、基本农田保护区、水土流失重点防治区、森林公园、地质公园、世界遗产地、国家重点文物保护单位、历史文化保护地等）；

② 生态敏感与脆弱区（沙尘暴源区、荒漠中的绿洲、严重缺水地区、珍稀动植物栖息地或特殊生态系统、天然林、热带雨林、红树林、珊瑚礁、鱼虾产卵场、重要湿地和天然渔场等）；

③ 社会关注区（人口密集区、文教区、党政机关集中的办公地、疗养地、医院等，以及具有历史、文化、科学、民族意义的保护地等）；

④ 环境质量已达不到环境功能区划要求的地区。

《建设项目环境影响评价分类管理名录》（环境保护部令 2 号，2008 年）第三条对《建设项目环境保护管理条例》中所指的环境敏感区作了进一步补充，主要包括以下方面：

① 自然保护区、风景名胜区、世界文化和自然遗产地、饮用水水源保护区；

② 基本农田保护区、基本草原、森林公园、地质公园、重要湿地、天然林、珍稀濒危野生动植物天然集中分布区、重要水生生物的自然产卵场及索饵场、越冬场和洄游通道、天然渔场、资源性缺水地区、水土流失重点防治区、沙化土地封禁保护区、封闭及半封闭海域、富营养化水域；

③ 以居住、医疗卫生、文化教育、科研、行政办公等为主要功能的区域，文物保护单位，具有特殊历史、文化、科学、民族意义的保护地。

《环境影响评价技术导则 生态影响》（HJ 19—2011）中提出了 3 个新的术语：特殊生态敏感区、重要生态敏感区和一般区域。

特殊生态敏感区（special ecological sensitive region）：指具有极重要的生态服

务功能，生态系统极为脆弱或已有较为严重的生态问题，如遭到占用、损失或破坏后所造成的生态影响后果严重且难以预防、生态功能难以恢复和替代的区域，包括自然保护区、世界文化和自然遗产地等。

重要生态敏感区（important ecological sensitive region）：指具有相对重要的生态服务功能或生态系统较为脆弱，如遭到占用、损失或破坏后所造成的生态影响后果较严重，但可以通过一定措施加以预防、恢复和替代的区域，包括风景名胜区、森林公园、地质公园、重要湿地、原始天然林、珍稀濒危野生动植物天然集中分布区、重要水生生物的自然产卵场及索饵场、越冬场和洄游通道、天然渔场等。

一般区域（ordinary region）：除特殊生态敏感区和重要生态敏感区以外的其他区域。

1.4.14　植被覆盖率

植被覆盖率指某一地域植被面积与该地域总面积之比，用百分数表示。

植被覆盖率是生态环境现状调查用于表明植被状况的一个重要指标，也是生态环境保护或恢复中要求达到的绿化指标表示方法之一。

1.4.15　森林与森林郁闭度

森林是由树木为主体所组成的地表生物群落，森林中不仅有各种乔木、灌木、草木、藤本、附生、寄生植物以及有苔藓、地衣类植物生长，而且还有依靠森林植物为生的各种昆虫、鸟类、兽类动物，也有依靠动物为生的一些食肉动物以及许许多多依靠森林中死有机体为生的细菌、真菌等一些腐生的分解者生存。

森林是以乔木为主体，包括灌木、草本植物以及其他生物在内，占有相当大的空间，密集生长，并能显著影响周围环境的一种生物群落。

森林郁闭度的要求为 0.2 以上。

森林郁闭度指森林中乔木树冠遮蔽地面的程度，是反映林分密度的指标。它是林地树冠垂直投影面积与林地面积之比，用十分数表示，完全覆盖地面为 1。根据联合国粮农组织规定，郁闭度不小于 0.20 的为森林（一般以 0.20～0.69 为中度郁闭，0.70 以上为密郁闭），郁闭度小于 0.20 的为疏林。

1.4.16　草地、草原、草甸与草场

在张金屯（2003）主编的《应用生态学》等文献中，对草地、草原、草甸与草场主要有以下阐述。

（1）草地（grassland）

草地是草本植物群落的泛称。包括湿生草甸、中生的次生高草甸、亚高山草甸以及旱生的草原等。例如我国青藏高原的草本植被，即统称为草地。

（2）草原（steppe）

一般所说的草原，就是温带草原。而把热带草原叫稀树草原和萨王纳。草原是地球陆地生态系统的重要组成，是温带干旱、半干旱气候下发育的夏绿旱生草本植被。草原植被的优势植物耐旱，耐冬季低温，是夏绿冬枯的草本植物，最典型的是多年生丛生禾草。

草原作为温带半干旱气候地区，旱生或半旱生的多年生草本植物群落。典型的草原，有明显的季相变化，主要的种属为某些旱生的窄叶禾本科丛生草和部分具根状茎的禾草、薹草，混生其他旱生双子叶草本植物及旱生灌木、半灌木，一般没有或稀有乔木。

高草原是指草丛高度 1 m 左右的天然草地。这类草原多形成于降水量 500 mm 左右比较好的气候条件下。

矮草原则指草丛高度在 50 cm 左右的天然草地，形成于降水量 400 mm 左右的气候条件下。

（3）草甸（meadow）

草甸是指分布在气候和土壤湿润、无林地区或林间地段的多年生的中生草本植物群落。可分为：

① 高山草甸，多由花色鲜艳的矮小草类（如龙胆、报春花等高山植物）所构成；

② 亚高山草甸，以中生的禾本科高大草本和其他双子叶草本为主；

③ 低地草甸，多分布于泛滥平原，主要是阔叶、走茎的多年禾本科高草，蓼科、毛茛科种类也常占较重要的地位；

④ 森林草甸，是林间空地上的草本群落。

（4）草场

草场是农牧业用语，指用于放牧的草地。

1.4.17 湿地及其分类

国际上关于湿地是这样定义的：湿地、沼泽、泥沼或水体的面积，不论是天然的或人工的，永久的或暂时的，静止的或流动的水，淡的、稍咸的或咸的水面积，包括退潮时海水不超过 6 m 深的海水面积。一般不包括珊瑚礁在内。

中国学者的总结：湿地是一种土地类型。它的促成因子是水文条件。水来自降水、地表径流、泛滥河水、潮汐和地下水。地面经常的或季节性的或脉冲式的（潮汐）覆盖浅水层；或地面常年不为水层覆盖，但水位接近土表，土壤经常处于水分饱和状态。湿地位于水生系统与陆地系统之间的过渡带。湿地与水生系统的分界为水深 2 m 处；与陆地系统的分界为土壤水分饱和带的边缘。水成土是湿地的重要特征。水成土就是水分饱和的或淹浅水的，处于无氧条件下的土壤。因此基底为岩石或砂质而没有土壤的淹水地带则不视为湿地。水成土上可以生长水生植物。但有无水生植物生长并非湿地的必要特征。

1.4.18　植被类型

关于植被的分类，目前国内外有很多不同的分类方法，从不同的角度可以将植被分为不同的类型。我国至今也没有颁布国家植被分类标准，有关学者仍在研究之中。但是，植被类型的确定又是生态现状调查与影响评价中经常要用到的，所以十分有必要了解一下这方面的情况。

（1）植被分类

① 按地理环境特征分类：如高山植被、中山植被、平原植被、温带植被、热带植被等。

② 按地域分类：如天山植被、秦岭植被、长白山植被、中国植被、美国植被、澳洲植被等。

③ 按植物群落类型分类：如草甸植被、森林植被等。

④ 按形成过程分类：如植被分自然植被和人工植被。自然植被是一地区的植物长期发展的产物，包括原生植被、次生植被和潜在植被，如森林、草原、灌丛、荒漠、草甸、沼泽等；人工植被包括农田、果园、草场、人造林和城市绿地等。

全球范围可分为海洋植被和陆地植被。其中陆地植被按世界植被类型图（H. Water，1963；刘南威，2000）分为 14 类：热带雨林，热带季雨林，热带稀树草原，热带、亚热带荒漠，亚热带硬叶常绿阔叶林，亚热带常绿阔叶林，温带夏绿阔叶林，温带针阔叶混交林，温带草原，温带荒漠，寒温性针叶林，冻原，极地荒漠，高山植被。

（2）我国主要的植被类型

① 草原：大多是适应半干旱气候条件的草本。

② 荒漠：生态条件严酷，夏季炎热干燥，土壤贫瘠，植被稀疏、种类贫乏、耐旱。

③ 热带雨林：分布在全年高温多雨地区，种类丰富、常绿，大部分高大。

④ 常绿阔叶林：分布在气候比较炎热、湿润地区，以常绿阔叶树为主。

⑤ 落叶阔叶林：分布区四季分明，夏季炎热多雨，冬季寒冷，且冬季完全落叶。

⑥ 针叶林：分布在夏季温凉、冬季严寒的地区，以松、杉等针叶树为主。

2001 年，科学出版社出版的《中国植被图集》，是由侯学煜院士主编，53 个单位 250 多位专家编制的，是我国植被生态学工作者 40 多年来继《中国植被》后又一项总结性成果，是国家自然资源和自然条件的基本图件。该图集反映了我国 11 个植被类型组、54 个植被型的 796 个群系和亚群系植被单位的分布状况、水平地带性和垂直地带性分布规律，同时反映了我国 2 000 多个植物优势种、主要农作物和经济作物的实际分布状况及优势种与土壤和地面地质的密切关系。

（3）植被分类依据

植被分类的主要依据是植被种类组成、数量、结构、生活型及生态特点。以优势种最为重要。一般而言，以"气候+地形+优势种"对植被进行分类较适宜。如暖温带山地针阔叶混交林植被，或称其为"暖温带山地落叶松、白桦针阔叶混交林"。

在开发建设项目生态影响评价中，由于需要更直观、更具体、更有针对性地进行评价，应在植被识别上关注地表生长的优势植物是什么，按优势种（或建群种）进行分类更实用。

1.4.19　土地利用类型

按照国家标准《土地利用现状分类》（GB/T 21010—2007）对全国的土地类型采用一级、二级两个层次的分类体系，共分 12 个一级类、56 个二级类。其中，一级类包括：

01 耕地、02 园地、03 林地、04 草地、05 商业服务用地、06 工矿仓储用地、07 住宅用地、08 公共管理与公共服务用地、09 特殊用地、10 交通运输用地、11 水域及水利设施用地、12 其他土地。

一级类及其属下二级类具体内容如下：

01 耕地：指种植农作物的土地，包括熟地、新开发、复垦、整理地、休闲地（含轮歇地、轮作地）。以种植农作物（含蔬菜）为主，间有零星果树、桑树或其他树木的土地。平均每年能保证收获一季的已垦滩地和海涂。耕地中包括南方宽度小于 1.0 m、北方宽度小于 2.0 m 固定的沟、渠、路和地坎（埂）；临时种植药材、草皮、花卉、苗木等的耕地，以及其他临时改变用途的耕地。

02 园地：指种植以采集果、叶、根、茎、汁等为主的集约经营的多年生木本和草本作物，覆盖度大于 50% 和每亩株数大于合理株数 70% 的土地。包括用于育苗的土地。

03 林地：指生长乔木、竹类、灌木的土地及沿海生长红树林的土地。包括迹地，不包括居民点内部的绿化林木用地、铁路、公路征地范围内的林木，以及河流、沟渠的护堤林。

04 草地：指生长草本植物为主的土地。

05 商服用地：指主要用于商业、服务业的土地。

06 工矿仓储用地：指主要用于工业生产、采矿、物资存放场所的土地。

07 住宅用地：指主要用于人们生活居住的房基地及其附属设施的土地。

08 公共管理与公共服务用地：指用于机关团体、新闻出版、科教文卫、风景名胜、公共设施等的土地。

09 特殊用地：指用于军事设施、涉外、宗教、监教、殡葬等的土地。

10 交通运输用地：指用于运输通行的地面线路、场站等的土地。包括民用机场、港口、码头、地面运输管道和各种道路用地。

11 水域及水利设施用地：指陆地水域，海涂，沟渠、水工建筑物等用地。不包括滞洪区和已垦滩涂中的耕地、园地、林地、居民点、道路等用地。

12 其他土地：指上述地类以外的其他类型的土地。

1.4.20　生态承载力

"承载力"一词起源于生态学，原意是：在特定的条件下，某种生物个体可存在的最大数量。这个术语延展至整个自然界后，才有了生物资源承载力与非生物资源承载力、再生资源承载力与非再生资源承载力等自然资源承载力之说，用于说明环境或生态系统承受发展和特定活动能力的限度。

生态承载力视研究的种群或群落对象与范围的不同而异。在种群水平，生态承载力主要是指在特定自然环境条件一定的地域所能容纳的某一生物物种数量或密度；在群落水平，则可以称为区域生物演化达到最适平衡状态时各不同生物种群的最大容许数量或密度水平。

从社会经济发展层次来看，生态承载力是生态系统的自我维持、自我调节能力，资源与环境的供应与容纳能力及其可维持的社会经济活动强度和具有一定生活水平的人口数量。对于某一区域，生态承载力强调的是系统的承载功能，而突出的是对人类活动的承载能力，其内容包括资源子系统、环境子系统和社会子系统。所以，某一区域的生态承载力概念，是某一时期某一地域某一特定的生态系统，在确保资源的合理开发利用和生态环境良性循环发展的条件下，可持续承载的人口数量、经济强度及社会总量的能力。

生态承载力涉及的内容较多，可以通过土地资源承载力、水资源承载力、能源承载力、环境承载力、社会基础设施承载力等类型表达。

1.4.21 生态环境与生态建设

对于"生态环境"这个词，其定义并不严密，目前有一定争议。严格地说，生态与环境本身就是紧密联系的一体，如果有"生态环境"，就应该有"非生态环境"，而目前很难确定"非生态环境"。因此，很多学者不认可"生态环境"一词而均称为"生态影响评价"。

目前，关于"生态环境"的学术观点主要如下：

生态环境是指由生物群落及非生物自然因素组成的各种生态系统所构成的整体。生态环境主要或完全由自然因素形成，并间接地、潜在地、长远地对人类的生存和发展产生影响。生态环境的破坏，最终会导致人类生活环境的恶化。

生态环境与自然环境是两个在含义上十分相近的概念，有时人们将其混用，但严格来说，生态环境并不等同于自然环境。自然环境的外延比较广，各种天然因素的总体都可以说是自然环境，但只有具有一定生态关系构成的系统整体才能称为生态环境。仅有非生物因素组成的整体，虽然可以称为自然环境，但并不能叫做生态环境。从这个意义上说，生态环境仅是自然环境的一种。

即，生态环境一定是有生物活动的，有生物生态关系的环境。没有生物活动的戈壁滩、沙漠一般不称其为生态环境。

生态环境中当然是要有生态系统的，而且一定区域的生态环境往往有几类不同的生态系统，生态系统中也有生态环境。

生态环境与生态系统既有联系，又有区别，而且有时是可以互称的。只是使用的场合不同而已。

1.4.22 生态建设

生态建设（ecological development）是指对各类生态关系的调控、规划、管理与重建，简称生态建设。包括保护、修复和创建三种手段。生态建设不应只限制在狭义的自然生态系统建设，更应包括人工生态系统建设，如产业系统和人居环境的建设。

1.4.23 生态系统管理

生态系统管理是将生态学知识、原理应用于资源管理中，以促进生态系统达到长期的可持续性，并向社会资源不断提供产品和服务。

有关生态系统管理的其他可参考的定义如下：

① 调节生态系统的内部结构与功能，并通过投入和产出达到社会所期望的状态（Agee et al.，1987）。

② 在生态系统管理中仔细、灵活地利用生态、经济、社会和管理的原则，促使恢复或维持生态系统的完整性，并长期保持人们所期望的状态，满足人们的用途，提供人们所需要的产品、价值以及服务（Overbay，1992）。

③ 通过综合的管理措施，使森林的全部价值和功能在景观水平上得到维护。其中，景观水平上的综合管理，包括超出所有权范围的管理，是必要的成分（Society of American Foresters，1993）。

④ 保护或恢复生态系统的功能、结构和物种组成，同时提供其可持续的社会经济用途（U.S.Fish and Wildlife Service，1994）。

⑤ 综合生态学、经济学和社会学的基本原理来管理生物和物理系统，以维护生态的可持续性、自然的多样性和景观的生产力（Wood，1994）。

参考文献

[1]　冯德培，谈家桢，王鸣岐. 简明生物学词典[M]. 上海：上海辞书出版社，1982.

[2]　国家环境保护总局环境工程评估中心. 建设项目环境影响评估技术指南（试行）[M]. 北京：中国环境科学出版社，2003.

[3]　国家环境保护总局主持，《中国生物多样性国情研究报告》编写组，陈昌笃. 中国生物多样性国情研究报告[M]. 北京：中国环境科学出版社，1998.

[4]　毛文永. 生态影响评价概论[M]. 北京：中国环境科学出版社，1998.

[5]　环境影响试评价技术导则　非污染生态影响（HJ/T 19—1997）.

[6]　国家环境保护总局自然生态司. 非污染生态影响评价技术导则培训教材[M]. 北京：中国环境科学出版社，1999.

[7]　国家环境保护总局监督管理司. 中国环境影响评价培训教材[M]. 北京：化学工业出版社，2000.

[8]　国家环境保护总局环境影响评价管理司. 环境影响评价岗位培训教材[M]. 北京：化学工业出版社，2006.

[9]　环境影响评价技术导则　生态影响（HJ 19—2011）.

[10]　殷浩文. 生态风险评价. 华东理工大学出版社，2001.

[11]　生态环境状况评价技术规范（试行）（HJ/T 192—2006）.

[12] 傅伯杰，陈利顶，马克明，等. 景观生态学原理与应用[M]. 北京：科学出版社，2005.

[13] 邬建国. 景观生态学——格局、过程、尺度与等级[M]. 高等教育出版社，2000.

[14] 戈峰. 现代生态学[M]. 北京：科学出版社，2005.

[15] 李洪远. 生态学基础[M]. 北京：化学工业出版社，2006.

[16] 柳劲松，王丽华，宋秀娟. 环境生态学基础[M]. 北京：化学工业出版社，2003.

[17] F.Stuart Chapin III，Pamela A Matson，Harold A Mooney. 陆地生态系统生态学原理[M]. 李博，赵斌，彭容豪，等译. 北京：高等教育出版社，2005.

[18] 郭晋平，周志翔. 景观生态学[M]. 北京：中国林业出版社，2007.

[19] 环境保护部，中国科学院. 全国生态功能区划. 2008.

[20] 刘南威. 自然地理学[M]. 北京：科学出版社，2000.

[21] 张金屯，李素清. 应用生态学[M]. 北京：科学出版社，2003.

[22] 全国生态环境保护纲要（国发[2007]37 号）.

[23] 全国生态环境建设规划（国发[1998]36 号）.

[24] 国家重点生态功能保护区规划纲要（环发[2007]165 号）.

[25] 全国生态功能区划（环境保护部公告，2008 年第 35 号）.

[26] 全国生态脆弱区保护规划纲要（环发[2008]92 号）.

[27] 环境保护部环境工程评估中心. 建设项目环境影响评价培训教材[M]. 北京：中国环境科学出版社，2011.

[28] The institute of Ecology and Environmental Management（IEEM）. Uiderlines for Ecological Impact Assessment in the United Kingdom. 2006.

第 2 章　生态学及哲学原理在环境影响评价中的应用

生态影响评价工作是生态学原理在规划及开发建设项目环境影响评价中的应用。本书选择在生态影响评价中常用的基本原理，并对这些原理在生态影响评价中的应用作了分析，以帮助生态影响评价的相关人员对这些基本原理及其应用有一个比较全面的理解。另外，哲学基本原理在环境影响评价工作中具有重要的指导意义，特别是生态影响评价。

需要强调的是，从事生态影响评价（实际上也同样适用于各个要素环境影响评价）工作的技术人员一定要遵循国家与地方法律规范和规范性文件，产业政策及技术导则、规范、标准等，并与项目实际情况实事求是地结合起来。

2.1 种群生态学原理

2.1.1 自然选择原理

即最适者生存原理。自然选择强调的是过程，这个过程对于生物进化适应是很重要的。一个种群中存活能力强和繁殖最有效的个体适合度高，对未来世代的贡献大，比适合度低的个体产生的后代数量多。适合度的差别如果含有遗传的成分，则后代的遗传组成将会有所改变，最适合的个体所携带的基因将越来越普遍，而最低适应的个体所携带的基因将越来越少。这个过程就是自然选择。

【在生态影响评价中应注意】

自然选择的物种均为适合种，而人为引进的物种往往会出现不适合种。因此，在开发建设项目生态影响评价中，对于工程建设造成的受损生态系统，当提出生态恢复与建设规划或措施时，应首先考虑尽可能恢复原生自然环境(主要是土壤)，选择当地物种，而不要盲目引进外来物种。

采用当地植物进行生态恢复或绿化，最基本的条件是恢复当地的植被，如果原有区域内有水系分布，要尽可能保障水系的分布格局和水流的畅通。即恢复当地生境的原有状态。一般而言，植被生长的基础条件（主要是"土壤"和"水"，既是植物生长的基本条件，也是生态保护的两个"基本点"）得到保障时，植被就比较容易自然恢复。在环境影响评价中，保护生态环境、恢复生态的重要措施就是要恢复植被生长的自然条件。

对于能够很好地实现自然恢复的区域，可以采取只满足其土壤和水分条件，让植物群落去自然恢复。

2.1.2 物种适应性原理

生物对环境的适应是自然选择的结果。主要表现为表型适应和进化适应。进化适应是多个世代的变化、时间尺度长，有些进化特征是不能逆转的，并且是可以遗传的。该原理的主要内容有以下 3 个方面：

① 适应是对周围环境变得熟悉的一种状态；
② 适应是暴露在新条件和新环境后的一种功能改变；
③ 适应是自然选择的特征。

【在生态影响评价中应注意】

考虑到动物对环境的适应，一般应该就地保护，只有就地保护确实不能实施的情况下，才考虑异（移或易）地保护。异地保护应分析、论证异地保护的可行性，必要时应进行类比调查。保护野生动植物就应保护好它们已经适应的环境。在落实生态补偿时，要充分考虑保护物种对环境的适应性。

就地建立自然保护区，实际上就是对野生动植物适应当地环境的一种保护措施。因此，开发建设项目应避开自然保护区，保障动植物有一个合适的较为广大的生长、活动区域。根据《中华人民共和国自然保护区条例》《中华人民共和国环境影响评价法》，开发建设项目，特别是有污染的建设项目，不得建设在自然保护区内，要严格控制对自然保护区的影响。

2.1.3 种群增长原理

包括内禀增长、指数增长和逻辑斯缔增长。

内禀增长是指种群在食物、空间和同种其他动物的数量处于最优，实验中完全排除了其他物种时，在任一特定的温度、湿度、食物的质量等的组合下所获得的最大增长率。

指数增长是指在资源空间无限的环境条件下，种群增长的一种形式。种群在 t 时间的变化率=种群瞬时增长率×种群密度，即 $dN/dt = r×N$。

逻辑斯缔增长是指在空间与资源有限的环境条件下，种群增长的一种形式。种群在时间内的变化率=种群瞬时增长率×种群密度×密度制约因子，即

$\mathrm{d}N/\mathrm{d}t = r \times N \times （1 - N/K）$。

【在生态影响评价中应注意】

在环境影响评价实际工作中，我们关注更多的是项目所在地某些受保护物种的生存空间和资源有限的环境条件，各种群的增长比较符合逻辑斯缔增长。通过有效管理，调整种群密度和密度制约因子，有目的、有序地调控种群结构、数量和密度等，使其与环境相协调。必要时控制有害种群、促进有益种群，增加生物多样性，保障生态系统的完整性和稳定性。在引进外来物种时，需充分考虑其对环境的适应能力以及与当地土著物种的竞争能力，避免外来物种显著增长而造成外来物种侵害。

2.1.4　K 对策

在长期的协同进化中，有利于竞争能力的增加的选择。K 为空间被该个体所饱和时的密度，实际上就是"环境容量"。

【在生态影响评价中应注意】

对于有较大生态及经济价值的生物种，应尽可能发挥其竞争力，在资源允许的情况下增加其种群数量和密度。但需通过开发利用控制其过度增长，以使区域生态维持平衡，以免破坏区域生态。而对于有害生物则需控制其竞争力，减少对有益生物的排斥，但也不是要人为灭绝它们。

有研究表明，生活于顶极群落中的野生动物多为特化种，在相对稳定的环境中，种间竞争强烈，自然选择使动物向着适应范围狭窄进化，形成 K 对策的物种。在开发建设项目生态影响评价中，需对那些稀有的、濒危的野生生物予以特别保护，尽可能保持其生境的完整性，避免生境破碎化或退化。

2.1.5　r 对策

在长期的协同进化中，生物形成了对环境适应的生态对策，有利于发展较大的 r 值的选择，称为 r 对策。r 为每个个体的种群增长率（瞬时增长率）。

【在生态影响评价中应注意】

一般是在不稳定的环境中，适应性强的物种（机会主义者）表现为 r 对策，更适应变化的环境。

r 对策与 K 对策，对了解种群状况，特别是评价土著种群与环境的关系，是有一定作用的。根据实际情况来看，大多数开发建设项目所在区域已经受到人类活动的破坏，是一个不稳定的环境。因此，在生态影响评价实际工作中要注意生物是对环境的自然适应，还是对人为干扰的被迫适应的调查。尽最大可能保障物种对自然的适应，而不是让物种被动地适应人为制造的生境。如果物种是对人为干扰的被迫适应，就应规范人的行为，减少人为的干扰。

2.1.6　种间竞争

当两个或两个以上物种共同利用同一资源而受到相互干扰或抑制时，称为种间竞争。种间竞争有资源利用性竞争和相互干扰性竞争。当物种由于共同资源短缺而引起的竞争称为资源利用性竞争；当物种在寻找资源过程中损害其他个体而引发的竞争，称为相互干扰性竞争。此外，不同营养级之间还存在似然竞争。

【在生态影响评价中应注意】

种间竞争主要受资源丰富程度的控制，竞争的结果使种群与资源达到和谐、协调，了解种间竞争原理，对野生动物自然保护区建设、规划、管理是有指导作用的。在开发建设项目生态影响评价中，针对若干受保护物种对同一资源的利用情况，要使受保护的不同种群有较高的密度，就需重点保护它们利用的资源、必要时扩大资源（扩大生境，这也是生态补偿的内容之一）。总之，其生境条件有保障了，物种才会受到保护。

2.1.7　竞争排斥原理

竞争排斥原理也称"高斯假说"。生态位相同的两个物种不能共存，即一个生态位只能为一种生物所占据。

由于竞争的结果，两个相似的生物种不能占有相似的生态位，而是以某种方式彼此替代。生物之间存在竞争，竞争是为了获取食物、生活空间及保存基因的机会而进行的。争取繁殖的竞争通常限于一些种的内部，而为食物和空间进行的竞争是普遍的和主要的。竞争的结果使生态位分离，达到共存。

【在生态影响评价中应注意】

在开发建设项目生态影响评价中有关绿化措施的提出，在引进物种时，就需要考虑其与土著物种的生态位问题。或者在农林牧业开发、土地整治、区域开发、特定商业性开发等项目中有引进外来物种的情形时，就需要以物种竞争排斥性原理分析引进物种的可行性。如"林纸一体化"基地建设项目，就需要充分论证引进树种对当地环境的适应性，以及引进树种或其携带的病原生物是否会对当地土著树种或其他植物种造成侵害。在绿化方面，一般不提倡在绿化中引进外来物种，以免造成外来物种侵害。

2.1.8 最佳摄食理论

动物的行动往往会给自己带来收益，同时动物也会为此付出一定的代价（投资）；自然选择总是倾向于使动物从所发生的行为中获得最大的收益。

【在生态影响评价中应注意】

在动物保护中，或涉及野生动物自然保护区影响、管理中，可以用该原理分析区域生态能否为动物提供最佳摄食条件。在开发建设项目生态影响评价中，要注意项目征占地区是否为动物的食源地，根据最佳摄食理论，分析工程建设是否影响动物的摄食行为，尽可能减少对其摄食的不利影响。动物往往会自行寻找最适食物区域，如果建设项目阻隔或影响了动物取食的通道，就需要考虑设置通道，保障其能够有效取食。

2.1.9 边际值原理

捕食者在一个斑块的最佳停留时间为捕食者在离开这一斑块时的能量获取率（即这一斑块的边际值）。

【在生态影响评价中应注意】

这一原理是动物生理、行为活动的一个特征反映。在动物调查中，特别是珍稀动物调查中可以考虑在其生境斑块中如何合理确定斑块面积、分布等因素，保障动物有最佳的摄食条件。目前还未被广泛应用。注意不要与"边缘效应"混淆。

2.1.10 协同进化原理

协同进化原理是一个物种的性状作为对另一个物种性状的反应而进化，而后一个物种的这一性状本身又是对前一物种的反应而进化。

【在生态影响评价中应注意】

物种的进化是协同进化的，目前存在的物种都是物种之间、物种与环境协同进化的结果。反映了物种之间、物种与环境之间的密切关系。在开发建设项目环境影响评价中要注意生物之间的这种协同进化关系，对一个物种的影响很可能会影响到另外一个或几个物种的进化。

2.1.11 物种-面积关系原理

物种-面积关系指一定面积的区域中包含的物种数与区域面积的关系。一般而言，群落占据的地理区域越大，它所包含的物种数越多，但并不是直线的关系。

【在生态影响评价中应注意】

该原理与生态完整性原理对实际工作的指导思想是一致的。充分考虑种群增长规律，特别是那些具有保护意义的野生动物种，应给予足够的"面积"才能保障种群的持久生存。

在生态影响评价中，涉及自然保护区等生态敏感目标时，尽可能保持面积的最大化和完整性，才更有利于物种的保护。但是，这里所说的大面积不是各种被分割的小面积的之和，而是一个相对完整的、未受到破碎化的大面积。因此，在开发建设项目环境影响评价中应尽可能注意减少对重要生境的分割。

2.1.12 物种流原理

物种在空间位置上的流动。物种流动是有序的（季节、时间、幼体与成体）、连锁的（成群扩散）、连续的，分为有规律的迁移和无规律的入侵。物种流动是生态系统动态变化的原因之一，影响着生态系统的结构与功能。

【在生态影响评价中应注意】

在生态影响评价中，要注意分析开发建设项目或区域性开发是否会阻断物种流，特别是珍稀濒危动物、植物的物种流。针对某些生物设置生物通道是需要的。如铁路、公路此类地面线型工程在建设时需设置的动物通道，水利水电开发建设项目的水坝建设需要为洄游性鱼类设置的"鱼道"。保持物种的自然流动是生态影响评价中需特别关注的重要内容。

2.1.13 生物信息传递原理

生物及生态系统包含大量的信息，生物能够通过物理、化学、遗传、行为、声音等将信息互相传递，维护种群内外动态变化与统一性，维护生态系统的完整性、稳定性与动态平衡。

【在生态影响评价中应注意】

目前，这一原理在开发建设项目生态影响评价中还没有相关的应用，原因是由于生物信息传递还没有足够被人类所了解。但生物之间的信息传递是客观存在的，特别是同种生物之间更加明显，一个家族的动物之间不仅有遗传信息的传递，还有长期的生活信息的传递。

2.1.14 生物种的食物链与食物网关系原理

食物链是生态系统内不同生物之间在营养关系中形成的一环套一环似的链条式关系。链条上的每一环节，称为营养阶层。

自然生态系统主要有 3 种类型的食物链：牧食食物链或捕食食物链，碎屑食物链，寄生食物链。

在生态系统中，一种生物不可能固定在一条食物链上，而往往同时属于数条食物链。由食物链构成食物网。

食物链（网）关系，进一步说明生态系统内各类生物相互依存的生态关系。一种生物灭绝，食物链被切断，受影响的生物可达 20 种以上。

【在生态影响评价中应注意】

保护生物不是单纯地保护一种生物，而是需要保护生物间的生态关系及其环境。生态影响评价中，涉及珍稀物种保护就要考虑其食物链关系及其在食物网中的地位，保护食物链的完整。某一区域生态系统食物链、网结构的破坏，是对生态系统最严重的破坏之一，生态系统的结构和功能将发生重大变化。因此，若要保护某一类动物，很重要的一个方面就是保护其食物或食源。

2.1.15　限制因子定律

某物种受到诸因子影响时，其变化速度受到最少提供的因子所决定。

【在生态影响评价中应注意】

在生态影响评价中，通过识别影响该类物种的诸因子，找到影响其生长、繁殖的决定性因子，分析工程对该因子的影响，尽可能避免或减少对物种的不利影响。如饮水是某动物种群在该地的限制性因子，那么建设项目就不能影响其水源，并不得影响其饮水往返的通道。否则，将导致该种群在该地的存亡。再如某物种为长日照植物，在该区域的生长速度、分布受日照影响所决定，开发建设项目就需要考虑不影响其受光时间。在绿化方面也需要考虑在阴面、阳面应种植不同耐阴性的物种。

2.1.16　领域性原理

主要针对动物占有领域的行为。领域是动物生态位的一种表现形式，是某些动物的一种生态特性。占有领域者通过占有一定的空间而拥有所需要的各种资源。

【在生态影响评价中应注意】

动物的领域性告诉我们，对那些具有领域性的动物（尤其是大型肉食性动物，一般具有较广阔的领域。这类动物往往就是我们要特别保护的珍稀动物），要保护它们，一个很重要的方面就是要保护它们的领域。在开发建设项目生态影响评价中，涉及野生动物类保护区时，就需要注意受保护的动物是否具有领域性，建设项目是否干扰了该类动物的领域。如果建设项目占有或影响了该类动物的领域，就应采取避免措施。

2.2 群落生态学原理

2.2.1 生态位理论

　　生态位是指在生物群落或生态系统中,每一个物种都拥有自己的角色和地位。即占据一定的空间,发挥一定的功能。也就是说绝大多数物种只能生活在确定的环境条件范围内,利用特定的资源,甚至只能在适宜的时间里生存与发展。当然,随着有机体的发育,它们能改变生态位(如蟾蜍由幼体的水生到成体的陆生)。生态位理论告诉我们,两个物种(生态元)的生态位重叠越多,竞争越激烈,竞争的结果是优胜劣汰。

　　【在生态影响评价中应注意】

　　生态位理论是生态学中的一个非常重要的理论。对我们认识生态系统,特别是识别生态系统中各物种(种群)的地位、活动及相互关系十分有用。对于在开发建设项目环境影响评价中,避免或减缓对处于特定生态位的珍稀动植物的影响,保持生态系统的完整性与稳定性具有重要指导作用。要善于识别物种的生态位及其限制性因素,从而有针对性地采取保护措施。要保护处于某一生态位的物种,同时还需要注意保护其相邻生态位物种或整个生态系统。因此,生态保护具有系统性和完整性的要求,不是孤立的。

2.2.2 群落演替原理

　　群落演替是指在一定区域内,植物群落随时间变化,由一种类型演变为另一种类型的有序的自然过程。

　　经典演替的基本思想是:

　　① 群落演替是有顺序的过程,有规律地向一个方向发展,因而是能够预测的。演替的一般过程是:裸地的形成,生物侵移、定居及繁殖,环境变化,物种竞争,群落水平上的相对稳定和平衡(一般有 4 个阶段:互不干扰阶段,相互干扰阶段,共摊阶段,进化阶段)。

　　② 演替是由群落引起环境改变的结果,即演替是由群落控制的。

　　群落演替可分为三个阶段,称之为演替系列群落。演替的初期称为先锋期,演替的中期称为发展期、演替发展到最后的稳定系统称为顶极或顶极群落。

　　虽然群落演替受生境中物理环境所约束,但主要是由生物群落自身所决定,即演替前期或初期物种（先锋植物）为后期的物种入侵和繁殖准备了条件。

按照演替出现的起始地，可将群落演替分为原生演替和次生演替；按照引起演替的原因，可将其分为内因性演替和外因性演替；按照演替过程的时间长短，可分为地质演替和生态演替；按照群落的代谢特征，可分为自养性演替和异养性演替。

③ 演替的最后阶段是稳定的系统（顶极群落），往往生物量最大，种群间的相互作用最紧密。如由草地到灌木、再到森林的演替。这种演替也称为正向演替。反之，则为逆向演替。

【在生态影响评价中应注意】

群落演替理论在受损生态系统恢复中具有重要意义，是生态恢复的理论基础。在开发建设项目环境影响评价中，要弄清现状生态演替趋势，进而分析评价项目建设对这种演替趋势的影响。在生态恢复中可以通过人工创造有利于生物生长的环境条件（一般是水和土壤条件），促进受损生态区域实现群落的正向演替。演替应该是一个自然的、有顺序的过程。判断演替是否正常实现，是看演替后是否能够持续稳定。

2.2.3　演替顶极原理

群落在演替过程中，大多数趋向于数量最大化的方向，并最终出现一个相对稳定的阶段。它是一个与环境条件取得相对平衡的自我维持系统。

【在生态影响评价中应注意】

人们总是希望生态演替能够朝着正向演替的顶极方向进行，并达到顶极。但人类的开发建设活动却总是在影响着群落的正向演替。在开发建设项目环境影响评价中，提出促进受损生态环境中的群落向演替顶极方向发展的对策、措施，是最理想的。要使这种理想达到目标，就要为演替创造良好的生境条件。这是提出生态环境保护措施要注意的问题。

2.2.4　中度干扰理论

中等程度的干扰将使群落能维持较高的多样性，它允许更多的物种入侵和建立种群。这就是著名的中度干扰理论。

相对于中度干扰而言，如果一次干扰后少数先锋物种入侵断层，干扰频繁，则先锋种不能发展到演替中期，使多样性保持较低；如果干扰间期较长，使演替过程发展到顶极期，竞争排斥起到排斥他种的作用，多样性也不高。只有中等程度的干扰将使多样性最高。

【在生态影响评价中应注意】

在开发建设项目环境影响评价中，通过分析施工活动及营运方式，判断工程活动对环境的干扰频率与程度，进而分析工程建设对环境的影响性质。

这里的问题主要是如何判断"中度"这个程度，实际上，就是不能突破生态系统平衡"阈值"的干扰。可以通过分析干扰范围或面积的大小、对生物生存基本条件的破坏程度、干扰是否频繁出现、干扰间期多长来判断。某些类型的干扰是否在干扰停止后可以得到恢复。

需要注意的是，某一开发建设项目对生态系统的影响可能是"中度"的，但若干个"中度"项目的共同影响或累积影响就可能是"超度"的。所以，在生态影响评价中，不能就某一个项目来评价生态影响，而需要关注多个开发建设项目（包括已建成运营的项目）的累积生态影响。

2.2.5 边缘效应

在群落交错区中生物种类增加和某些种类密度加大的现象，叫作边缘效应（edge effect）。这是由于边缘区域往往具有与群落内部不同的物理环境。

群落交错区中既可有相隔群落的生物种类，又可有交错区特有的生物种类。交错区或边际带通常具有较高的生物多样性和初级生产力，物质循环和能量流动速率更快，生态过程更活跃。一些需要稳定而相对单一的环境资源条件的内部物种，往往集中分布在群落内部（景观生态学称为"景观斑块内部"），而另一些需要多种环境资源条件或适应多变环境的物种，主要分布在边际带，则称为边缘物种。一般而言，内部物种更容易受到因生境退化和破碎化而灭绝的威胁。

边缘效应的形成需要一定的条件，如两个相邻群落的渗透力应大致相似，两类群落所造成的过渡带需相对稳定；各自具有一定均一面积或只有较小面积的分割；具有两个群落交错的生物类群。

不是所有的交错区都能形成边缘效应。在高度受到干扰的过渡地带和人类创造的临时性过渡地带，由于生态位简单，生物群落适宜度低及种类单一可能发生近亲繁殖，使群落的边缘效应不易形成。

【在生态影响评价中应注意】

边缘效应为我们理解群落交错区及群落演替过程提供充分的理论指导，也使我们能够进一步识别边缘效应。在开发建设项目环境影响评价中，一些项目容易建在群落交错区，对边缘生物群落会造成不利影响。但是，如果将这种影响控制在一定限度内，由于边缘效应，群落会得到自我恢复，维持边缘效应。

但是，由于生境破碎化而导致的边缘效应对某些生物（小型动物、相对喜阴的植食性动物）是不利的，会威胁到原内部生境中的生物生存。因为适应内部生境的生物在原生境斑块变小后，会暴露于边缘生境处，更易被适应外部生境的生物（大中型肉食性动物）捕食而导致种群数量的减少。

此外，边缘效应还容易导致外来物种的入侵。

在开发建设项目环境影响评价中，应针对生境实际情况，特别是某些动物所需最小生境面积，科学、合理地评价工程线路走向、布局、占地面积等。

2.2.6　集群效应

同一种动物在一起生活所产生的作用。这种作用主要有：集群有利于提高捕食效率；可以共同防御敌害；有利于改变小生境；有利于某些动物种类提高学习效率；能够促进繁殖。

动物界许多动物种类都是群体性的，说明群体生活具有许多方面的生物学意义。

【在生态影响评价中应注意】

在开发建设项目生态影响评价中，评价对野生动物影响时，应调查某类动物是否为集群动物，了解其集群行为，对该类动物的保护除要保护其生境外，更重要的是要保护这个群体，使其维持在一个相对较高的种群密度水平。一般而言，集群动物对环境的适应性较强。

对于机场建设项目，集群鸟类对飞机的飞行安全有很大的威胁。如果项目区有这种集群鸟类，在环境影响报告书中需对机场驱鸟管理机构提出有针对性的保护措施，必要时另行选址，或调整飞行程序、变更航班时间。

2.2.7　生态"下行效应"

生态"下行效应"也称"生物操纵"，指某一生态系统中较高营养级的生物对较低营养级的生物乃至理化环境（非生物环境）的控制或调节作用。或者说，一定生态系统中处于较高生态位的生物对处于较低生态位生物的控制或调节作用。在水生态系统中，鱼类属于食物链（网）的顶极消费者，放养大型鱼类，对其他生物群落，特别是对饵料生物群落会产生极大的影响，进而影响整个水生生态系统的结构和功能。

【在生态影响评价中应注意】

一般而言，珍稀濒危野生动物大多为处于食物链顶端的大型动物（当然也有其他小型动物）。为保护这些珍稀动物或植物，一方面应为其提供充足的食物（提供被其控制的生物）或提供其生存和繁育的条件；另一方面，对处于非顶端的珍稀保护生物，应通过狩猎等方式调节比它更高营养级的非保护生物的数量与分布，减缓上一级非保护生物对被保护珍稀生物的控制作用。

在水产养殖生态影响评价中应注意其养殖生物尽可能不是外来大型生物，以免使当地水生生物生存环境受到威胁。另外，为控制诸如"赤潮"等因小型生物大量繁殖而产生的生态灾难性问题，应通过控制捕猎或适度放养等措施，增加其上一营养级生物的数量，发挥其生物操纵作用（或生态下行效应），达到控制诸如"赤潮"等问题的发生。

2.3 生态系统生态学原理

2.3.1 生态完整性（或整体性）原理

任何一个生态系统都是多要素结合而成的统一体，是生态系统要素与结构的结合体现。

主要有三个论点：

① 整体大于它的各部分之和。各要素按照一定的规律组织起来就具有了综合性的功能，尤其是出现了新质，这是各要素独立存在时所没有的。

② 一旦形成了系统，各要素不能再分解成独立要素存在。

③ 各个要素的性质和行为对系统的整体性是有作用的，这种作用是在各要素相互作用过程中表现出来的。

生态整体性是一定区域生态系统维持该区域各生态因子相互关系，并达到最佳状态的自然特性。

生态完整性一般包括面积和体系内在关系两个方面的因素。但并非面积大生态体系就完整，还与体系内的生态关系有直接联系。生态完整性是不同自然等级体系，如区域、景观、生态系统都具备的生态学特性，它由体系的生产能力和稳定状况来度量，当体系未处在高亚稳定平衡状态，生产能力衰退到一定的阈值，则会由高一级的自然体系降低为低一级的自然体系，如由绿洲变为荒漠。群落的结构特征亦可被用作判别生态完整性的指标。

【在生态影响评价中应注意】

生态完整性原理是开发建设项目生态影响评价的出发点。评价中既要从生态完整性角度分析生态环境现状，也要从开发建设项目的性质分析评价对生态完整性的影响。特别是在生态修复和改造过程中，应具有整体优化的概念，全面考虑。如一个流域就是一个完整的生态系统，上游区域的开发、排污，必须考虑对下游地区的影响。流域开发必须从整体上全面考虑，不能仅考虑眼前的和局部地区的利益。

此外，开发建设项目应尽可能维护区域生态的完整性，生态完整性评价主要评价开发建设项目对区域植被的完整性和对生态系统结构与功能完整性的影响两个方面。特别是对重要敏感生态保护目标，如公路、铁路或管线穿越自然保护区，需分析对其完整性影响及可能导致的后果。

2.3.2　生态稳定性原理

生态系统中的生物有出生和死亡、迁入和迁出；无机环境也在不断变化，因此，生态系统总是在发展变化的。生态系统发展到一定阶段，它的结构和功能能够保持相对稳定。

例如当气候干旱时，森林中的动植物种类和数量一般不会有太大的变化，这说明森林生态系统具有抵抗气候变化、保持自身相对稳定的能力。

生态系统的稳定性包括抵抗力稳定性（阻抗稳定性）和恢复力稳定性（恢复稳定性）等方面。对一个生态系统来说，抵抗力稳定性与恢复力稳定性之间往往存在着相反的关系。抵抗力稳定性较高的生态系统，恢复力稳定性往往较低，反之亦然。

【在生态影响评价中应注意】

生态稳定性是生态评价中要求的基本内容之一。

① 在生态现状评价中应在分析现状生态系统的类型与主要成分的基础上，从生态系统的结构与功能、抵抗力与恢复力这几个方面，分析、评价生态系统的稳定性。

② 开发建设项目对生态系统的影响评价中，应分析项目实施对生态系统结构与功能的影响，并从阻抗稳定性和恢复稳定性两个方面评价项目对生态稳定性的影响。

2.3.3　生态系统"阈值"原理

生态阈值是生态系统在改变为另一个退化系统前所能承受的干扰限度。

生态系统的自我维持是有限度的，这个限度就是生态阈值。生态系统受到的外因力影响超过其阈值，生态系统就会发生根本性的变化，原有的生态平衡将被打破，需要发生演替，建立新的生态平衡。

【在生态影响评价中应注意】

分析、评价开发建设项目对某一生态系统的影响，须分析开发建设的方式与强度，判断对生态系统影响的程度，是否超过其阈值，进而提出改变工程施工方式、减小工程施工强度，保障生态系统所受的影响在其阈值以下，保障生态系统的稳定。

目前，关于生态阈值，理论探讨多于实际应用。阈值的确定尚需深入研究。生态阈值研究涉及内容较多，往往不是一个"数值"的问题，单纯用一个"数值"是难以说明的。在实际应用中，可能只用到与生态有关的某一方面的阈值，但却需要综合性的内容来说明。目前，阈值的确定可考虑专家咨询法、充分利用既有研究成果（如生态足迹法研究的生态承载力，尽管也有争议，但有实际应用）以及其他有根据的估算。

2.3.4 生态系统结构与功能关系的原理

生态系统的结构与功能是相互依存的。一定的结构表现一定的功能，一定的功能总是由一定的结构所产生的。

生态系统的结构与功能是相互转化的。系统的结构决定了系统的功能，另一方面功能又具有相对的独立性，可反作用于结构。

【在生态影响评价中应注意】

保护生态系统最重要的是要保护生态系统的结构。在生态现状调查中，弄清楚生态系统类型、结构与主导功能是十分重要的。而在生态影响评价中，其评价实质性内容就是分析开发建设项目是否会破坏生态系统的结构、影响生态系统主导功能的发挥、影响生态系统正常的演替发展等。从维护生态系统功能出发，尽最大可能地保护受影响区域生态系统的结构，包括生态系统的组成、空间分布、食物链（网）关系等。

但是，在实际工作中，也会遇到项目建设确实无法避免对某些非特别需要保护的生态系统类型的破坏，那就需要采取生态补偿的方式，通过异地保护与建设，或人工培育的方式，补偿因工程建设造成的生态功能损失，使工程建设对生态系统的不利影响降到最小或使脆弱区生态系统的生态功能通过人为补偿得到增强。

2.3.5 生态系统的开放性原理

生态系统是一个开放的系统，全方位地与系统外界进行交流，不断有能量、物质和信息的进入和输出。生态系统的开放也表现为"熵"的交换。通过开放，生态系统不断地摄取能量，并将代谢过程中产生的"熵"排向环境。生态系统本质上不同于孤立全封闭系统的行为，就在于同环境之间有"熵"的交换。

【在生态影响评价中应注意】

了解生态系统是一个始终处于开放状态的系统，不是孤立的，而是有内在的复杂关系，并与外界有广泛的联系。这种联系使得生态系统既对外界环境有影响、有作用力，而且内部各种因子之间也存在相互作用。

在生态影响评价实际工作中，不能孤立地看待生态系统，要综合考虑生态系统内外各种因素之间的相互作用和影响，即，既要考虑生态系统本身，也要考虑外界环境条件的改变对生态系统的影响。这也是哲学中的"内因与外因辩证关系原理"在环境影响评价中的应用之一。

2.3.6 物质循环原理

生态系统是由物质构成的，这些物质元素在生态系统中间传递，在各营养阶层间传递并联结起来构成了物质流。生态系统的物质是通过生产者、消费者、分解者与环境之间进行循环的。即物质从大气、水域或土壤环境中，通过生产者进入食物链，然后转移到消费者体内；消费者死后，其物质则被还原者分解转化回到环境中的过程。

【在生态影响评价中应注意】

"循环经济"理论实际上就来源于生态系统的物质循环原理。该原理也使我们在评价工程建设对生态系统的影响中能够找到一条明晰的线路，应该知道，任何物质都是可以经过"循环"和"再生"的，想办法设计使污染物分解进行循环过程。

在环境影响评价中，应分析工程是否阻碍了生态系统的物质循环过程。特别是在污染生态影响评价中，依据生态学物质循环原理对污染物进行有效分解或无害化处理。固体废物的综合利用是物质循环原理的具体体现。

国家十分重视循环经济。已颁布的《中华人民共和国循环经济促进法》(2008年8月29日颁布，2009年1月1日起实施)，不仅在生态影响评价中需要被关注，在各类开发建设项目及规划环境影响评价中都应予以关注。

2.3.7 能量流动原理

能量有着从太阳到生产者，到消费者，再到还原者的流动过程。生态系统的能量流动是借助于食物链和食物网实现的，能量在流动中不断被消耗，而不是循环。

【在生态影响评价中应注意】

能量流动是伴随着物质循环进行的，但能量不能循环，能量在物质流动中不断被消耗，最终释放到大自然中。地球上的生物能量均来自太阳（少量微生物能量来源于化学能或地壳中的热能），只有绿色植物才能固定太阳能。绿色植物是生态系统能量流动的起源，特别是植食性动物，其的生存离不开植物。因此，在生态保护中主要应重点保护绿色植物。

2.3.8　生态平衡原理

生态平衡是特定时间内相对的平衡，生态系统始终处于动态变化之中，生态系统在不断的变化中总是趋于平衡。处于平衡状态的生态系统是比较完整的、稳定的生态系统。但生态平衡是有限度的，这个限度就是生态"阈值"。超过阈值的变化，生态系统的平衡状态将被破坏，生态系统便失调、退化。

【在生态影响评价中应注意】

我们所称的生态保护，基本原则就是维护生态平衡。

生态平衡是一个相对的平衡、动态的平衡。该原理告诉我们，在开发建设项目生态影响评价中，要认真分析建设项目对生态系统平衡的影响，影响方式和程度如何，是否超过生态平衡的阈值，进而提出维护生态平衡的措施。

2.3.9　生态系统的自组织原理

生态系统及其生物与非生物成分也存在着由紊乱、不规则状态自发地转化为整齐、规划状态的现象，称为自组织现象。

【在生态影响评价中应注意】

生态系统本身具有自我维持一定生存状态的能力。对于低于中等程度的干扰，都能够自我恢复到原有的状态。中度干扰理论与自组织原理对开发建设项目生态影响的控制与恢复有重要的指导作用。控制开发建设项目对生态系统的干扰强度，尽量不要超过中等程度的干扰，有利于系统实现自组织，进而完成生态恢复。

2.3.10　蝴蝶效应

生态系统内各要素间存在非线性关系，非线性方程的解表明，初始条件的微小变化可能造成结果的巨大差别，称为"蝴蝶效应"。

【在生态影响评价中应注意】

这就要求在开发建设项目环境影响评价中，对生态诸因子均需要进行保护，特别是土壤、水等自然生态因子，以及那些关键种、珍稀濒危物种等关键因子，这些关键因子的变化将对生态系统起至关重要的影响。某一个重要因子的变化可能会导致生态系统的本质性变化，甚至崩溃。

2.4　景观生态学原理

2.4.1　景观整体性原理

景观是由不同生态系统或景观要素通过生态过程而联系形成的功能整体。一个健康的景观具有结构上的完整性，功能上的整体性和连续性，以及动态上的相对稳定性。

研究景观需要从整体性出发研究其结构、功能及其演变过程。

【在生态影响评价中应注意】

这是景观分析的基本点之一。与生态整体性不同的是，生态整体性是指某一个生态系统的整体性，而景观整体性是指不同生态系统构成的"大生态"或复合生态的整体性，视野更大，是宏观整体性。

景观一般是指中等尺度以上的区域，从几平方公里至数百平方公里或更大。研究景观，就是将这一区域作为一个景观整体去研究的。开发建设项目对景观的影响评价，就是从宏观整体方面来分析项目建设对区域景观整体的影响方式与程度。

2.4.2　景观异质性原理

景观异质性是景观的基本属性，几乎所有的景观都是异质的。异质性反映了景观要素在空间分布上和时间过程中的变异与复杂程度，表现在景观要素的多样性、空间格局的复杂性以及空间相关的动态性。

景观异质化程度与干扰大小及干扰频率有关。当干扰面积很小（相对于研究地面积）、频率很低（相对于生态系统恢复所需要的时间）时，景观接近于平衡状态；当干扰面积变大、频率增大时，就会增加景观的异质性及斑块经历不同演替路线的可能性（Turner et al.，1993）。

【在生态影响评价中应注意】

该原理是了解景观过程与动态的基础，也是景观有别于群落或生态系统的根本属性。景观异质性与景观的稳定性有一定的联系，但并非景观异质性越高，景观就越稳定。人为增加的斑块导致景观异质性程度的增加，但却也增加了景观的破碎度，使景观原有的稳定性降低。自然选择形成的景观异质性，往往是比较稳定的。如原本为一片草原，人为开垦不断增加耕地斑块，导致景观异质性增加，但作为基质草原景观的稳定性却不断下降，最后可能导致草原被耕地分割为零碎的斑块，而耕地却成为基质。

在开发建设项目环境影响评价中，要充分理解景观的异质性，通过异质性去认识景观，并维护景观自然形成的异质性。项目的建设虽然增加了景观的异质性，但往往会增加景观的破碎性而导致景观失稳。因此，很有必要分析项目建设对景观异质性的干扰程度，特别是对景观基质或模地的影响程度，从而判断对景观影响的性质。

2.4.3　景观等级性原理

等级理论认为任何系统只属于一定的等级，并具有一定的时间和空间尺度。由于景观是由不同生态系统的空间集合与镶嵌构成的，等级性原理就规范了景观生态学研究的对象应是景观的不同生态系统或景观要素的空间关系、功能关系以及景观整体的性质与动态。

【在生态影响评价中应注意】

景观等级与景观异质性是密切联系的。不同等级之间不仅仅是空间上的联系，也有功能上的联系。该理论要求在开发建设项目对景观生态影响的评价中应在一定的等级水平上评价景观，不同等级水平景观的评价应分层次进行。如果不分等级评价，将使评价陷入混乱，失去评价的意义。

2.4.4　景观尺度效应原理

尺度通常是指研究一定对象或现象所采用的空间分辨率或时间间隔，同时又可指某一研究对象在空间上的范围和时间上的发生频率。

景观生态学认为景观在不同的研究尺度表现出不同的性质与属性，即景观的空间格局与生态过程是随尺度的不同而异。适当的空间和时间尺度是景观研究的基础。

【在生态影响评价中应注意】

研究景观一定要注意是在多大尺度和多长时间间隔上进行的研究。一般研究范围都在几平方公里至几百平方公里或更大。在开发建设项目环境影响评价中，需要突破项目占地的狭小区域，从宏观景观、至少应该是从评价范围来分析景观与建设项目的关系，而且一般开发建设项目或规划的评价范围比较符合景观的评价尺度。所以，用景观生态学去评价是比较适宜的。如区域开发、规划环境影响评价中的生态承载力分析，是较大景观尺度范围的评价；生态足迹评价是一定时间范围内（景观时间尺度）的评价，如 5 年、10 年、20 年、30 年不等，通过一定时间的生态足迹评价，反映人类对景观的影响过程，并有助于预测今后一定时期的影响过程。

2.4.5　景观格局与生态过程关系原理

在景观中，景观格局决定景观生态过程，而景观生态过程又影响景观格局的形成与演化。

【在生态影响评价中应注意】

这是景观分析、弄清景观内部关系的基本内容，但却是景观分析中比较困难的内容，因为景观的生态过程是十分复杂的。既要弄清景观格局，又要弄清格局的变化，从而才能弄清生态过程是怎么样的。开发建设项目生态影响评价中对于评价等级较高（一级）的项目，可根据实际情况进行景观格局与生态过程关系的分析。

2.4.6　景观动态性原理

景观格局与生态过程及其相互作用的关系均是随时间而变化的，各景观要素的时间变化是不一致的，而且不同尺度的表现也是不同的，景观动态性原理反映了景观演化的不平衡观和尺度效应。

【在生态影响评价中应注意】

在景观分析中要注意这种动态性。一是要知道一定尺度的景观随时间是变化的；二是不同尺度的景观表现形式不同，也是变化的。在分析开发建设项目景观影响评价中应考虑景观与生态系统一样，也是动态变化的。正确选择景观评价尺度，用适当的方法（如景观优势度变化）分析工程建设是否会对景观自身的正常演化造成不利影响。

2.4.7　景观渗透理论与中性模型

当景观单元之间的连接度达到某一临界值时（临界界限，是景观中景观单元之间生态连接度的一个关键值），生态过程或事件在景观中的扩散类似于随机过程，否则就说明在景观中存在类似于半透膜的过滤器，甚至是使景观完全分割破碎化的景观阻力。

中性模型是由渗透理论建立的，主要用于研究景观格局与过程的相互作用，检验相关假设，指"不包含地形变化、空间聚集性、干扰历史和其他生态学过程及其影响的模型"（R. Garnder）。当景观生态过程偏离中性模型的模拟或预测结果时，说明某种景观格局可能对景观生态过程有影响或控制作用。

【在生态影响评价中应注意】

在环境影响评价中，要尽可能保持景观的这种渗透性和基本的中性模型，尽可能控制其过大的偏离。对于规划及开发建设项目中涉及的不同景观生态过程，可考虑采取不同的措施与控制方式。对于不利于生态保护的过程，如水土流失的加剧、森林火灾、病虫害及外来物种入侵，应尽可能使景观连接度降到临界值以上，以降低不利影响。对于物种保护，显然应提高其景观连接度，以增加种群交流的机会，提高其抗干扰的能力。

2.4.8 景观生态流与空间再分配原理

生态流（景观各空间组分之间流动的物质、能量、物种和其他信息）是景观生态过程重要的外在表现形式，受景观格局的影响和控制。景观格局的变化必然伴随着物种、养分和能量的流动以及空间再分配（通过风、水、飞行动物、地面动物和人传输），也就是景观再生产的过程。

【在生态影响评价中应注意】

景观生态流与空间再分配原理要求我们在开发建设项目环境影响评价中要尽可能维护景观生态流的正常流动，对重要景观生态流受到阻隔时要为其设置必要的"通道"，保障生物物种种源的持久性、稳定性和可获得性。如一般开发建设项目涉及河流时，均会通过设置桥梁、涵洞保障水流的畅通，从而保障水生生物的交流、迁移的畅通，涉及湿地时，也尽可能保障其水力条件的畅通。

2.4.9 景观镶嵌性原理

镶嵌性是景观的基本属性之一。景观镶嵌格局主要以"斑块（拼块、缀块）—廊道—本底（基质）"形成组合格局。景观斑块是地理、气候、生物和人文等要素构成的空间综合体，具有特定的结构形态与独特的物质、能量或信息输入与输出特征。

【在生态影响评价中应注意】

自然形成的景观镶嵌性是长期自然选择的结果，能够保障景观生态流的有序流动，保持景观的完整性和持续性。人为形成的镶嵌体有可能会破坏景观原有的生态流，因而要特别注意。在规划及开发建设项目生态影响评价中应注意分析人工形成的景观镶嵌体在整体景观中的结构或位置，其镶嵌性是否符合景观的协调性以及所能发挥的功能，是否会显著影响原有景观的生态流。特别是在规划方面，能做到尽可能与景观相协调是很重要的；在开发建设项目环境影响评价中，如果能够通过工程建设内容的合理布局或选择适当的厂址，抑或通过绿化等生态补偿措施，使开发建设项目与景观相协调也是很好的环保方案。

2.5 生态系统健康管理原理

（以下各原理、理论在生态影响评价、生态管理与建设中还是有一定指导意义的，可供实际工作参考。）

2.5.1 动态性原理

生态系统总是动态变化的，在自然条件下，一般趋向于物种多样性、结构复杂化和功能完善化的方向演替，在足够的时间和条件下，系统最终将进入成熟稳定阶段。但是，群落演替也是复杂的，在演替过程中，生物多样性也不是随时间单向增加的，即使处于顶极状态的群落，其生物多样性也往往不是最大的。

【在生态影响评价中应注意】

这实际上就是群落演替的顶极阶段。在生态系统管理中就要关注这种动态，注意阶段性，不断调整管理体制与策略，以适应并促进系统的动态发展。开发建设项目投入营运后需对生态系统进行持续管理。

2.5.2 层级性原理

生态系统内部有多级层次。生态管理中需要注意时空背景与层级相匹配。

【在生态影响评价中应注意】

Vogt 等（1997）给出了不同尺度的生态系统过程评价所需的数据类型（表2-1），可以了解对不同层级的生态系统，应该调查哪些因子对生态环境现状调查与评价有重要的指导作用，对生态影响评价与生态管理也具有一定的指导意义。

表2-1 不同尺度上的生态系统过程评价分析所需数据类型

尺度	数据类型
地带性生物群落	气候、地形、植物类型（草本、木本等），时间尺度：经常而不相关的时间
景观水平	气候、地形、群落和生态系统类型、土壤物理特性、生态系统类型的空间分布、时间尺度：年与年之间比较
生态系统	气候（微气候）、地形（微地形）、物种组成和优势种，土壤物理、化学特性，消费者水平、植物组织转化率和分解率、活的有机物和死的有机物的空间分布以及土壤类型质地的空间分布，植物对水、营养物的需要在形态上的适应，共生物、营养物质和水的获得能力，时间尺度：每年、几年

尺度	数据类型
植物及其物种	气候（微气候）、地形（微地形）、微生境的土壤物理、化学特性，消费者水平、固氮和营养获得在生理上的适应、植物碳的固定格局：地上叶的形式和地下须根的形式，植物遗传性，共生物、营养物质和水的获得能力，时间尺度：每时、每年、多年

2.5.3 创造性原理

生态系统的自调节是以内部群落为核心，具有创造性。创造性的源泉是系统的多种功能流。

【在生态影响评价中应注意】

这是生态系统本质的特性。在生态系统影响评价中要尊重系统的这种创造性，从而保证系统提供充足的资源和良好的服务。

2.5.4 有限性原理

生态系统中的资源一般都是有限的，也有一定限量的承受能力。

【在生态影响评价中应注意】

很多开发建设项目在一定程度上是对生态系统的开发，开发利用必须维持其生态系统再生和恢复的功能。污染物的排放不应超过该系统的承载力或容量极限，否则功能就会受损；严重时系统就会衰败，甚至崩溃。

因此，在某些项目的生态影响评价中有必要对生态系统各项功能指标（功能极限、环境容量等）加以认真分析和计算，通过对开发建设项目对生态系统的影响方式、程度、范围等的分析、评价，明确开发活动是否影响了生态系统中资源的有限承受能力。

2.5.5 多样性原理

生物多样性及其生态系统的结构复杂性对生态系统平衡是极为重要的，它是生态系统适应环境变化的基础，也是生态系统稳定和优化的基础。

【在生态影响评价中应注意】

在开发建设项目环境影响评价中要自觉维护区域的生物多性。在生态环境现状评价时就应分析、评价区域的生物多样性，至少应从物种多样性（植物、动物）和生态系统多样性方面着手。

2.5.6 两重性原理

人类，既是生态系统中的一部分，又对生态系统有重大影响。这就是人类在生态系统中的两重性。

【在生态影响评价中应注意】

保护生态系统，实际上也是在保护人类自己。人类应规范自己的行为，这是生态管理的重要内容。在生态影响评价中，应提出规范建设单位、施工单位及有关人员的行为要求。

2.5.7 可持续发展理论

"可持续发展是既满足当代人需求，又不对后代人满足其需要的能力构成危害的发展。"换句话说，就是指经济、社会和环境保护协调发展，它们是一个密不可分的系统，既要达到发展经济的目的，又要保护好人类赖以生存的大气、淡水、海洋、土地和森林等自然资源和环境，使子孙后代能够永续发展和安居乐业。可持续发展与环境保护既有联系，又不等同。环境保护是可持续发展的重要方面；可持续发展的核心是发展，但要求在严格控制人口数量和保护环境、资源永续利用的前提下进行经济和社会的发展。

【在生态影响评价中应注意】

可持续发展是社会发展的总体要求，在生态破坏与环境污染的严峻情势下，人类在社会经济发展的方方面面都应体现可持续发展。当然，在规划、区域开发、生态省（市、县、乡镇、村）建设等项目的环境影响评价中，可持续发展是项目评价时需要遵循的基本原则之一。我们所称的节能减排、循环经济、清洁发展机制等，均是可持续发展的一种形式。不论采取什么样的形式，最终要通过是否体现可持续发展来检验合理与否。

2.5.8 生态足迹理论

生态足迹理论（又称生态足迹分析法）是由加拿大生态经济学家 William 和其博士生 Wackernagel 于 20 世纪 90 年代初提出的一种度量可持续发展程度的方法，它是一组基于土地面积的量化指标，其中最具代表性的是生态足迹："一只负载着人类与人类所创造的城市、工厂……的巨脚踏在地球上留下的脚印。"实际上就是人类社会经济发展过程中在区域生态系统中留下的"印记"。生态足迹这一形象化概念既反映了人类对地球环境的影响，也包含了可持续性机制。这就是说，当地球所能提供的土地面积容不下这只"巨脚"时，其上的城市、工厂就会失去平衡；如果"巨脚"始终得不到一块允许其发展的立足之地，那么它所承载的人类文明将最终坠落、崩毁。

生态足迹分析法从需求面计算生态足迹的大小，从供给面计算生态承载力的大小，通过对这二者的比较，评价研究对象的可持续发展状况。

【在生态影响评价中应注意】

生态足迹理论及其计算方法目前主要在规划环境影响评价中有所应用，但争议较大。在实际应用中要注意与其他方法相结合，并仔细研究相关文献资料。

生态足迹实际上是人类社会活动在区域现状生态现状的印记，反映的是生态承载现状。对于生态承载力，我们更多的是关注生态可承载力（或极限承载力、最大承载力，也可以说是生态阈值）。评价某项目或规划实施是否超过区域生态承载力，应该是与生态可承载力对比，而不是与现状生态足迹对比。

有人认为，生态足迹是进行生态经济核算的一个概念模型，在环评的生态承载力评价与环境经济损益分析中都是一个不错的工具。生态足迹概念比较适用于较大尺度的资源占用分析；生态足迹的计算参数通用性较差，由此可比性差；生态足迹占用的估算数据大多来源于政府经济统计数据，且与区域内外的贸易量关系很大，对于一般项目环评来说很难获得口径适用相应数据；生态足迹是一个关于区域生态承载力的综合分析模型，在环评中的利用往往成为扩大化的结论，缺少实际指导意义，但如果建立在对该理论的深刻理解的基础上，可以利用该概念框架进行有针对性的评价，比如利用生态足迹供给模型，细分各类具体生态资源的消长，从而将影响评价落实到具体建议上。

2.5.9 循环经济理论

在技术层次上，循环经济是与传统经济活动的"资源消费→产品→废物排放"开放型物质流动模式相对应的"资源消费→产品→再生资源"闭环型物质流动模式。其核心是提高资源生态环境的利用效率。

它的技术经济特征是提高资源利用效率，减少生产过程的资源和能源消耗；延长和拓宽生产技术链，将污染尽可能地在生产企业内进行处理，减少生产过程的污染排放；对生产和生活使用过的废旧产品进行全面回收，可以重复利用的废弃物通过技术处理进行无限次的循环利用；对生产企业无法处理的废弃物集中回收、处理，扩大环保产业和资源再生产业的规模。

发展循环经济是新兴工业化的最高形式，也是消除经济增长的资源和环境泡沫的必由之路。

【在生态影响评价中应注意】

循环经济不仅仅是企业内部，即企业各生产车间之间的循环，而且需要考虑地区内或不同企业之间、甚至跨地区的循环。总的原则是资源综合利用、节能减排。在规划、生态市建设、开发区建设、工业园区开发建设项目环境影响评价中要贯彻落实循环经济理论及其要求，在有关生产方案、产品方案分析中要严格落实《中华人民共和国循环经济促进法》。

2.5.10　生态系统管理基本原则

① 可持续性；
② 具有明确的、可操作的目标；
③ 具有生态学知识与原理；
④ 充分理解生态系统的连贯性的复杂性；
⑤ 认识生态系统的动态特征；
⑥ 注意研究的尺度和背景；
⑦ 将人类作为生态系统的一个组成部分；
⑧ 与其他适宜的管理措施相结合；
⑨ 公众参与。

【在生态影响评价中应注意】

在规划及开发建设项目生态影响评价中，涉及重要生态系统保护或需针对因开发建设项目而受到损害的生态系统进行恢复与管理时，应注意从这些方面着手提出相应的具体化了的管理措施。如公众参与是环境影响评价中的一个重要环节，国内外都非常重视，在具体工作中则需按照有关规定严格进行，其公众参与的过程、方式、范围、内容、结果表达等均需细化，使公众参与达到应有的目的和效果。

2.5.11　土壤种子库原理

土壤种子库是指存在于土壤上层凋落物和土壤中全部存活种子的总和，是植物种群生活史的一个阶段。

土壤种子库具有以下特征：
① 土壤种子库的每一个物种的种子都有其时间和空间上的尺度；
② 种子库的分布有水平分布和垂直分布；
③ 土壤种子库与地上植被具有一定的关系；
④ 土壤种子库具有季节动态；

⑤ 动物对土壤种子库的结构和动态具有重要影响。

【在生态影响评价中应注意】

土壤种子库的时空格局对退化生态系统的恢复和未来植被的构成至关重要，其生态学意义就在于此。生态保护的一个重要内容就是保护土壤。在开发建设项目生态影响评价中，要保护某一地区的植物乃至动物，首先应保护这一地区的土壤，防止水土流失，尽可能充分利用土壤而不是随意抛弃土壤、浪费土壤（关于土壤保护措施，见本书第 3.5.2.1 节"土壤保护"）。

2.5.12 生物富集或放大原理

生物富集指某种元素或难以分解的化合物通过食物链在有机体内逐级累积起来，并随着食物链中营养级越高，累积剂量越大的现象。

【在生态影响评价中应注意】

在生态影响评价中，特别是对以污染为主的建设项目，有必要进行类比分析污染物排放对植物或动物的污染生态影响，在生态保护实际工作中既需要对生态进行保护与建设，也需要进行污染防治。尤其是对土壤、水系存在明显污染的建设项目，对生物的影响评价时有必要进行循食物链的化验分析，弄清链内不同级别生物体内的污染物含量。

2.5.13 富营养化原理

在人类活动的影响下，营养物质大量流入水体，使氮、磷含量增高，促使藻类和其他浮游生物种群数量激增、导致水中溶解氧耗尽、水质恶化的状态。

富营养化可能会导致鱼类等水生生物的大量死亡，并导致以该水域为饮用水水源的城市、居民的生产、生活受到严重影响。

【在生态影响评价中应注意】

当开发建设项目涉及湖泊、水库时，富营养化必须引起关注。这一原理在开发建设项目生态影响评价中有实际的应用。在调查清楚湖库水质现状，特别是氮、磷含量的基础上，根据拟建项目排入该湖库的污水水质及氮、磷量，分析可能引发湖库发生富营养化的可能性，并提出避免或控制湖库富营养化的措施。

2.5.14 生物库原理

某一物质在生物与非生物环境暂时滞留（被固定或贮存）的数量，可分为两类：
① 贮存库，容量大、活动慢，一般为非生物成分，如岩石、沉积物等；
② 交换库，容量小、活跃，一般为生物成分，如植物库、动物库等。

【在生态影响评价中应注意】

由于生物都有不断生长、繁殖的能力，其种群总是不断地向外环境扩散。生物相对丰富区一般可以视为生物库，是生物扩散的源。在开发建设项目生态影响评价中，特别是对那些生境条件较差、自然植被稀少的地区，应注意尽可能保存该地区残存的生物库。如沙漠中的绿洲，其生物种质资源就是该区域的生物库，应予以特别保护。

2.6　哲学基本原理在环境影响评价中的应用

环境影响评价既是一项法律制度，又是一项实实在在的技术工作。环境影响评价工作者担负着重要的使命，既要为政府、环境保护部门出谋划策，为政府部门的决策服务，具有公信力，也要为项目建设单位负责，提出有建设性的方案调整意见。作为环境影响评价工作人员，除需要充分了解相关的法律、法规、标准和技术导则、规范，掌握丰富的理论与专业知识外，还需要有一定的哲学理论水平与思维方式，如：

① 在实际工作中要有哲学理念，有足够的综合分析能力、判断能力和辩证的思维能力。对于纷繁复杂的环境资料与信息，具有判断正误和有用与否的能力，并且能够对有用的资料进行提炼和综合分析，形成分析、评价的成果。

② 具有发散思维能力、丰富的想象力。不只局限于工程本身，而且能够根据工程所提供的组成信息，分析出相应的环境影响因素，并能结合环境特征，确定环境影响的方方面面（环境保护目标、影响对象、影响性质、影响方式、影响范围、影响程度等）。

③ 善于从正反两个方面去思考问题。比如某项目所在地区为洪水多发区，需要考虑洪水与工程建设的相互影响，即既考虑洪水对工程的影响，也要考虑工程对洪水的影响。

④ 不死搬硬套，具体项目具体评价。特别是生态类项目，不同地区的生态环境状况不同，如土地利用类型、植被类型、生态系统类型、水土流失状况、生态敏感目标等，千差万别，而且不同项目的影响方式不同，不同施工工艺影响方式与程度不同。总之，如果不具体问题具体分析，而是死搬硬套，就会张冠李戴，漏洞百出。

⑤ 既善于总结，又勤于思考，不断创新。"总结"就是一个意识反作用于物质的过程，通过总结，得出解决某一类问题的思路和技术方法，并再次应用于实践，取得效果。如此循环往复，不断总结提高、创新，个人的技术水平会不断进

步，所编写的技术报告也会越写越好。这就是事物发展螺旋式上升的过程。

⑥ 所编写的技术报告内容全面、层次分明、重点突出，语言精练、逻辑严密、针对性强、实用性好，而不是杂乱无章的资料堆砌和无意义的重复，忌编写成厚厚的如百科全书式的大而空的报告。

2.6.1 物质与意识辩证关系的原理

辩证唯物主义认为物质是第一性的，物质决定意识，意识对物质又具有反作用，即意识具有一定的主观能动性。

这个原理告诉我们在实际工作中应做到理论联系实际，实事求是，一切从实际出发。要求我们进行环境影响评价要立足项目与当地的环境实际，根据可能发生的实际影响进行评价。环境影响评价的根本属性是实用性。如果所编制的环境影响报告如"空中楼阁""镜中花月"，不解决实际问题，即使写得再花哨，也没有实际价值。环境影响报告不能连篇累牍地夸夸其谈、没有实质性的内容，而是要解决实际问题。

特别是所提出的环境保护措施要切实可行，不能异想天开，提出不切实际的措施，这样的措施，或者建设单位做不到或者白白浪费资金而不起作用。要根据工程的实际影响、技术的实用性、经济的可行性确定合理的环境保护措施，这就是实事求是。

2.6.2 矛盾的普遍性原理

哲学认为事物的矛盾是无时不在、无时不有的，是普遍存在的。建设项目与环境保护本身就是一对矛盾，也是不可回避的。任何项目建设都会对环境造成影响，只是影响的方式、范围和程度不同而已。这种影响既有有利的影响，也有不利的影响，当然，环境影响评价主要关注的是不利影响。环境影响的性质实际上也是一对矛盾。如有利影响与不利影响、长期影响与短期影响、一次性影响与累积性影响、可逆影响与不可逆影响、潜在影响与现实影响等，而且这种影响是普遍存在的。只要有项目建设，必然或多或少、或重或轻地存在某种影响。

2.6.3 主要矛盾与次要矛盾

工程建设与环境保护是一对矛盾。工程建设的规模有大小之分，环境也有敏感与不敏感、稳定与脆弱之分。工程对环境的影响是不平衡的，有的比较明显、突出或严重，有的比较轻微。因此，矛盾的双方是有主、次之分的。环境影响评价中识别工程建设的主要环境影响，就是一个寻找主要矛盾的过程。进行环境影响评价时要抓住主要矛盾，识别主要影响。

2.6.4　"两点论"与"重点论"

"两点论"与"重点论"，实质上就是矛盾论，即"矛盾的双方"与"主要矛盾"问题，这是对矛盾论的经典概括。

"两点论"告诉环境影响评价工作者，在环境影响评价中，要紧紧抓住工程建设内容，进行细致的工程分析；同时要紧紧抓住环境特征，弄清环境现状及问题，这也就是要弄清影响对象的情况；然后要认真分析工程与环境之间会产生什么样的影响，这就是影响因素分析。

"重点论"，就是告诉我们要抓住主要矛盾。抓重点工程和主要的环境影响，分析、预测究竟会产生什么样的影响。这就是我们通常所说的要突出重点，也就是环境影响评价报告的重点。

2.6.5　内外因辩证关系的原理

哲学认为事物的发展是由内外因作用引起的，内因是变化的根据，外因是变化的条件，外因通过内因而起作用，某些时候外因的作用也相当大。

在环境影响评价中，项目所在地的环境问题是多方面因素造成的，既有环境或生态系统本身的原因，也有外界的原因。自然灾害或人为的干扰属外界因素，往往会导致一个区域生态系统的类型、结构的改变，从而导致区域群落发生重大演替，直至最终区域生态环境发生重大变化。这就是外因通过内因起作用，使生态系统发生质的变化，甚至最终导致区域生态的崩溃。这些就是我们环境影响评价需要特别关注的。

又如在环境质量现状评价中，地表水、环境空气、声环境现状监测超标，超标的原因是环境本身背景值高的原因（内因），还是有其他污染源造成的（外因）；关于生态退化，究竟是生物群落内部的变化（内因），还是人为造成的破坏（外因）。需要对造成环境问题的内外原因进行详细分析，预测工程实施可能造成的环境影响，才能够有针对性地提出保护措施。

2.6.6　事物的普遍联系原理

任何事物都不是独立的，而是普遍联系的。工程建设与环境之间的关系也不是简单的、孤立的，而是与周边的各种环境因素或其他工程相联系的。工程建设所产生的环境影响也不是单一的，而是复杂的，与项目周边其他项目及各种环境因素都可能产生这样或那样的联系，并互相影响着。

工程建设影响的方方面面均需要考虑，不能漏项。环境影响评价是要考虑各种可能的影响。特别是生态影响评价，往往与很多因素有联系。如在河流上建一座水坝，不仅对坝下有影响，对坝上也有影响；不仅影响植被、野生动物和生态系统，还会影响水土流失、地质环境；此外，可能还有社会影响，甚至是流域性影响。不进行深入的思考，不综合分析上游、下游情况，不进行全流域统盘考虑，是不能全面评价工程的环境影响的。

2.6.7　普遍性与特殊性原理

任何事物的发展既具有普遍性，又具有特殊性。工程建设对环境影响也既有普遍性，又有特殊性。某一类项目的影响往往有共性，即普遍性，具体某一个项目又具有自己的特殊性。

如生态类项目，虽然有一定的共性，但也有特殊性。如公路、铁路交通类项目与煤矿、油田采掘类项目的环境影响就各有特点。当然，以污染为主化工类项目与以生态影响为主的交通运输类项目，虽然均有污染与生态影响的共性，但影响的侧重点明显不同，因而各有其特殊性。

2.6.8　事物发展的螺旋式上升原理

马克思主义哲学认为，事物的发展不是直线式的，往往是螺旋式上升的。

从环境影响评价技术方面来看，环境影响评价技术的发展也是螺旋式发展的。我国20世纪七八十年代的环境影响评价，技术方法还不成熟，所编写的技术报告还是比较粗浅的，但环境影响评价的前辈们不断研究、努力探索，为我们现在从事环境影响评价提供了很多有益的经验，并形成了当前我国比较全面的、系统的环境影响评价理论与技术体系。

从环境影响评价技术人员的发展来看，一个刚刚参加环境影响评价工作的技术人员，不可能一下子就成为环境影响评价领域的"专家"，所写的技术报告也不可能尽善尽美，需要有一个不断学习、不断总结、不断提高的过程。所编写的技术报告总是在被专家审查、批评过程中，不断补充、总结、提高，最后才能逐步写出好的环境影响报告书，进而成为环境影响评价技术领域的行家里手或专家、学者。

参考文献

[1]　冯德培，谈家桢，王鸣岐. 简明生物学词典[M]. 上海：上海辞书出版社，1982.
[2]　国家环境保护总局环境工程评估中心. 建设项目环境影响评估技术指南（试行）[M]. 北

京：中国环境科学出版社，2003.

[3]　国家环境保护总局主持，《中国生物多样性国情研究报告》编写组，陈昌笃. 中国生物多
样性国情研究报告[M]. 北京：中国环境科学出版社，1998.

[4]　毛文永. 生态影响评价概论[M]. 北京：中国环境科学出版社，1998.

[5]　环境影响试评价技术导则　非污染生态影响（HJ/T 19—1997）.

[6]　国家环境保护总局自然生态司. 非污染生态影响评价技术导则培训教材[M]. 北京：中国
环境科学出版社，1999.

[7]　国家环境保护总局监督管理司. 中国环境影响评价培训教材[M]. 北京：化学工业出版社，2000.

[8]　国家环境保护总局环境影响评价管理司. 环境影响评价岗位培训教材[M]. 北京：化学工
业出版社，2006.

[9]　环境影响评价技术导则　生态影响（HJ 19—2011）.

[10]　殷浩文. 生态风险评价[M]. 北京：华东理工大学出版社，2001.

[11]　生态环境状况评价技术规范（试行）（HJ/T 192—2006）.

[12]　傅伯杰，陈利顶，马克明，等. 景观生态学原理与应用[M]. 北京：科学出版社，2005.

[13]　邬建国. 景观生态学——格局、过程、尺度与等级[M]. 北京：高等教育出版社，2000.

[14]　戈峰. 现代生态学[M]. 北京：科学出版社，2005.

[15]　李洪远. 生态学基础[M]. 北京：化学工业出版社，2006.

[16]　柳劲松，王丽华，宋秀娟. 环境生态学基础[M]. 北京：化学工业出版社，2003.

[17]　F. Stuart Chapin III，Pamela A Matson，Harold A Mooney. 陆地生态系统生态学原理[M]. 李
博，赵斌，彭容豪，等译. 北京：高等教育出版社，2005.

[18]　郭晋平，周志翔. 景观生态学[M]. 北京：中国林业出版社，2007.

[19]　环境保护部，中国科学院. 全国生态功能区划. 2008.

[20]　刘南威. 自然地理学[M]. 北京：科学出版社，2000.

[21]　张金屯，李素清. 应用生态学[M]. 北京：科学出版社，2003.

[22]　全国生态环境保护纲要（国发[2007]37 号）.

[23]　全国生态环境建设规划（国发[1998]36 号）.

[24]　国家重点生态功能保护区规划纲要（环发[2007]165 号）.

[25]　全国生态功能区划（环境保护部公告，2008 年第 35 号）.

[26]　全国生态脆弱区保护规划纲要（环发[2008]92 号）.

[27]　The institute of Ecology and Environmental Management（IEEM）. *Uidelines for Ecological
Impact Assessment in the United Kingdom*. 2006.

[28]　王如松. 生态环境内涵的回顾与思考[J]. 科技术语，2005（2）：28-31.

[29]　贾生元. 环境影响报告书编写的哲学思考[J]. 环境保护，2008（9A）：53-55.

第3章 生态影响评价主要内容

生态影响评价，实质上是对生态的影响评价，是指开发建设项目或规划的实施对生态造成不利影响的评价。一个完整的建设项目的生态影响评价专题（章）主要包括：工程分析、生态现状调查与评价、环境影响识别与评价因子筛选及确定评价等级与范围（如果生态影响只是环境影响报告书的一个专章，一般将此内容放在总论部分，与其他环境要素一并考虑）、生态影响预测与评价、生态保护措施、结论等几方面。其中生态现状调查与评价、生态影响预测与评价、生态保护措施这三个部分是生态影响评价的主要内容。

本章按照生态影响评价的主要内容，结合笔者在实际工作中的经验，对各部分的基本内容、有关要求和重点与难点加以介绍，以对实际评价工作的开展提供一定指导和参考。

3.1 专题总体设计

3.1.1 评价目的

（1）调查、了解生态现状

主要包括工程所在地生态环境现状、主要生态环境问题及其原因分析。

（2）分析、判断生态影响

主要包括工程建设对生态环境的影响方式、影响范围及影响程度，特别是对区域敏感生态环境的影响范围和程度。

（3）分析对既有生态问题的影响

主要包括工程建设是否会导致既有生态问题进一步恶化，或者是否有利于解决既有生态环境问题。

（4）分析对生态敏感保护目标的影响性质及程度

分析其影响是直接影响，还是间接影响；是短期影响，还是长期影响；是可恢复影响，还是不可恢复影响；是有利影响，还是不利影响；是可逆影响，还是不可逆影响，以及影响是否能够接受，能否避免等。

（5）论证保护措施的有效性

即拟采取何种措施解决工程造成的不利生态影响，措施是否有效。

3.1.2　评价工作原则及注意事项

（1）体现环境影响报告书的实用性

环境影响报告书是技术报告，但其本质有别于科研攻关课题报告，也不同于教科书，既要有较强的实用性，也要具有良好的可操作性。因此环境影响报告书不应以介绍基本概念、科学理论为主要内容，也不能无依据、无应用先例地独自创新。其创新主要体现在对当前成熟的新理论和新技术的应用，尽可能不用尚不成熟的理论和成果，更要避免个人"异想天开"式的理论与技术"创新"。

（2）注意评价内容的系统性和层次性

此原则与生态系统本身的系统性是一脉相承的。评价内容可以按工程的不同阶段进行分时段评价，也可以按不同的环境影响要素进行分类评价。两者有机地结合，形成一个系统的、条理清晰的生态影响评价专题内容。

同时，各章节逻辑层次分明是环境影响报告书编写的基本要求，环境影响报告书的内容比较庞杂，在章节设置上更应注意其逻辑关系，章节之间应有相应的铺垫关系，同一章节的各小节或各自然段之间是有逻辑顺序或递进层次的，切忌将一个完整的章节写得杂乱无章、缺乏逻辑性与条理性。

（3）注意评价内容的完整性和针对性

生态的系统性对生态影响评价提出了全面、完整、系统的基本要求。生态评价的"三大基本内容"是"现状调查与评价"、"影响预测或评价"和"生态保护措施"，这些基本内容必须完整。

同时，应突出重点，做到详略得当，避免面面俱到，也没必要不分轻重地一一罗列。在实际工作中，有的报告中甚至对一些基本概念也进行了解释，这显然是不必要的。另外，应尽可能避免资料的无原则堆砌和章节上的无意义重复，在资料引用、理论介绍方面，都应有较强的针对性。

（4）图文并茂、印制规范

通过生态制图、照片及表格并配以文字说明，直观、有效地表达生态现状及生态影响情况。图、表具有直观、形象、说服力强的特点，在进行生态现状现场调查时应拍摄大量的照片，并通过遥感图像等，制作满足要求的生态图件。图件及照片的应用，在一定程度上反映了技术报告编写的质量和水平，是报告水平和质量的重要标志，应予以特别重视。

图件应尽量采用彩色图，图件应规范，有自明性，尽量简洁，但信息要完整，图件应包括图名、图例、比例尺、指北针、风玫瑰，还可以有经纬度、制图时间、数据源或图件来源、制作单位或制作者等。图中颜色区别明显、线条分明、字体清晰。图件的自明性，即图件本身是明确的，能让人一看就明白，这是图件的特性；达不到自明性的图件，就是制作失败的图件。

环境影响报告书的印制应该尽可能参照国家有关图书出版规范，如在书脊上注明名称，编制单位与日期，便于有关单位存档、查阅，也便于本单位存、阅。

（5）注意不同评价等级和工作深度的差别

工程规模、生态敏感区域、占地面积，直接决定生态影响评价的等级，不同评价等级其评价的内容和深度也有较大差别。此要求在技术导则上已有明确规定。

（6）关注特殊环境问题

特殊环境问题由工程特性与环境特性两个方面决定。

由于项目所在地之间的环境差异很大，不同区域存在不同的环境问题。如有的地方地质灾害频发，有的地方降雨集中、经常爆发洪水，有的干旱严重，有的则时常发生强风、飓风，有的地方生态退化严重，出现荒漠化、沙漠化，有的地方则水资源缺乏。评价应针对项目所在区域，识别和调查其特定环境问题，并分析项目建设对这些环境问题的影响。

要特别关注项目建设对这些特殊环境问题可能造成的不利影响。如某些地区易发生洪水，一些建设项目靠近易发洪水流域内，需要关注洪水影响评价。一般应从洪水对工程的影响（洪水发生时，工程能否正常运行，是否会被洪水淹没、冲毁，特别是由此而发生的生态影响及环境风险）和工程对洪水的影响（是否影响洪水的正常排泄）两个方面来考虑。

3.1.3 评价等级与评价范围的确定

3.1.3.1 评价等级

在《影响评价技术导则 生态影响》（HJ 19—2011）或其他"行业导则"（如陆地石油天然气开采、煤炭采选、水利水电等）中对生态影响评价等级均进行了相关的规定。生态影响评价等级的确定主要依据以下原则：

① 项目规模（特别是工程占地面积）；

② 工程特点（工程性质、工程规模、能源及资源的使用量及类型、源项等）；

③ 项目所在地的环境特征（自然环境特点、环境敏感程度、环境质量现状及社会经济状况等）；

④ 国家或所在地方政府颁布的有关法规（包括环境质量标准和污染物排放

标准）；

⑤工程建设与生态环境质量的社会关注程度；

⑥工程建设与生态敏感保护目标的关系（如公路、铁路建设项目穿越自然保护区问题）。

一般而言，根据影响范围、工程与生态敏感目标的位置关系，可以确定生态影响评价等级。这在 HJ 19—2011 中规定的更加直接（根据影响范围的环境敏感性及占地面积确定评价等级）。

⑦有行业导则的，一般应优先按行业导则（如陆地石油天然气开采、煤炭采选、水利水电等）规定的要求确定评价等级；行业导则未提出确定评价等级的方法的，应按综合性导则或要素导则[如《环境影响评价技术导则　生态影响》（HJ 19 —2011)]的要求予以确定。

⑧注意评价等级的提级问题。在 HJ 19—2011 中关于"矿山开采"可能导致土地利用类型明显改变，或"拦河闸坝"建设可能明显改变水文情势等情况下，生态评价等级上提一级的规定。当时主要是考虑到"两淮"地区井工矿开采煤炭，地表下沉会导致土地利用类型的明显改变（如长期积水），引水式电站会导致下游部分河段断流（即脱水段），这两种情况生态影响比较突出的缘故。

这个考虑应该说是合理的。但是作为一个由政府主管部门正式颁布的技术"导则"，颁布后就是一个"规范性文件"，社会各界出现不同的解读是正常的。如矿山开采，本身就包括金属与非金属矿，也包括井工开采和露天开采，而且露天开采对土地利用类型的改变形成一个大的"露天坑"，明显改变了土地的利用类型。

因此，在"导则"颁布机关没有做出正式解释之前，就可以因地制宜，实事求是地结合当地情况应用。HJ 19—2011 也并没有提出井工开采究竟是按"地上"建设工程占地面积来确定评价等级，还是按"地下"工程涉及的占地面积来确定。从导则编制的工作人员来看，显然是按地上工程占地面积来确定的。本书作者曾经提出井工开采应按开采的"境界"作为占地面积，因为这个境界是有关部门（如国土资源部门）确定的，而且沉陷导致的主要生态影响也在这个境界区域内。在实际工作中，大家实事求是执行就是了，是否提级，应因工程及环境影响特性来决定，只要在报告中"说清楚就行"。实事求是也是规范！

3.1.3.2 评价范围

（1）不同的评价等级对应不同的评价范围和评价内容

各环境要素（地表水、地下水、声环境、大气环境、生态、环境风险等）或各行业（煤炭采选、民用机场、水利水电、陆地石油天然气开采等）的环境影响评价技术导则一般是指导性、推荐性或原则性的，是一般性要求或原则性要求（但

《海洋工程环境影响评价技术导则》（GB/T 19485—2004）编号是以 GB（国标）开头的，具有一定的强制性）。实际工作中，由于不同区域的生态环境现状是不同的，而不同项目对不同区域生态环境的影响方式与程度也千差万别。因此，在总体遵循导则的基础上，评价范围应根据实际情况有根据地调整，评价内容也可以根据实际情况适当增减。

（2）选取适当的评价范围

建设项目环境影响评价的根本目的就是要清楚地分析、评价项目的环境影响，这与评价范围的选取有着直接的关系。评价范围并非越大越好，涉及范围过大，会导致环境影响评价的有效性失真。不能正确确定评价范围与影响范围，实际上就是没有弄清环境影响评价工作的本质。

实际工作中，一般应根据建设项目的规模、工程建设强度及环境敏感程度预计可能的影响范围。由于我国生态环境影响评价已经积累了一定的经验，很多建设项目的环境影响大致范围已经掌握，各类建设项目的行业导则一般也给出了评价范围。

如果导则有明确规定，一般不应违背导则规定的评价范围。如公路建设项目，一般评价范围为公路中心线两侧 300～500 m。民用机场一般为机场周界 5 km 范围。对于井工开采的煤炭采选工程，评价范围一般以深陷影响的范围进一步合理确定；露天矿以采掘场、外排土场外扩 1～2 km 作为评价范围等。对于石油天然气开采，区域性开采项目评价范围：一级评价范围为建设项目影响范围并外扩 2～3 km（影响区边界涉及敏感区部分外扩 3 km）；二级评价范围为建设项目影响范围并外扩 2 km；三级评价范围为建设项目影响范围并外扩 1 km；线状建设项目：一级评价范围为油气集输管线两侧各 500 m 带状区域；二、三级评价范围为油气集输管线（油区道路）两侧各 200 m 带状区域。水利水电类，二、三级项目以库区为主，兼顾上游集水区域和下游水文变化区域的水体和陆地；一级项目要对库区、集水区域，水文变化区域（甚至含河口和河口附近海域）进行评价。此外，要对施工期的辅助场地进行评价。

（3）生态影响评价是整体性评价

生态影响评价应立足于对生态系统的整体评价。通过对生态系统结构与功能、生态系统中重点保护对象及构成生态系统关键因子的分析和评价，来预测、评估开发建设项目或规划实施可能对生态系统及人群生产、生活造成的不利或有利的影响。

3.1.4　生态影响因素识别

（1）生态影响与工程占地面积和类型有直接关系

工程占地往往是由不同用地类型构成的，工程征占不同的用地类型对生态环境影响有所不同，因此在考虑占地面积的同时，还要考虑不同用地类型的生态敏感性。

（2）影响因素的识别应根据不同的工程阶段分别识别

在识别环境影响因素时，应根据项目每个工程阶段，分别识别不同时期、不同工程内容的影响因素。如交通运输类工程应按照施工期、营运期两个阶段进行识别，矿产开发类项目可分为建设期、生产期、闭矿期三个阶段。某些大型工程还须考虑勘探期和设计期。影响识别表示见表 3-1。

表 3-1　生态影响因素识别

工程因素与环境因素	施工期			营运期	
	取弃土场	施工运输道路	施工营地	永久占地	工程运行
土壤	+++	+++	+++	+++	
植被及主要植物	+++	+++	+++	+++	
野生动物	++	++	++	++	
水生生物	—				
生态系统					
敏感保护目标 1（名称）					
敏感保护目标 2（名称）					
地表水饮用水水源地及植被					

注：本表仅是示意性的，工程内容方面划分的还不具体。实际工作应根据工程情况及环境特点进一步具体化或有所变通。表中表示影响程度或性质的符号（+++表示不利影响强烈、++表示不利影响中等、+表示不利影响较小、—表示基本无影响）可以采用多种形式，包括组合形成，但要做到简洁、明了。

（3）确定评价的主要内容和重点

通过环境影响因素识别表（实际上就是建立工程有关建设内容——主体工程、附属工程、配套工程、公用工程，甚至环保工程，以及施工、营运方式与环境影响对象的相互关系表，这个"相互关系"是人为初步判断的结果）等技术手段，将所有工程活动的各方面环境影响识别清楚，全面做到评价内容不漏项，通过工程与环境关系的初步分析、判断，确定评价的主要内容，并确定评价的重点。

3.2 工程分析

3.2.1 工程分析的实质

工程分析的实质是确定环境影响源及源强，以及影响的性质、方式、范围，影响程度的初步估算。

工业类项目一般通过生产工艺流程寻找产污环节，并确定污染源及其排放的污染物类型，通过反应过程及物料平衡等的核算来确定源强，进而根据有关模式预测影响的范围和程度。

对于生态影响评价而言，生态影响源就是确定工程征占（永久占地和临时占地）的土地类型及各类型土地的面积，以及施工方案和营运方案、地上及地下（如井工采矿）工程内容，通过土石方量及其平衡核算，并结合现场调查及必要的样方调查和遥感解译成果，特别是判断工程是否涉及特殊或重要生态敏感区，将工程与现状两者结合起来，识别生态影响的性质、方式、范围和程度。

3.2.2 基本内容

在进行工程分析时，工程所包括的工程建设内容应全面，切忌漏项，并对工程建设过程、施工方案工艺和污染物产生情况等分析清楚。工程分析的实质或目的就是确定工程环境影响的源强、方式、性质。对于生态影响而言，主要是确定生态影响的"源"和"强度"，生态影响的源主要是占地，即占用不同类型土地的面积，"强度"主要是占地面积的大小，以及施工、运行方式。通过工程占地（包括永久占地和临时占地）及污染源，以及施工、营运方案的分析，确定工程对生态系统及重要生态保护目标的影响性质、方式、强度等，从而提出有针对性的、可操作性强的生态保护措施。

3.2.2.1 工程概况

包括工程名称、建设地点、性质、规模和工程特性等。

根据工程特点给出项目组成表，并说明工程不同时期存在的主要环境问题。对于施工期环境影响较大的建设项目还需结合工程设计资料，介绍工程的施工布置，并给出施工布置图。

3.2.2.2 施工规划

结合工程的建设进度，介绍工程的施工规划（也称为施工方案），对与生态环境有重大影响的规划建设内容和施工进度要进行详细分析。

施工工艺技术应重点分析施工工艺的先进性，从环境、技术、经济多角度分析，一方面应环境影响可以接受，另一方面应技术经济可行。

3.2.2.3　生态影响源强分析

通过调查，从区域生态环境承载力和生态系统完整性角度，对项目建设可能造成的生态影响源强进行分析，尽量给出定量数据。

① 与生态影响直接有关的是工程建设占地情况（永久占地和临时占地）。包括不同工程的占地类型，不同类型的用地被工程占用的面积及其植被情况。土石方情况（挖方、填方，借方、弃方，土方、石方）。

珍稀植物的破坏量，淹没面积（水利工程），移民数量，水土流失量等均应给出量化数据。

② 重点关注的"源强"，就是 HJ 19—2011 提到的"可能产生重大生态影响的工程行为（往往是重点工程）、与特殊生态敏感区和重要生态敏感区有关的工程行为、可能产生间接、累积生态影响的工程行为、可能造成重大资源占用和配置的工程行为"。

③ 工业污染类项目应给出主要污染物排放量，进而分析污染生态影响。目前污染生态学是环境影响评价应用的薄弱点，还需要深入探讨。

3.2.2.4　替代方案

替代方案也称"方案比选"。目前，在环境影响评价审查中，选址合理与否是必须说明的内容。在环境影响评价中应结合工程设计，主要就替代方案的生态影响方式、程度，特别是量化指标与推荐方案作比较，从环境保护的角度分析工程选线、选址推荐方案的合理性。特别是建设项目影响范围内涉及环境敏感目标时，提出替代方案并进行环境、技术经济论证是环境影响评价的重要内容。

3.2.3　工程分析重点

3.2.3.1　工程组成完全

认真研读工程可行性研究报告或初步设计资料后，找出"主体工程"、"辅助工程"、"配套工程"、"公用工程"和"环保工程"等建设内容，还要注意"依托工程"。目前的趋势是对工程进行全过程、全内容的分析，不仅要分析本工程，还需分析工程周边其他相关工程的情况，特别是依托工程——需分析其可依托性。

一般工程设计资料中有完善的项目组成表，以明确占地、施工、技术标准等主要内容，应该核实后引用，不要照搬照抄，主要引用那些与环境影响有关的内容或工程建设需要说明的内容。

3.2.3.2　重点工程明确

① 一般在工程预可行性或可行性研究报告已给出重点工程内容，环境影响评价应将重点工程作为工程分析的重要内容，明确其名称、位置、规模、建设方案、运营方式等。

一般还应将其所涉及的环境影响作为重点分析对象，如公路工程的高填方路段、深挖方路段、特大桥、大桥、互通式立交桥、隧道等，这些工程土石方量大，占地面积大，对生态环境的影响明显。

② 如工程预可行性或可行性研究中未确定为重点工程，应通过结合环境现状特征后的工程分析结果，将造成明显环境影响的工程列为重点工程（如处于环境敏感区的工程）。

3.2.3.3　全过程分析

全过程分为选址、选线期（工程预可研期）、设计期（初步设计与工程设计）、建设期、运营期（运行方案的合理性分析）、运营后期（结束期、闭矿、设备退役和渣场封闭）。

从工程的产生、施工、营运直至终结均需进行生态影响评价。

全过程分析也是在环境影响评价中贯彻清洁生产和循环经济理论的一种体现，即从项目"诞生"之时就考虑其对环境的影响，直至其"终结"。

3.2.3.4　源项分析

源项（污染源、生活影响源项）分析是工程分析的目的，也是工程分析的实质性内容，是影响预测分析、评价的基础。工程建设与生态影响直接有关的是工程占地情况，生态影响的源项分析就是分析组成整个建设项目的不同工程类型，以及不同类型工程的占地情况（包括永久占地、临时占地）、占地面积、地表植被类型、群落组成与结构。

工业项目应分析、评价排放的污染物对生态环境的影响，特别是非正常情况下或突发性污染事故发生时，大量污染物集中排放所造成的生态影响，尤其是对敏感保护目标的影响。

3.2.3.5　方案比选

① 凡涉及敏感生态目标的项目，一定要进行工程建设选址选线方案的比选。这是环境影响评价的重要内容，也是生态类项目环境影响报告书的重要内容。

② 不涉及敏感保护目标的，也应该考虑有关方案的比选，这是从源头上保护环境、控制污染的重要措施之一。

③ 如工程可行性研究报告给出比选方案，除进行工程经济技术比选外，环境影响评价则应重点从环境影响方面进行比选方案与推荐方案的论证，从中选出最

优方案。

④ 如果工程可行性研究报告没有给出比选方案，环境影响报告书则要从环境影响与保护角度提出比选方案，通过环境影响和技术经济综合比较，提出最优方案。

3.3　生态现状调查与评价内容

3.3.1　基本内容

生态现状调查与评价工作是生态影响评价的基础，其基本内容包括"评价区生态状况及特征"、"区域生态敏感目标调查与评价"、"评价区主要生态问题及原因分析"三部分。

3.3.1.1　评价区生态状况及特征

评价区生态状况及特征的调查与评价，是通过对各生态要素的调查与评价来实现。生态要素主要包括：地形地貌、河流水系、动植物、土壤、土地利用、水土流失、生态系统、生态功能区划。各生态要素调查的主要内容如下：

① 地形地貌。调查影响范围内的地形地貌（平原、丘陵、山地、沟壑、荒漠、戈壁等）、特征。

② 河流水系。河流所属流域、水系、干支流分布情况、水文特征、水体功能、河道生态需水量、水生动植物、水源保护区等。

③ 动植物。调查野生动植物的种类、分布、主要动植物名录。

④ 土壤。调查土壤类型、结构、分布、养分、土壤质量。

⑤ 土地利用。按照《土地利用现状分类》（GB/T 21010—2007）（第 1 章生态影响评价基本概念在 1.4.19 节已列出），调查评价区、项目占地区的土地利用现状。

⑥ 水土流失。调查区域水土流失功能区划、水土流失主要诱发因素、水土流失强度及分布、现状及规划的水土流失治理工程。

⑦ 生态系统。调查生态系统类型、结构（包括组成成分和在生态系统中的格局）与功能、分布范围、演替趋势等。

陆生生态系统包括森林生态系统、草原生态系统、农田生态系统、荒漠生态系统、人居生态系统等。

水生生态系统包括河流生态系统、湖泊生态系统、海洋生态系统、海岸生态系统等。

⑧ 生态功能区划。调查区域生态功能、特征、问题、发展趋势、保护目标、

要求采取的措施等。

在对区域各生态要素调查的基础上，结合建设项目（或规划）内容对评价区的生态状况及特征进行评价，主要内容如下：

① 生态因子现状分析。生态因子评价，特别是土壤、降水、温度、湿度、气候特征（光、热）等生物赖以生存的非生物因子的分析。

② 植物评价。通过样方调查，分析植被长势、盖度、密度、频率等，计算物种重要值，确定优势种、建群种，计算生物量等，评价植被状况；判断区域植被属于地带性植被还是非地带性植被，植物类型属于广域物种还是狭域物种；重点评价保护植物种的生态现状；列出主要植物名录（附拉丁学名）。

③ 动物评价。调查给出主要动物名录；判断有无国家或地方保护动物，并查明其栖息地、繁殖地、食源、水源、生存与活动规律，特别是迁徙规律。

④ 生态系统评价。评价区域生态系统的类型，重点在于评价生态系统的结构与功能，特别是生态系统的服务功能；分析生态演替趋势；说明现状生态系统存在的问题及原因。

⑤ 景观评价。对景观的多样性（丰富度）、景观的破碎度、景观的优势度、景观的连通性、景观比率等指标进行评价。

⑥ 生态状况评价。一般需要考虑以下评价内容（特别是生态一级评价）：生物多样性评价（遗传多样性、物种多样性、群落及生态系统多样性）；生态敏感性评价；生态脆弱性评价；生态完整性评价；生态系统结构完整性与稳定性的评价生态系统功能是否受到干扰的评价；生态系统正常正向演替趋势是否受到干扰而发生逆向演替；生态承载力评价；生态适宜度分析。在实际工作中，根据项目实际情况有针对性地进行选择。

生物多样性水平，特别是珍稀动植物种类、分布及其生长状态，生态系统的结构与功能、生态完整性与稳定性、生态演替趋势（如通过一些珍稀野生动植物的历史演变资料来分析区域生态演替情况）等更适用于较大尺度上的生态现状评价，如规划环境影响评价。另外，需要注意的是，生态环境现状评价是整体性、综合性评价，不能仅从植被方面来看，还需要从土壤质量、水系分布、水文气象（特别是降水与日照）、土地开发利用水平、水土流失等多方面评价。

3.3.1.2 环境敏感区调查与评价

根据《建设项目环境影响评价分类管理名录》（环境保护部 2 号令，2008），环境影响评价中应特别关注的"环境敏感区"是指依法设立的各级各类自然、文化保护地，以及对建设项目的某类污染因子或者生态影响因子特别敏感的区域。主要包括：

① 自然保护区、风景名胜区、世界文化和自然遗产地、饮用水水源保护区。

② 基本农田保护区、基本草原、森林公园、地质公园、重要湿地、天然林、珍稀濒危野生动植物天然集中分布区、重要水生生物的自然产卵场及索饵场、越冬场和洄游通道、天然渔场、资源型缺水地区、水土流失重点防治区、沙化土地封禁保护区、封闭及半封闭海域、富营养化水域。

③ 以居住、医疗卫生、文化教育、科研、行政办公等为主要功能的区域，文物保护单位，具有特殊历史、文化、科学、民族意义的保护地。

这里需要说明的是，《环境影响评价技术导则　生态影响》（HJ 19—2011）提出了特殊生态敏感区、重要生态敏感区、一般区域 3 个概念（见本书 1.4.13 节），并作为确定开发建设项目的生态影响评价等级的要素之一。虽然对这 3 个概念目前还有一些争议，但其出台还是有一定的依据的。其依据便是《建设项目环境影响评价分类管理名录》（环境保护部 2 号令，2008）中的"环境敏感区"。

根据全国环境影响评价工程师考试系列参考教材《环境影响评价技术方法》（2012 年版）第 169 页的说明：

① 饮用水水源保护区是水环境影响评价的重要内容，不再作为生态敏感区；

② 风景名胜区是为了游览而非绝对地保护，在不破坏其保护目标的前提下，还需要建设公路等附属设施；

③ 封闭及半封闭海域、富营养化水域是水环境影响评价的重要内容，不再作为生态敏感区；

④ 基本农田保护区不作为重要生态敏感区，因为基本农田尽管很重要，但对其评价却非常简单；

⑤ 基本草原不作为重要生态敏感区，因为基本草原范围很广，但在建设项目生态影响的尺度上往往没有具体的划分，实际评价工作中难以操作；

⑥ 对于编制专题报告、有其他部门进行行政许可的相关内容，如土地预审、防洪评价、水土保持、地质灾害、压矿等涉及的河流源头区、洪泛区、蓄滞洪区、防洪保护区、水土保持"三区"等，不作为特殊和重要生态敏感区，因为我国进行了水土保持"三区"的划分，全国的土地都应在"三区"范围内，这就意味着所有的评价都涉及重要生态敏感区，这显然是不合理的。

关于饮用水水源保护区，不论是否将其作为特殊生态敏感区，都应予以特殊关注。《国务院关于落实科学发展观加强环境保护的决定》（国发[2005]39 号）中，第一个强调要切实保护的就是饮用水水源。2012 年 3 月环境保护部颁布了关于饮用水水源保护的规范性技术文件——《集中式饮用水水源环境保护指南（试行）》，具体规定了对不同类型饮用水水源应采取的环境保护措施。本书作者认为，对于地表水饮用水水源保护区，应将其作为生态保护目标，因为地表水饮用水水源保护区的范围包含有一定的陆地，这个陆地上的植被对于涵养水源、保护水源及净化水质具有十分重要的功能，应予以特别保护。

环境敏感区的主要调查内容包括：位置（地理位置图）、范围、区划（如自然保护区的核心区、缓冲区、实验区）、历史沿革、类型、级别、功能、保护目标、保护目标特性、环境保护要求、保护目标生态环境现状、与项目区的相对位置关系（方位、距离或穿越长度等）、与项目区的水力联系（地表水、地下水）、主管部门等情况。

一般而言，涉及环境敏感区的建设项目，其生态评价的等级较高。因此，在生态环境现状调查与评价时，对区域环境敏感区要进行充分的调查与资料搜集，为后续影响评价奠定基础。

3.3.1.3 评价区主要生态问题及原因分析

通过对评价区生态状况及特征、环境敏感区调查与评价，进而对评价区主要生态问题进行识别，主要有以下 3 大类：

①区域生态功能区划的定位与现状生态环境质量不一致，尚需通过实施区域的生态恢复工程进行提升；

②评价区原有建设项目遗留尚需进行生态恢复的区域；

③现状工程生态保护与水土保持措施存在较多不完善的部分。

在找出评价区造成主要生态问题后，通过以下三方面分析造成生态问题的原因：

①评价区水土光热等条件较差，生态系统天然条件恶劣，生态系统脆弱，轻微的干扰也会产生严重的生态问题；

②现状工程未按照要求进行生态恢复和实施水土保持措施；

③区域内外其他工程的影响。

通过分析评价区主要生态问题的原因，在项目实施中通过具体的工程措施、植物措施或管理措施进行修复。

3.3.2 工作重点与难点

3.3.2.1 生态现状调查的重点与难点

（1）动植物调查

重点调查国家和地方重点保护的野生动植物、濒危野生动植物、珍稀特有种及有益、有经济和科研价值的动植物。对其中的重点植物应进行定点调查，并说明其与建设项目的位置关系。通过现场调查和走访当地群众，了解野生动物的种类与出现频率，再结合资料分析评价野生动物现状；对于重要野生动物需调查其生理、生态特性，如迁徙、捕食、繁殖、育雏等。环境影响报告书中所附野生动植物名录需规范化，提供规范、准确的拉丁学名，明确其保护级别，说明其生境特征。

（2）生物量调查

目前，环评中生物量测定尚在争议之中，在理论研究和科学研究方面意见、观点也不统一。《环境影响评价技术导则　生态影响》（HJ 19—2011）要求一级评价应进行生物量实测，但在具体工作中存在很多实际问题，因此很多专家对生物量实测提出异议。

但是，生物量是生态影响评价定量化一个比较重要的内容，生物量指标是一个比较重要的指标，应充分利用有关科研资料，或估算、计算等，通过间接方式将其在某一定程度上表示出来。生物量不仅要考虑地上生物量，有时也应考虑地下生物量。

（3）生态系统调查

① 陆生生态系统。森林生态系统比较复杂，林内结构、分布随地形地貌有一定的变化，有一定的成层或排序现象，功能多样，因此难度最大。调查与评价应采用现场调查、遥感解译以及资料分析等综合手段。

② 水生生态系统

A．淡水生态系统。淡水生态系统调查比陆生生态系统调查难度更大，主要包括水质、水温、水文和水生生物群落调查，还包括初级生产力、浮游生物、底栖生物、游泳生物和鱼类资源等，有时需要调查水生植物。环境影响调查中涉及的淡水渔业调查技术，根据水库渔业资源调查规范（SL 167—96）摘录如下：

> 10.5　水库渔业资源调查的工作方法是：
>
> （1）调查前，应对水库地形图、平面位置图和水位、库容、面积、流量关系表等基础图表以及别人在该水库及其相关水体的调查研究成果等资料进行收集和分析研究，供调查使用。
>
> （2）调查应在水库水位比较稳定时进行。反映水库渔业资源基本状况的调查应为 1 个水文年；反映水库渔业资源年际变化规律的调查时期一般应为 2～3 个水文年。
>
> （3）调查时期内，水的理化性质和水生生物的调查，至少应每季度采样一次。
>
> （4）在保证必要的精度和满足生物统计学样品数前提下，兼顾技术指标和

经费，决定采样点数量。所采集的样品应对整个水体或多项指标有较好的代表性。各调查项目采样点的布设应基本一致，以便于分析、比较和配套。所有采样点应编号在地形图或平面位置图上，并按编号顺序进行采样。

(5) 采样宜在上午 8—10 时进行。如难以做到，也应尽可能计划好采样点的采样时间，使每次采样时间基本一致，并记录各次的实际采样时间。采样时间内，水的理化性质和水生生物调查的采样应同步进行。

(6) 在各采样点采样时，应同时测定水样点水域状况，并填写采样记录表。

B. 海洋生态系统。涉及海洋的水生生态调查依据《海洋调查规范》(GB 12763) 的相关规定进行。现行的 GB/T 12763.9—2007 规定的调查内容和方法比较常用，汇总如下：

a. 调查内容：海洋生物、海洋环境、人类活动要素。

b. 调查站位布设原则：

◆ 研究对象空间分布变化大的区域多布设站位；空间差异小的区域少布设站位。

◆ 人类活动强度大的海区多布设站位，近岸海区多布设站位，内湾多布设站位，环境复杂的海区多布设站位。

◆ 海湾和近岸调查站位间隔不低于 10 分 1 个站位，河口和排污口应适当加密设站，远海调查站位间隔不低于每度 1 个站位。具体间隔应根据调查目标和对象确定。

◆ 沿调查要素变化梯度（如盐度、温度、深度、营养盐、污染物、海流流向、潮区等）布设站位。

c. 调查时间和频率：

◆ 调查时间应考虑环境对生物的长期效应，应保证资料的连续性。调查时间和频次应根据具体的调查对象作适当调整，调查频次的时间间隔原则上应小于调查对象的生活（变化）周期。

◆ 昼夜连续观测推荐每 3 h 采样一次，一昼夜共 9 次。在正规半日潮的海区，应考虑潮周期，采样时间应包括高潮时和低潮时，采用现场自动记录仪可加密观测。

◆ 大面和断面调查建议 1~3 个月调查一次，各月调查的时间间隔应尽量相等。海湾、河口、港湾调查应在相同的潮期进行，适当增加调查频次。

◆ 季度调查宜安排在 2 月、5 月、8 月和 11 月，如有特殊需要应根据不同的海区调整调查月份。

◆ 突发事故，如赤潮、污染物排放等，应增加调查频次。

◆ 海洋工程及海岸工程的环境影响调查，根据管理需求安排调查频率和时间。

d. 采样设施：

◆ 采水器——采水样。

◆ 网采生物——不同规格的采样网。

e. 海洋生态评价：

◆ 评价对象：微生物、浮游植物、浮游动物、游泳动物、底栖生物、潮间带生物、污损生物。

◆ 评价内容：海洋生物群落结构评价、海洋生态系统功能评价、海洋生态压力评价。

（4）土地利用调查

在实际工作中，根据现场踏勘情况，结合遥感影像解译，能绘制评价区土地利用现状图，以说明建设项目或规划区的占地类型。还需通过区域土地利用规划图，重点说明占地类型是否涉及基本农田，如果属于基本农田，应尽早要求建设单位向土地管理部门申请土地功能变更，并应根据《关于进一步加强土地整理复垦开发工作的通知》（国土资发[2008]176 号）的要求，在报告中提供置换区的信息。

3.3.2.2 生态现状评价重点与难点

（1）景观生态学理论应用

在生态现状评价中，目前应用较多的是景观的基质、廊道、斑块及其景观优势度方面的理论。但景观生态学的内容十分丰富，很多理论和技术方法还没有得到充分应用，这将是今后生态影响评价的主流方法，特别是在生态规划及规划生态影响评价方面。

（2）生物多样性评价

生态影响评价也是生物多样性评价的一个重要部分，因为生物多样性是指遗传多样性、物种多样性和生态系统多样性（目前也有专家指出应增加"景观多样性"），它们之间是有包含或属于的逻辑关系，但并不完全相同。

在环境影响评价中落实生物多样性评价是国内和国际生物多样性保护的要求，也是我国生物多样性现状与形势的要求，特别是落实《生物多样性保护公约》的要求。

在生态现状评价时，要通过收集资料和现场调查，查清项目所在区域的生物多样性，主要是物种类型、数量、分布、优势种及其生活型、建群种，特别是被列入国家和地方保护的物种，以及被列入国际物种保护红皮书的野生生物物种。一般应该给出物种名录及其栖息地或生境。

同时，要通过遥感与现场调查，弄清项目评价区的生态系统类型、结构、功能、动态变化或演替趋势等。

生物多样性水平评价及其变化趋势分析，须结合非生物环境状况及其变化趋势进行评价与分析。首先在现状调查与评价中就应说明物种多样性（植物、动物）、群落或生态系统多样性状况，然后在影响评价中分析工程对物种多样性和群落或生态系统多样性的影响，最后根据影响提出保护措施与对策。若涉及重要景观的多样性评价，应选用景观多样性指数进行分析、评价。

（3）生态功能及生态效益评价

不同类型的生态系统，生态功能并不完全相同，如湿地（有河流、沼泽、鱼塘、水库等不同类型的湿地之分）、森林（有原始林、次生林，天然林与人工林，丘陵山地林与平原林等，又有生态公益林、经济林等不同的类型划分）、草地（荒漠草地、平原草地、人工草地等）、农田（水田、旱田、坡耕地与平原农田）其生态功能各有不同。

目前，关于生态服务功能的评价是生态学领域研究的热点之一，也反映了生态系统的功能与效益。在各省、市、自治区生态功能区划的基础上，环境保护部和中国科学院于 2008 年 7 月颁布了《全国生态功能区划》（本书将其中的重要生态功能区作为附件，附在书后）。开发建设项目涉及重要生态功能区的，应尽可能维护其功能，避免对其造成不利影响；确实难以避免影响的，应采取有效措施，补偿其功能。

3.4 生态影响预测与评价

3.4.1 基本内容

生态影响预测与评价就是在对建设项目进行工程分析的基础上识别其生态影响：识别影响的主体（工程建设内容、施工方式、营运方式等），识别影响的受体（生物、生态系统、敏感目标等），预测、分析所产生的生态影响效应的性质、方式、范围、程度（通过占地破坏、阻隔迁移、生境缩小、完整性与稳定性变差、演替趋势逆转、生态灾害发生等来反映）。

生态影响预测与评价的基本内容包括项目建设对影响范围内（评价区）生态状况及特征的影响、对区域生态敏感目标的影响、对评价区主要生态问题的影响三部分。

3.4.1.1 对评价区生态状况及特征的影响

主要是在现状调查的基础上，通过分析项目建设产生的生态影响，说明工程建设对区域的地形地貌、河流水系、动植物、土壤、土地利用、水土流失、生态系统、生态功能区划等方面是否有影响及其影响方式，区分产生的是不利影响，还是有利影响。

3.4.1.2 对环境敏感区的影响

主要从项目建设对环境敏感区的影响方式、影响性质等方面进行分析，说明影响范围和影响程度，论证环境敏感区是否能够承受项目建设所带来的生态影响。对于生态影响评价，主要关注特殊生态敏感区和重要生态敏感区。

3.4.1.3 对评价区主要生态问题的影响

主要从项目建设是否会加剧既有生态问题，项目建设能否解决既有生态问题两方面进行分析论证。

3.4.2 工作重点与难点

3.4.2.1 生态影响评价的定量化

（1）植物影响评价

应注意以下问题：

① 分析评价工程占地所导致植被面积的减少、生物量的减少、生态功能及生态效益的损失。

② 重点分析评价项目影响范围内是否有国家或地方重点保护的野生植物、珍稀濒危野生植物、有重要资源利用的野生经济植物（中草药资源种、当地居民重要经济来源植物种等）、狭域植物种等。

③ 分析评价工程建设是否会导致植被生长条件的重大改变，如土壤质量改变，水系改变，降水或日照的改变。

④ 分析评价工程建设是否会导致群落结构与功能的变化，演替趋势的变化，优势种群的消长变化。

（2）动物影响评价

重点分析动物种群数量、分布、生境状况及与建设项目的关系，评价项目建设对动物生境及其活动的影响，若野生动物受影响发生迁移，应分析其对新生境的适应能力。

分析评价对国家或地方重点保护野生动物、珍稀濒危野生动物、地方特有经济动物、"三有"（有益的和有重要经济、科学研究价值）陆生野生动物、地方狭域动物的影响应注意以下问题：

① 水源。从保障动物的饮水安全出发，需对水污染影响、水量减少或水源供给阻断影响等方面进行分析、评价。

② 食源。针对野生动物的主要食物类型及其分布，分析评价工程建设是否占用、破坏或切断动物的食源。

③ 繁殖地。产仔、育幼场地往往是远离人类生产、生活区，隐蔽或植被较为茂密的地方。动物繁殖地的生态环境必须保持其自然性，除因自然灾害造成破坏需人类帮助其恢复外，一般不能人为进行改变。

④ 庇护所。一般与繁殖地在一起，但庇护所更多的是动物经常到某些地方活动时，不是径直而去，需要有一定的隐蔽处，躲避天敌。

⑤ 迁徙。动物迁徙往往有相对比较固定的路径，如果迁徙通道受到阻隔，动物的活动就会受到很大的威胁。一般线性工程建设（公路、铁路）对动物迁徙有一定的阻隔影响，在工程分析或影响评价中需要分析生物通道设置的合理性。

⑥ 越冬地。候鸟及有迁徙功能的动物随着季节变化迁徙，特别是从寒冷地迁往相对温暖地躲避冬季严寒的影响，该温暖地即为越冬地。该类越冬地往往是历史形成的，如果受到破坏，将使动物的饮食等受到很大的影响，甚至导致灭亡。

⑦ 领地。一般是指大型食肉动物的活动、觅食范围。一般而言，动物领地是维持其生存的最小活动空间，应该受到人类严格的保护，建设项目应最大限度地减小对动物领地的破坏。

（3）生态系统影响评价

生态系统影响的定量化评价一般从以下几个角度进行：

① 评价对生态系统的结构与功能的影响。如开发建设项目对森林生态系统的影响，需分析对森林的分布（垂直分布、水平分布）、郁闭度、林分组成与结构、森林土壤类型等的变化情况，以及对森林生态系统物质循环、能量流动、调节与反馈、动态变化等方面的影响。

② 评价生态系统完整性。生态系统被分割及破碎度是开发建设项目对生态系统完整性被破坏的直接表现。一般应用景观生态学的尺度分析理论、模地理论进行分析、评价。

③ 评价对生态系统稳定性的影响。一般从阻抗稳定性和恢复稳定性两个方面进行分析，也可以从项目的影响方式与程度，分析对其生态承受阈值影响，评价对其稳定性的影响。

④ 评价对生态系统动态变化过程的影响。一般从优势种的动态变化，食物链或食物网的构成，包括能流、物流，源与汇及其演替趋势等方面进行评价。

3.4.2.2 生态敏感保护目标影响评价

（1）主要内容

分析建设项目对生态敏感保护目标的影响通常包括以下几部分内容（即"五段论"模式）：

① 简要介绍生态敏感保护目标基本情况，如自然保护区建立时间、历史缘由、保护级别、保护对象、功能划分及要求、管理现状等。

② 明确开发建设项目与生态敏感保护目标的位置关系，标注出准确的位置关系图（方位、距离）。位置关系图的重点包括建设项目的排污点、影响范围（如地下水疏干半径）、保护目标的功能区划以及重点保护对象分布。

③ 针对生态敏感区保护对象特性，结合工程环境影响特征，有针对性地分析其影响。

④ 针对影响提出保护对策、建议或具体的措施。

⑤ 明确敏感保护目标主管部门的意见和要求。

（2）关注内容

涉及生态敏感保护目标，评价时需特别注意以下三个方面：

① 符合法律法规。凡工程建设涉及生态敏感保护目标，首先进行相关法律法规的符合性分析，准确掌握相关法律法规的"禁止"、"限制"等行为，明确对保护目标的保护要求。

② 科学评价。在对建设项目进行工程分析的基础上，针对保护目标的特性，评价建设项目对保护区结构、功能、重点保护对象及价值的影响。特别是占用保护区用地范围时，需提前向保护区主管部门提交保护区的生态影响专题报告。

生态敏感保护目标的特征不同，保护要求也不尽相同，建设项目对其影响的方式、程度也各有差别：对以野生植物为主要保护对象的生态敏感区，主要分析评价项目建设对植被的分割影响，对植被生长的地形地貌、土壤、水系、水土流失、光照等基本条件的影响；对以野生动物为主要保护对象的生态敏感区，主要分析评价项目建设对被保护动物的水源、食源、繁殖地、庇护所、栖息地、迁移通道、领域等生境的影响。

③ 比选方案。如果工程可行性研究或初步设计已有比选方案，则主要从环境影响角度分析工程提供比选方案的环境可行性。如果工程设计没有提供比选方案，则在环境影响评价工作中针对敏感保护目标提出不同的比选方案，并从中选出最优的方案。要回答工程能否避开敏感保护目标，绕避方案从工程经济技术与环境影响方面来看，是否比工程可行性研究或设计报告推荐的方案更适合。

生态影响评价中的比选方案或多方案比选，主要是针对生态敏感保护目标，通过比选优先选择对保护目标影响最小的方案，但最终选定的至少是生态影响能够接受的。因为项目选址需要考虑各种因素，受多个方面的影响，生态影响只是其中之一。

3.4.2.3 累积影响或次生生态影响

流域、区域开发项目和大型、特大型开发建设项目应进行累积影响或次生环境影响评价。

（1）工业污染型项目的累积影响

以污染为主的工业类项目，其累积影响是由排放的污染物累积所引起的。工业污染型项目，累积影响主要表现为同一类污染物环境影响在时间上的累积，有时也表现为不同类型污染物对同一环境目标的叠加影响。

（2）生态影响型项目的次生影响

表现为某一区域各个项目不断开发建设，对区域生态破坏或影响的不断互相叠加，或一个项目建设引发另一个或另几个项目的建设，形成社会经济链或产业链，不断扩大占地面积，引发次生生态影响。

3.4.2.4 生态风险评价

近年来，环境风险评价受到广泛关注，其风险的发生不只限于石化项目，其他相关项目也存在频发环境风险的趋势。因此，环境风险评价由化工石化类建设项目扩展到其他建设项目，并有向规划环境影响评价领域渗透的趋势。随着生态环境大范围地受到破坏和污染，生态风险评价在未来将受到高度关注。笔者认为生态风险评价的重点应该是：

① 生态风险应关注基本生态因子，一般需结合对土壤、水系的影响。

② 分析生态系统存在的基础是否会受到破坏，如果生物生存的基本条件没有受到破坏，生态风险就是暂时的，受损生态系统是可以恢复的；如果基本条件受到严重破坏，生态风险将是严重的，生态恢复则难以实现。

③ 分析、评价风险发生后对区域生态系统结构是否会造成严重破坏、是否改变生态系统的功能、是否会导致生态系统逆向演替。

④ 评价范围由局部环境风险发展到区域性环境风险（中尺度，甚至大尺度），乃至全球环境风险（全球尺度）。

⑤ 生态风险不仅仅只考虑生物个体和群体，还应考虑群落甚至整个生态系统。

⑥ 技术处理上由定性向半定量、定量方向发展。

⑦ 难点是目前很多人将生态风险仅仅与环境污染挂钩，并未全面考虑生态风险，导致生态风险评价在理论和实践上的争议，并难以形成一套完整的评价体系，不能很好地落实于实际评价工作中。尽管环境污染会产生生态风险，但生态风险

与污染事故风险还是有区别的。

3.5 生态保护措施

3.5.1 基本内容

在《环境影响评价技术导则 生态影响》（HJ 19—2011）中提出避让、减缓、补偿和重建的生态防护与恢复"次序"。其实，生态保护的措施也是多种多样的，实际工作中应因地制宜，实事求是，其中还有减量化、最小化，以及防护、恢复及管理等。环境影响报告中所提到的生态环境保护措施应该是符合工程特点、确实能够解决工程所造成的不利生态影响、具有可操作性的措施。

3.5.1.1 基本原则

制定生态保护措施应遵循以下原则：

① 维护生态系统结构的完整性与运行的连续性。

② 保护生态系统的再生能力，核心和关注点是保护生物多样性。

③ 关注重要生境、脆弱生态系统、敏感生态保护目标。

④ 解决区域性生态问题及重建退化生态系统。

⑤ 所提措施是切实可行的，能在工程竣工后予以验收的。

⑥ 严格执行国家有关法规、政策中关于生态保护、生物物种保护等要求的原则。

3.5.1.2 保护思路

一般从工程影响的不同阶段分别提出相应的保护措施，即设计期、施工期、营运期（生产期）、营运后期（闭矿期、闭井期、退役期）；或针对不同影响目标（植被、野生动物、生态敏感保护目标等）提出保护措施。

（1）明确主要保护对象

只有明确了需要保护的对象，才能有的放矢地研究保护措施。

（2）预防（避让）措施

即尽可能避免的措施，应在选址选线时考虑。

① 对敏感生态保护目标，应提出完全绕避方案，进行多方案比选。

② 对项目占地区域的古树名木、珍稀植物种，应提出移植或挂牌保护等措施，移植应充分论证移植的可行性，保障移植成活。

对工程占地区的非国家与地方保护树种，因为移植的成本太大，一般不提出移植要求。树木人工绿化技术比较成熟，可要求按照有关规定交纳森林补偿费，由林业部门安排进行"等量补偿",就近绿化补植或异地绿化补植。

（3）最小化和减量化措施

主体工程或其他永久占地工程经多方案比选后,确实不能避免对生态敏感目标的影响的,可通过减少工程量、减少占地面积、减少污染物排放量等使不利影响降到最小。

① 考虑能否调整敏感目标的区划与功能。

② 考虑建设中如何做到对保护目标最小的影响,如尽可能使工程占地面积减小、不在保护目标区设置各类临时占地、施工期实施生态监理、严格管理等。

（4）修复措施

即对受到破坏的生态环境,最大限度地恢复其原状。

建设中造成的生态破坏,如存在植被恢复的基本条件,应在工程结束后及时进行生态修复,否则长时间不予恢复可能会因植被裸露造成水土流失强度的加大而使恢复难度加大。

（5）重建措施

对造成的生态破坏,如不能修复,则考虑通过人为努力予以重建,恢复其生态功能。重建后生态可能与原生态有较大差异,但生态功能在一定程度上得到了维持。

（6）人工改造

在自然环境非常恶劣的条件下,也可以进行"人工改造",特别是在生态脆弱区。首先,生态脆弱区需要严格保护。生态脆弱区一旦受到破坏,更容易导致生态风险或生态灾难,因此生态脆弱区一般以不干扰为宜。随着科学技术的发展,必要时对生态脆弱区可以进行科学地人工改造,如目前在沙漠戈壁采取草方格固沙、绿化或滴灌绿化营造人工绿地或绿洲。

环境影响评价是在项目的可行性研究或设计阶段进行的,工程在实施过程中有时是会发生很多或很大的变化,如果环境影响报告书提出的措施过于具体,甚至成为指定性的,可能会导致项目真正实施的过程中无法落实或落实效果很不好。所以,在某些情况下,环境影响报告书指出总体要求或原则性要求措施也是必要的。

3.5.2 重要生态保护措施

3.5.2.1 土壤保护

保护土壤是保护植被生长的基础,也是水土保持的根本措施。

① 施工时对工程永久占地和临时占地区的土壤层先行剥离、堆存。堆存要采

取有效地防止水土流失措施,将此土壤层用于营运期工程绿化或周边区域农田改良、城镇绿化。

② 污水灌溉还需满足农业灌溉标准的适用条件,不断地通过施加有机肥、农家肥改良土壤。

③ 若拟建的工业建设项目排放影响土壤质量的污染物,应提出防治土壤污染的措施与对策,保障农产品质量安全。

④ 对于搬迁工业项目,根据用地变化情况及需要,对原址土壤(及地下水)进行监测。

⑤ 存在土壤污染重大风险的,须提出土壤污染防治风险应急预案。

⑥ 加强环境管理,对建设项目施工期、生产营运期的污染物排放及去向进行全过程监理与监测,建立监测档案。

3.5.2.2 耕地保护

耕地保护是国家的基本政策,在环境影响评价工作中根据实际情况主要考虑采取以下措施:

① 尽可能绕避,不占农田,特别是基本农田。

② 凡占用农田的,必须履行审批手续,并提出相应的补偿方案。并按照"先补后占"的原则落实补偿方案后,方可征占农田。

③ 采取减量化措施,严格控制占用农田的面积。

④ 占用农田的,要在农田区划定作业带或规定作业范围。

⑤ 工程所需填方尽可能避免在农田区取土。

3.5.2.3 水系保护

水是植物生长的基本条件,维护了水系,就在一定程度上维护了区域生物多样性与生态稳定性及其演替的基本条件。

水系保护既要保护主要河流,也要保护支流,使区域水网结构保持稳定。一般建设项目往往涉及水系中的某一条或几条河流,在工程施工及生产营运中要兼顾保护水量和水质,保护河流的环境功能。重点放在保护河流产、汇流区域的地形地貌与植被情况,保持河道的完整性、水流的通畅性及与水系中其他河流之间的联系。水质保护主要是要采取有效措施,使施工废水、生产营运期的各类污水处理后尽可能回用,或达标后少量排放,使河流水质免受污染。不能利用的土方要弃入规定的地方或选择合适的地方,不得弃入河道、沟渠等堵塞水流的地方。

3.5.2.4 植物保护

保护植物最重要的是保护植物生存的基本条件,除阳光和空气外,要切实保护植物生长所需的土壤和水分条件(这是生态保护的"两个基本点",有了这"两个基本点"，植物就有了生长的条件，有了植物也就有了动物生存的基本"食源"条件）。此外，还须保护植被的完整性，尽可能使其有足够大的面积。

保护土壤，保持一定面积的土壤不发生明显的水土流失。

重要的是保护植物水源，保证其得到充足的水分。

对于重要植物种，人类的开发建设活动要避开其生长繁殖地，采取有效措施予以保护（划分保护区禁止人员和车辆等进入、挂牌保护、施工期有人巡护）。

绿化、生态恢复或重建时不人为引进外来物种，防止外来物种入侵。

3.5.2.5 动物保护

重点是保护动物的生境，包括领地、庇护所及繁殖地，动物的食源和水源，环境影响报告书应考虑这些问题。主要应考虑以下几个方面的措施：

① 保护野生动物的生境，给野生动物一个充分、足够大的生存空间维持健康稳定的生态系统，这是保护动物的最佳方法。

② 对那些濒临灭绝的动物，在保护其生境的同时，采取必要的人工抚育手段，促进其后代的繁衍。

③ 保护候鸟时不仅要保护其繁殖地和越冬地，还要保护其迁徙的落脚点（沿海河口湿地或内陆湖泊沼泽湿地），供其休息和进食。

④ 工程建设，特别是线路类工程（高速公路、铁路）的建设要设置陆生动物（两栖类、爬行类、哺乳类）通道，保障动物的交流与迁徙。

⑤ 对水产动物资源，如鱼类的产卵期和幼鱼成长期采取禁渔或休渔措施；对洄游性鱼类，在水利工程建设时要考虑设置专门的过鱼通道或其他补救措施。

3.5.2.6 景观保护

包括两个方面的内容：一方面是对公众普遍认为的"美景"的保护，涉及风景名胜区时，更需要注意这一点；另一方面是由于景观生态学所研究的景观，不仅仅是指"美景"，而是一定空间尺度范围内的环境总体。

开发建设项目涉及重要"美景"（如风景名胜区）时，应关注开发建设项目与项目所在区域景观美学的协调。对于景观保护，主要包括内在微观保护和外围宏观要求两方面。景区的建设应注意其建设内容、规模、形式等是否具有景观美学特点，是否与区域景观规划相符；对于景区外围的其他建设项目，则需评价与景区规划的符合性，其建设规模、形式等是否会影响景区美观或风貌，是否与景区协调，是否对区域景观生态产生不良影响。

《风景名胜区条例》对景观保护提出了严格要求。环境影响评价时，针对风景名胜区可据此条例并结合景区具体情况提出相应的保护措施。

3.5.2.7 水土保持措施

水土保持的具体措施相关报道及书刊资料介绍颇多，可执行《开发建设项目水土保持方案技术规范》（SL 204—98）或其他相关规范（导则、标准）中的相关规定。

（1）生物措施

保护自然植被。植被具有保持水土的功能，是天然的、良好的水保"设施"，保护好植被，水土保持措施就会自然得到维护。

人工绿化。植树造林、封（山）育（林）、围栏育草、生态廊道、利用天敌控制某些种类生物（特别是有害生物）的过量增长、保护有利于生态平衡和经济发展的物种。

需要特别注意的是，由于不同生物及其生境不同，不同工程对生物及其生境影响的方式、程度各异，不同工程的生物、生态保护措施是差别很大的。如水利工程对洄游及半洄游性鱼类的影响，公路、铁路对陆生动物的迁徙影响，不同地区（段）采取的不同水土保持方式。

在生态保护中因地制宜地选择了以下植物：

① 防风固沙植物。如木麻黄、大米黄、银合欢、杨树等。

② 保持水土、改造荒山荒地植物。如银合欢、金合欢、雨树、牛油树、洋槐及多种木本油料植物。

③ 固氮增肥、改良土壤植物。如碱蓬、紫苏、紫云英、红萍等。

④ 监测和抗污染植物。如碱蓬、凤眼莲、大多数绿色植物和许多水藻。

⑤ 绿化美化、保护环境植物。包括各类草皮、行道树、观赏花卉、盆景等。

（2）工程措施

建设控制水土流失的工程，包括拦渣工程（工程建设及生产运行产生的各种弃渣的弃渣场，金属矿采选的尾矿库、煤矿的矸石场等）、护坡工程（浆砌片石护坡、混凝土护坡、土工格栅等）、土地整治、防洪排水（截洪沟、排水沟、导水堰）、防风固沙、泥石流防治以及修筑挡墙、山坡挖鱼鳞坑等。

（3）管理措施

加强对水土保持设施的维护与日常管理，建立必要的管理机构，包括人、财、物的保障与落实，制定有关制度与管理工作目标等。

3.5.2.8 生态补偿

生态补偿是一项制度或机制，更多地应该是从法制或政府职能方面去体现。但是，由于生态破坏越来越严重，而开发建设项目恰恰又容易破坏生态，提出生态补偿是正当的，而且生态补偿越来越受到社会的关注。

在开发建设项目生态影响评价后要求实施生态补偿，关键是如何实施这个"补偿"。

现在评审时要求"等量补偿"，如何确定这个"量"在实际工作中不好掌握，如按占地面积量补偿、按砍伐树木量补偿、按生物量补偿还是按生态效益补偿。从生态保护方面来看，应该按生物量或生态效益来补偿更合理一些。

环境影响报告书给出生态补偿往往是原则性的，实际操作中通常是建设单位把补偿费交给当地有关行政主管部门，由该行政主管部门委托或责成有关组织或个人去进行补偿工作；生态补偿的"地方"也是需要有关部门批准，并且是当地政府或有关部门规划的。

3.5.2.9 人工绿化

绿化是生态恢复与生态补偿的重要措施之一，工程绿化有自身的特点与要求。一个比较完善的绿化方案包括指导思想（或编制原则）、方案目标、方案措施、方案实施计划及方案管理。

（1）原则

采用乡土物种，生态绿化，因土种植，因地制宜。不支持引进外来物种。也不得占用基本农田进行绿化。

植树造林要符合国家《造林技术规程》的有关要求。

（2）目标

主要通过绿化面积指标和绿化覆盖率反映其是否达到绿化目标。

（3）方案实施法

包括立地条件分析、植物类型推荐、绿化结构建议及实施时间。

（4）持续绿化与保障措施

持续绿化（工程内部与外围区域、年度计划与近期、中期、远期绿化方案）；投资保障（投资预算、投资渠道、落实保障）；技术保障（技术力量或技术依托单位）。

（5）绿化管理

由建设单位实施，有关部门监督。

3.5.2.10 文物保护单位的保护

根据所涉及的文物类别、保护级别等，按《中华人民共和国文物保护法》的要求办理相关手续，并落实相应的保护措施。

但是，对于矿产资源开采涉及的文物保护，要注意地下与地上保护并重。地下要设置保护柱（煤矿井工开采要设保护煤柱），地上不得在文物保护范围内建设任何生产、生活设施，并采取措施防止文物被盗。

参考文献

[1] 国家环境保护总局环境影响评价管理司. 环境影响评价岗位培训教材[M]. 北京：化学工业出版社，2006.

[2] 环境影响评价技术导则 非污染生态影响（HJ/T 19—1997）.

[3] 环境影响评价技术导则 生态影响（HJ 19—2011）.

[4] 环境影响技术评估导则（HJ 616—2011）.

[5] 冯德培，谈家桢，王鸣岐. 简明生物学词典[M]. 上海：上海辞书出版社，1982.

[6] 国家环境保护总局环境工程评估中心. 建设项目环境影响评估技术指南（试行）[M]. 北京：中国环境科学出版社，2003.

[7] 国家环境保护总局主持. 《中国生物多样性国情研究报告》编写组. 陈昌笃. 中国生物多样性国情研究报告[M]. 北京：中国环境科学出版社，1998.

[8] 毛文永. 生态影响评价概论[M]. 北京：中国环境科学出版社，1998.

[9] 国家环境保护总局自然生态司. 非污染生态影响评价技术导则培训教材[M]. 北京：中国环境科学出版社，1999.

[10] 环境保护部环境工程评估中心. 建设项目环境影响评价培训教材[M]. 北京：中国环境科学出版社，2011.

[11] 国家环境保护总局环境影响评价管理司. 环境影响评价岗位培训教材[M]. 北京：化学工业出版社，2006.

[12] 殷浩文. 生态风险评价[M]. 上海：华东理工大学出版社，2001.

[13] 环境保护部环境工程评估中心. 环境影响评价技术方法（2012 年版）[M]. 北京：中国环境科学出版社，2012.

[14] 生态环境状况评价技术规范（试行）（HJ/T 192—2006）.

[15] 傅伯杰，陈利顶，马克明，等. 景观生态学原理与应用[M]. 北京：科学出版社，2005.

[16] 环境影响评价技术导则 陆地石油天然气开发建设项目（HJ/T 349—2007）.

[17] 规划环境影响评价技术导则（试行）（HJ/T 130—2003）.

[18] 开发区区域环境影响评价技术导则（HJ/T 131—2003）.

[19] 环境影响评价技术导则 民用机场建设工程（HJ/T 87—2002）.

[20] 环境影响评价技术导则 水利水电工程（HJ/T 88—2003）.

[21] 邬建国. 景观生态学——格局、过程、尺度与等级[M]. 北京：高等教育出版社，2000.

[22] 戈峰. 现代生态学[M]. 北京：科学出版社，2005.

[23] 李洪远. 生态学基础[M]. 北京：化学工业出版社，2006.

[24] 柳劲松，王丽华，宋秀娟. 环境生态学基础[M]. 北京：化学工业出版社，2003.

[25] F. Stuart Chapin III，Pamela A Matson，Harold A Mooney. 陆地生态系统生态学原理[M]. 李博，赵斌，彭容豪，等译. 北京：高等教育出版社，2005.

[26] 中国石油化工集团公司安全环保局. 石油石化环境保护技术[M]. 北京：中国石化出版社，2006.

[27] 郭晋平，周志翔. 景观生态学[M]. 北京：中国林业出版社，2007.

[28] 环境保护部，中国科学院. 全国生态功能区划. 2008.

[29] 刘南威. 自然地理学[M]. 北京：科学出版社，2000.

[30] 张金屯，李素清. 应用生态学[M]. 北京：科学出版社，2003.

[31] 全国生态环境保护纲要（国发[2007]37 号）.

[32] 全国生态环境建设规划（国发[1998]36 号）.

[33] 国家重点生态功能保护区规划纲要（环发[2007]165 号）.

[34] 全国生态功能区划（环境保护部公告，2008 年第 35 号）.

[35] 全国生态脆弱区保护规划纲要（环发[2008]92 号）.

[36] The institute of Ecology and Environmental Management（IEEM）. Uidelines for Ecological Impact Assessment in the United Kingdom. 2006.

[37] 吴静. 累积影响评价及其实践. 环境污染与防治（网络版），2006.

[38] 张宏，樊自立. 塔里木盆地北部盐化草甸植被净第一性生产力模型研究[J]. 植物生态学报，2000，24（1）：13-17.

[39] 王如松. 生态环境内涵的回顾与思考[J]. 科技术语，2005（2）：28-31.

[40] 贾生元. 关于建设项目生态影响评价专题报告编写的思考[J]. 环境保护，2005（7）：36-38.

[41] 贾生元，王秀娟，沈庆海. 论实用性是开发建设项目环境影响评价的根本属性[J]. 环境科学与管理，2007，32（1）：172-175.

[42] 贾生元，陶思明. 关于建设项目对自然保护区生态影响专题评价的思考[J]. 四川环境，2008，27（5）：50-54.

[43] 贾生元. 环境影响报告书编写的哲学思考[J]. 环境保护，2008（9A）：53-55.

[44] 贾生元. 暴雨洪水的生态影响分析[J]. 江苏环境科技，2003，16（2）：46-48.

第4章　生态现状调查与影响评价技术方法

4.1 生态现状调查方法

生态现状调查方法较多,《环境影响评价技术导则　生态影响》(HJ 19—2011) 也给出了资料收集法、现场勘查法、专家和公众咨询法、生态监测法、遥感调查法、水库渔业资源调查和海洋生态调查法等。本书只对常用的方法做进一步的说明。

4.1.1 资料收集法

即收集现有的能反映生态现状或生态本底的资料,从表现形式上分为文字和图形资料,从时间上可分为历史资料和现状资料,从收集行业类别上可分为农、林、牧、渔和环境保护等部门,从资料性质上可分为环境影响报告、有关污染源调查、生态保护规划、规定、生态功能区划、生态敏感目标的基本情况以及其他生态调查材料等。使用资料收集法时,应保证资料的权威性、现时性,引用资料必须建立在现场校验的基础上。从各部门可能收集到的资料如下。

（1）环境保护部门

生态功能区划(生态影响评价专题必须要收集的技术资料,这是一个规范性的技术文件,是生态现状、影响评价和生态保护的依据)、水环境功能区划、环境空气质量功能区划、环境噪声标准适用区域的划分,生态环境现状调查报告、自然保护区调查与规划建设方面的技术资料、地方环境质量报告书、污染源调查报告书、有关其他项目的环境影响报告书、有关图件等。

（2）林业部门

项目区森林资源状况及森林分类经营区划、防沙治沙规划、湿地、重点保护野生动物名录或管理办法,以及归口管理的有关自然保护区的数据资料及有关图件等。

（3）水利、水文部门

项目所在区域的主要河流及其基本情况及功能、开发利用现状与农田水利建设情况、水土流失区划与水土流失治理情况，地方比较成熟、有效的水土保持措施、工程所在区域的土壤侵蚀模数等方面的数据资料及图件。

（4）农业部门、渔政管理部门

农业区划、土壤类型、化肥及农药等的使用情况，主要农作物的类型与产量。重点保护水生野生动物或水域类自然保护区情况。

（5）国土部门

国土开发利用规划、基本农田保护建设与保护、土地复垦要求、国土区划、地质环境等方面的资料与图件。

（6）畜牧、草原管理部门

区域草原类型、等级、面积、载畜量，发展变化、草原改良与建设情况等。

（7）规划部门

城市发展总体规划、区域开发建设规划图件等资料。

（8）发改委（计委）

国民经济发展计划、规划、重点项目建设规划、生态市建设规划等。

（9）气象部门

有关气候与气象数据及图件。

（10）史志办、统计部门

地方志、当年或前些年的国民经济统计年鉴。

（11）专家

当地专家对所在地情况一般比较熟悉或有一定的研究，可以提供一定有价值的资料。

4.1.2　专家与公众咨询法

公众咨询是对现场勘查的有益补充，应收集影响区域的公众、社会团体和相关管理部门对项目生态影响的意见，发现现场踏勘中遗漏的生态问题。公众咨询应与资料收集和现场勘查同步开展。

专家咨询对生态现状调查与评价是十分重要的方法，特别是在当地从事多年工作的专家，往往有大量的研究成果或丰富的资料。通过咨询专家，可以收集到有一定价值的资料，弄清很多问题，获得满意的结果。

4.1.3　遥感调查法

遥感调查适用于涉及区域范围较大或主导生态影响因子的空间等级尺度较大，通过人力踏勘较为困难或难以完成的评价项目。当常规现场踏查的手段不能满足现状调查需要时，可采用遥感调查法（包括卫星遥感、航拍及无人机遥感等），但遥感调查过程中必须辅助必要的现场勘查工作。遥感调查的成果是给出必要的图件，并据此给出一定的数据资料。

4.1.4　现场调查

现场勘查法和生态监测法相结合，是一种最为重要的调查方法，尤其评价涉及重要生态敏感区及重要生态环境敏感保护目标时，现场生态调查是一种必不可少的调查方法。本节所给出的野生动植物的调查方法均为前人（国内外专家学者）多年研究、实用的常规方法，而非本书编者研究出来的方法。实际工作中也可以参照执行环境保护部于 2010 年 3 月 4 日发布的《全国植物物种资源调查技术规定（试行）》《全国动物种资源调查技术规定（试行）》《全国淡水生物物种资源调查技术规定（试行）》《全国海洋生物物种资源调查技术规定（试行）》《全国微生物资源调查技术规定（试行）》规定的方法。

4.1.4.1　植物调查

植物调查的目的是了解调查区域植物群落结构、物种分布及其优势度，了解调查区域群落的结构（包括水平分布与垂直分布）、物种组成、优势种、建群种、盖度、群落动态。通过植物识别，了解调查区域是否有国家或地方保护的野生珍稀植物物种。结合不同的植物种类可采用不同的调查方法，见表 4-1。

植物或植被调查最常用的方法是样方调查法。样方调查首先根据群落类型选择样地（在林业调查中，也常将样方称为样地，这是因为林木的调查所作样方面积较大的缘故），在样地内根据植株的大小和密度确定样方的数量，应尽可能包括群落中的大多数物种。可以采取系统排列或随机的方式设置样方。在采用样方框进行样方调查中，样方框压线植物的计算须合理（样方框外植物压在框内的应"请出"框外，而样方框内被压在框外的应"请入"框内）。但是，应注意在开发建设项目或规划生态影响评价的现状调查工作中，样方调查主要针对自然植物群落，而农田、果园、人工林（除非已经过多年的生长，郁闭度较大，林中自然侵入的其他林木有所增加，或林下自然生长的植物较多）等群落由于其群落结构、组成、优势种或建群种等情况是清楚的，进行样方调查的意义不大，因此不必进行样方调查。

表 4-1 植物调查方法

方法	乔木	灌木	草本植物	苔藓植物	真菌和地衣	藻类	种子
总计数	+	+	#				
目测盖度	*	*	*	*	*	+	
样方框		+	*	*	*	+	
样带	*	*	*	#	#		
样点取样	#	#	*	*	#		
收割		+	*			+	
无样地取样	*	+	#				
种子库土芯							*
种子收集器							*
个体标记并制图	*	*	*	#	#	#	
植被制图	*	*	*				
浮游植物						*	
水底着生藻类						*	

注：*普遍可采用；+通常可采用；#有时可应用；空白表示从不使用。

不同的植物群落类型，样方调查的内容及样方调查表的设计不尽相同。可以根据调查内容据实确定。

（1）总计数法

用于评价大个体植物或数量较少的明显易辨植物的密度，如一个种密度较低，或容易发现其个体时（比如草原中的树）时采用。该方法很费时，可用于计数种的实际密度，而不是取样计数，所以无偏差。

（2）目测盖度

既可以在整个研究地区进行，也可以在样方（如网格样方）中进行。可将植物种类分为：优势、丰富、常见、偶见和稀有等级。百分比盖度用肉眼估测，研究者可自己分级，比如 10%一级或 25%一级，也可以用 Domin 或 Braun-Blanquet 等级（表 4-2）。

表 4-2 Domin 或 Braun-Blanquet 盖度等级

等级值	Braun-Blanquet 等级	Domin 等级
1	盖度<1%	只有 1 株，盖度很小
2	盖度 1%～5%	两三株，盖度<4%
3	盖度 6%～25%	有几株，盖度<4%

等级值	Braun-Blanquet 等级	Domin 等级
4	盖度 26%～50%	许多株，盖度<4%
5	盖度 51%～75%	盖度 4%～10%
6	盖度 76%～100%	盖度 11%～25%
7		盖度 26%～33%
8		盖度 34%～50%
9		盖度 51%～75%
10		盖度 76%～90%
11		盖度 91%～100%

与其他方法相比，最大优点是速度快。而由上向下观察植被时，盖度估计更容易。对于高大的像灌丛或森林一样的植被，盖度可能较难准确估计。

（3）样方框

样方框通常简单地被称作样方，在调查地区常用于确定取样面积，一般由 4 条木质的或金属的或硬塑料的边组成，这些边可以用绳子系、胶带粘、焊接或用螺栓连接起来，其中用螺栓连接较好，因其可以拆装，有利于保存和运输。对于个体较大的水生植物，因木质的或硬塑料的样方框可以在水中漂起，可用于在水体表面对漂浮植物或挺水植物进行取样。

最常用的样方大小如下：地衣和藻类群落（例如在岩石上或树皮上的群落），用 0.01～0.25 m² 样方；草地、杂类草、矮灌丛或水生的大个体植物群落等，用 0.25～16 m² 样方，环境影响评价工作中，为方便一般选用 1 m²，但根据实际情况选择样方的大小，只是需要在方案及报告中注明所设置的样方面积；高灌丛群落用 25～100 m²；对乔木和森林用 400～2 500 m² 样方。不同大小的样方可用于同一研究地区的不同植被类型，比如森林中的树冠层和下木层。

样方框可用于任何植物中种的盖度、密度、生物量或频度的测定，测定方法如下：

① 密度测定是在样方内计数所调查种的个体数。许多植物将出现在样方边界上，对密度测定及其他测定都应考虑这一点，一般只有根部在样方里边的才被计数。

② 盖度是在每个样方中估计盖度。

③ 频度就是该物种所出现的样方数占样方总数的百分数。

④ 生物量是在样方中收割植物、测定生物种的生物量。

样方框的优缺点：测定密度时计数个体是很费时的，也是较困难的，除非植物密度较低，或者用很小的样方，一般适用于单个种的研究。盖度测定主要是肉眼估测的问题。就像常见的那样，如果种在研究地区是非随机分布的，那么由单一样方测定的盖度、密度和生物量将随样方大小的不同而有所变化，这是因为大样方包括整个斑块的可能性比小样方大。

频度是非常快捷和容易使用的指标，但频度的估计总是受样方大小的影响。种群分布斑块将使在随机设置的样方中发现种的机会降低，因而降低了频度值。大样方中通常更可能发现种的个体，并有较高的频度估计，即缘于这些理由。

（4）样带

研究沿一环境梯度植被的变化或者在不同的生境中植被的差异，可以使用带状样带来完成；对于较大的取样面积，可以用梯度样带；另外，用样带可估计调查区域植被组成种的总体密度和盖度，样带的长度可以是几米到数百千米，这取决于植被的类型和研究的目的。

① 样线或线样带方法：在研究开始之前，就在研究样地内拉一根实际的样带线，一个简单的方法是计数接触到样线的种的个体数，是与植物密度有关的指标。对于较长的样带，可以沿着样带在一些等距离的点上计数接触到的个体数，比如说以 10 cm 或 10 m 为间隔点。另一个方法是测定百分比盖度，测量每个种的个体接触样带线的长度，并计算其占样线总长度的百分数，从而可以得到每个种的盖度。

② 带状样带：一般由一系列不同大小的样方组成，样方沿着样带连续设置，盖度和局部频度可以在每个样方中测得，这样就可以确定盖度和频度沿样带是如何变化的，并将这种变化与环境因子梯度相联系。

③ 梯度样带，或梯度方向样带：是为了在一个地区对包括整个植物区系变化范围的梯度进行详细取样而设置的样带，它们常常在面积非常大的地区进行取样，有时样带可能延伸数百千米长。样带一般是沿着较陡的环境梯度，比如海拔、土地利用或地质梯度而设立。

样带的优缺点：在某些植被类型中用样带取样比使用样方框和点样方更容易，在稀疏的植被中样带取样更快更有效，而且在高大的植被中更实用，速度也比较快。如果植被非常密闭，则计测接触到样带的物种数将需很长时间。如果植物是丛生的，形成群，或者个体大且易区分，那么一个种群占据的样带长度的测量是简单而可靠的。在植物个体很小，且多种交错生长的植被，用样带测定盖度较困难，所以应该使用不同的方法。

（5）样点取样

可用于估测矮生植被中禾草、杂类草、苔藓等的盖度。样点取样一般用样针完成。样针通常是有一尖头的细杆，一般由金属制成，样针一般在植被中垂直投下，不同的记录方法可以得到不同类型的数据，多用于易混淆的和难以解释的测定。在取样时，应该能鉴别样针的尖头（只有尖头）在向土壤表面下降运动的过程中所击中的每个植物体部分所代表的种。由样针记录的数据只是表明每个种存在与否，也就是样针的尖头是否击中一个种，对一个种在一次投放中击中的次数并不重要。如果我们记录一个种被所有的样针击中的数目，将提供该种总盖度的估测值，它反映了一个种植物体的大小，也反映了其在植被中的多度。

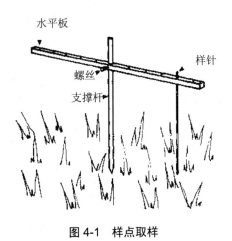

图 4-1　样点取样

样点取样的优缺点：用样针确定百分比盖度比用肉眼从样方中估测有更坚实的理论基础。点样和样针在矮生植被，比如草地中特别有用，尤其是当植物个体难以区分时更是如此。但该方法速度比较慢。

（6）收割

用于植被中种的地上生物量的测定。

植物的地上部分可以在距下层表面一定高度的地方割下，一般是接近地表面。通常用样方确定取样面积。在称重之前去掉粘在植物上的土和岩屑。对于个体较大的水生植物，可以使用"取芯收割器"来收割。它是一个相当于两层结构的样方框，为一薄金属的圆柱体，其中一面底边较锋利，将其置放在取样的地方并用力推到底层的一定深度，使其能够将植物茎及部分根取出。可使用挖土器来收割水生植物。

收割的优缺点：收割取样被称作"破坏性取样"，因其破坏植被，所以只能用于对这类处理适应的植被（如草甸），这类植被的破坏程度很小，或者在人们不在乎破坏的地方进行这种取样。高大的灌木和乔木很难收割、运输和称重；非常矮的植被，如草坪很难避免收割中的误差。即使是收割高度的微小差异，样品间的误差也可能很大，所以这一方法确实只适合于较高的植被，如灌丛、大型水生植物群落和草甸群落等。

（7）无样地取样

适用于测定森林中乔木的密度，随机地设一些样点，原则上不少于50个。方法有以下2种：

① 最近个体法：找到距随机样点最近的树，并测出它们之间的距离。若所有样点测得距离的平均值为D_1，则树木的密度可由下式计算：

$$密度=1/(2D_1)^2 \tag{4-1}$$

② 中点四分法：通过随机样点画2条垂直相交的直线，分出4个象限，像最近个体方法一样，在每个象限内测出最近个体到样点间的距离。2条线的方向应事先定好，用罗盘指向是有用的，或者如果用样带线设置样点，那么样线可作为第一条直线。取4个象限测得4个距离的平均值，再将所有样点的值平均，记为D_2，则密度为

$$密度=1/(D_2)^2 \tag{4-2}$$

无样地取样的优缺点：无样地取样在木本群落和森林内测定植物密度要比用样方快。该方法可以在个体相距较大的稀疏植被中使用，比如半荒漠植被。

（8）浮游植物

适用于研究浮游植物的密度和体积。有许多在淡水海洋中抽取浮游植物样品并分析这些样品的方法，其中有些是在现场用特殊的电子仪器来完成。

浮游植物的优缺点：网捕浮游植物可能会丢失最小的藻类，有些藻类的提取非常困难（如蓝藻）。因此可能提取不完全，这些将会引起叶绿素浓度的估计不准确。

4.1.4.2　动物调查

动物调查的目的是了解调查区域动物种类、种群密度、动物营巢（营穴）、繁殖、育雏、天敌、昼夜活动及其活动范围、迁徙规律，以及食源及其取食路径、饮水水源地及饮用次数等生态学特征方面的内容。

动物因其种类不同，个体或其种群与其他种类的个体及种群差异大，且在生态系统中的生态位及生境差异较大，因此，调查方法也多种多样。

（1）鱼类调查

鱼类调查的通用方法是观察法与捕获法。尤其是捕获法，又有很多种不同的

捕获方法。在环境影响评价实际工作中，不一定非得采取现场捕获鱼类的方法，可以通过资料收集及走访当地渔民等多种方法获得鱼类资源信息。

结合不同的生境，鱼类调查可采用不同的调查方法，见表 4-3。

表 4-3 鱼类调查方法

方法	浅水	深水	静水	缓流水	急流水	淡水或轻盐水	盐水	开阔水域	有植被的水域	珊瑚礁
岸边计数	*		*	*		*		*		
水下观察	+	*	*	*	#	*	*	*	#	*
电击捕鱼	*		*	*	+	*		*	*	
围网捕获	*		*	*		*	*	*		
拖网捕获		*	*	*		*	*	*		
抬网或投网捕获	*	+	*	+		*	*	*	+	+
推网捕获	*		*	*		*		*		
钩钓捕获	*	*	*	*	*	*	*	*		*
鱼鳞网捕获	*	*	*	+		*	*	*	+	+
捕鱼器捕获	*	*	*	*		*	*	*	+	*
水中声学调查	*	*	*	*		*	*	*		

注：*普遍可采用；+通常可采用；#有时可应用；空白表示从不使用。

①岸边计数：适用于计数池塘中和缓慢流动的较浅的淡水小溪及小河流中的鱼类。岸边计数是快速和简单的方法。由于个体大和体色明亮的鱼比个体小、体色暗淡的鱼更易看见，该法可能引起性别偏差。与年龄有关的行为也可能引起偏差，如某些年龄组比其他组鱼喜阴蔽环境。

②水下观察：适用于调查计数清澈、平静、较浅的海洋（特别是珊瑚礁）或淡水水域中的鱼类。进入水下观察鱼有两种途径：一是用通气管潜水；二是用潜水呼吸工具。水下观察是调查较好的方法，该方法是非破坏性的，引起的干扰最小。

③电击捕鱼：可捕获所有在浅的、相对清洁的淡水或轻咸水中的鱼类，特别是有植被生长的水域的鱼。电击捕鱼是用电极（正极和负极）在水中通入电流，其可击晕鱼使其难辨方向，易于捕获。电击捕鱼可能损伤或杀死鱼和其他水中野生动物（包括哺乳动物、鸟类和两栖类）。

④围网捕获：运用于捕获开阔、平静或缓慢流动水域的深水层和水底的鱼类。围网是一网墙，其上部有漂浮物（漂浮线），底部有重物线（沿线），一般在网的背面有一腰部（鼓起网布或一袋子）用于保存捕获的鱼。为得到合理的样品数量，

要尽可能多的网捕次数。围网只能在没有自然障碍物（树、岩石、密的植物体等）和人工障碍物（破损的船体、废物和其他的人类垃圾）的水体中使用。在取样之前应进行一次水文调查。围网捕获时，当大的植物体和沉积物被拖入网中时会对生境产生重大干扰。

⑤ 拖网捕获：适用于捕获在大的江河、湖泊和海洋中游水缓慢的深水和水底生鱼类。拖网捕获是将一锥形网沿水底或一特定深的水域拖过。拖网捕获适用于调查大的水体，在短时间内可以覆盖大面积的水域。它在缓流水系中是有价值的，那里的水流可阻止围网的使用。在面积太大的河口或水盐度太高而不能使用电击捕鱼的地方也比较适用。

⑥ 抬网、投网和推网捕获：适用于捕获浅水、平静或缓慢流动水域（或水表层）的小鱼。它们是以通过实际的样点取样获得种群多度和生物量的绝对估计值。当取大量样品时，该方法较费工，抬网和投网捕获可以在别的方法不宜使用的、有高的植被生境中应用。推网捕获局限于没有什么植被、水底较硬的生境中。

⑦ 钩钓捕获：适用于捕获密度低、个体大的捕食性鱼，特别是在急流江河、深水湖泊和海洋中的鱼。钩钓捕获是一种便宜方法，适用于调查个体大的鱼种、捕食性鱼种、低密度种。

⑧ 捕鱼器捕获：在大多数条件下可捕获大部分鱼种。鱼类捕获器一般有三种类型：罐捕器、袋捕器和栅栏捕获器。捕鱼器捕获在调查中是用途最广的方法之一。可以用于非常广的生境中，从大流量的江河到平静的湖泊；从植被占优势的湿地到无特征的河口；也可捕获非常广的鱼种，对低密度或夜间活动的鱼种特别有效。

（2）两栖类调查

两栖类调查亦可采取观察法及样地或样方法、捕捉法。可采用的调查方法见表 4-4。

表 4-4　两栖类生态调查方法

方法	迁移到特殊地点繁殖的种	被局限在一地区个体丰富的种	在大面积范围内分散分布的种
活动墙捕获	*		
仔细搜寻	*	+	#
网捕	*		
捕获器捕获	*	+	
样带和斑块取样		#	*
移出研究	+	*	

注：*普遍可采用；+通常可采用；#有时可应用；空白表示从不使用。

① 活动墙捕获：适用于调查周期性地迁入小水体进行交配或产卵的两栖动物。活动墙可捕获种群比例很高的个体，所以与某些标记-重捕获方法相结合，可以提供种群大小的准确估计值。另外，该法可得到两栖动物行为和生活史很多方面的数据。但该方法对善于爬高和跳高的种，用活动墙估计的种群大小是不大可靠。很小的个体，如变态类动物常常躲在墙的附近，因此也易被忽略。

② 网捕：适用于调查集中在水体中繁殖的两栖动物。网捕简单、便宜，但对于容易逃出网的种不是很有效，该法对动物体和它们的生境具有很大的破坏性。当有外部生鳞片的幼体存在时，不应使用网捕大规模捕获，因为这样会容易杀死幼体。在繁殖地点，雄性和雌性个体在行为和分布上的差异会导致所捕获的两性个体数差别很大，这样会引起性别比率估计的不真实。

③ 捕获器捕获：运用于捕获在繁殖地聚集的或在一地区相对丰富的两栖动物种。但在繁殖地点，雄性和雌性个体在行为和分布上的差异会导致所捕获的两性个体数差别很大，这样会引起性别比率估计的不真实。

④ 样带和斑块取样：适用于对陆生两栖动物的调查。样带取样如果与前面描述的其他方法，如活动墙或捕获器捕获法相结合将是最有效的方法。在研究地地面上标记出一条线，沿着线行走，并有规则地间断停下，系统地搜寻动物。翻开一定样带线长度的覆盖物并检查有无两栖类动物。斑块取样基本上是相同的方法，但其涉及超过一个或多个标记出的斑块，从中找寻动物。样带或斑块法有可能不包括对生境有特别要求的种的生境，如某些洞穴生活、滨河湖沿岸生活的种类。

⑤ 移出研究：适用于调查聚集在繁殖地点的或在一地区相对丰富的两栖动物。在一水域中或有标记的地面上系统地搜寻、网捕或者用捕获器捕获，并将捕到的动物全部移出原生境而保存在另一地方，随后再放回原地。这一过程应在事先确定好的时间间隔下重复进行，连续捕获到的动物数比率将提供种群大小的估计值（Heyer 等，1994）。该方法简单便宜，但劳动强度大。

（3）鸟类调查

鸟类调查一般采用观察法或特征识别法。不同鸟类可采用不同的生态调查方法，见表 4-5。

① 群落中计数鸟巢：适用于调查群聚筑巢的鸟类，特别是海鸟、鸳鸯及某些雀形目鸟和近雀形目鸟的种是否在地表面、洞穴、树上或者灌丛中筑巢。这一方法的最大优点是调查计数可以在一年中鸟类高度群聚的时间进行，因此能够用非常经济的方法进行计数，其他时间这些鸟在很大的面积分散分布，造成调查很困难。该方法的缺点是其只适于调查正在繁殖的鸟类，并必须小心以保证干扰最小。

表 4-5   鸟类生态调查方法

方法	水鸟	海鸟	趟水鸟	捕食鸟	猎鸟	近雀形目鸟类	雀形目鸟类
群落中计数鸟巢	+	*				+	#
展姿场计数					*		#
休息场计数	+		*				#
计数鸟群中鸟数	+		+			#	#
计数迁徙鸟				+			#
领域制图	+		+	+	+	+	*
点计数	#		#	#	#	+	*
线样带	+	*	+	+	+	+	*
放声反应		+		+		#	#
单位工作量捕获数（模糊网捕）						#	+
标记-释放重捕获	#	#	#	#	#	#	#
计数鸟粪	+				+		#
发现鸟的时间							+
个体声音辨别							#

注：*普遍可采用；+通常可采用；#有时可应用；空白表示从不使用。

②展姿场计数：大约150种鸟类的雄性个体聚集在公共展示表演场所，这些场所叫"展姿场"。在繁殖季节和白天，大量雄性个体聚集展姿，雌性个体也可能出来。雄性个体出现展姿场的数量高峰，正是产卵之前或者经常是黎明之后，或者对只在夜间活动的种正好是黄昏之后。

③休息场计数：适用于调查在公共场地休息的种类，特别是趟水种、野鸭和某些雀形目鸟。许多鸟类种共同聚集休息，尤其是在夜间或者对滩涂生活的种，在它们取食的地方被水淹没的高潮时。鸟类高度聚集在休息场，因此可以有效地被调查。许多种只是非繁殖季节在休息场。该方法在非繁殖季节特别有用。

④计数鸟群中鸟数：适用于调查成群的种，特别是趟水种、野鸭和某些雀形目鸟。对于鸟类少于数百只的鸟群，可以在适当的观察点用双目镜或者望远镜直接计数全部鸟数，这对大个体鸟是容易的，但当鸟数量多、个体较小并且距离较远时，计数就变得逐渐困难了。

⑤计数迁移鸟：适用于调查迁移鸟。某些候鸟种群的很大一部分个体飞过"瓶颈"地区，因此可经济有效地计数这些种。种类的鉴别是困难的，特别是对飞得很高和只在夜间迁徙的种。

⑥领域制图：适用于调查领域内繁殖的种，如某些鸭种、猎鸟和猛禽及雀形

目鸟。

⑦ 点计数：适用调查高度可见的在非常广泛的生境中的种，经常用于调查雀形目鸟类。点计数是在一定的时间内在固定的观察点进行观察计数，它可以在一年中的任何时间进行，而不受限于繁殖季节。点计数可以用于估计每个种的相对多度，或者与距离估测结合起来，可以提供绝对密度。点计数广泛用于歌唱鸟的调查，但对较难辨认的种用得很少。

⑧ 线样带：适用于调查高度开放生境中的鸟，例如灌木草原、沼泽地中的鸟。也适于调查离开海岸的海鸟和水鸟。线样带是沿着固定的线路运动，记录所见到样线两侧的鸟，样带对大面积连续的开放生境最为适宜。在鸟类种群密度低的地方特别有用。

⑨ 每单位工作量的捕获数（模糊网捕）：将标准长度和类型的模糊网设置在标准的地点，在相似的条件下设定标准的时间周期，该方法可用于监测种群变化、繁殖和存活。

（4）哺乳动物

哺乳动物种类多，其调查方法也有很多。不同哺乳动物的调查方法见《生态学调查方法手册（英）》（W. J. Sutherland，2002）。

① 总计数：适用调查明显的个体大的哺乳动物。大个体哺乳动物可以通过将研究区分为若干小区，并在每一小区中计数动物个体数的方法实现总计。这种方法能够计数所有的个体，并提供它们分布的信息，同时也可以调查到年龄性别组成的数据。如果动物个体在计数期间能在动物群之间运动，将引起误差。

② 计数繁殖点：适用于建造明显的繁殖地点的种或用明显的地下洞穴繁殖的种的调查。计数繁殖点要在所有有巢穴的地方寻找。但废弃的繁殖点可能被错误地计数上，将导致计数偏高。

③ 带状和线状样带：适用于调查个体明显的种。该方法要求沿一条线行走，并记录样线两侧的个体，样带取样可能沿着公路或小道进行。

④ 计数粪便：适用于调查许多陆生和半水生哺乳动物。如果有可能依粪便鉴别种类的话，这是发现种类存在的非常好的方法。如果粪便丰富，那么可用样方调查，不然线样带也是适宜的。对许多逃避的种这可能是唯一的方法。但相关的种类可能有很相似的粪便，这或者不能单一使用该法，有必要进行种的联合调查。

⑤ 取食痕迹：适用于调查具有取食痕迹特征的种，许多种在它们的食物残留物上留有特征性记号，特别是对调查食肉动物是有用的。该法有必要确定所调查动物种的食用植物种，并且知道如何区分该种取食痕迹与其他种的痕迹。

⑥ 计数足迹和动物跑道：在地面较软的地方，如近水的地方寻找动物足迹是

发现种类存在的好方法，计数足迹数量可提供种群多度的粗略指示。动物跑道，是指动物行走的道路（如哺乳动物在迁徙或取食或饮水的路径上，会在它们跑行过程中留下足迹，特别是松软的泥土地、雨后泥湿土地或冬季地雪地上）。这方法对隐蔽种有效。

⑦ 毛发管和毛发收集装置：适用于调查小的哺乳动物和食肉动物。这是一个比较容易的调查方法，不需要像捕获器捕获那样的有规律地检查，并对动物侵扰比较小。这对乔木上生活的种类、低密度种类或大面积地区的研究是较容易的途径。

4.1.4.3 生态系统类型识别及调查

在生态调查中主要根据植被、结合地形、气候等情况识别生态系统类型，一般先从森林、灌丛、草地、农田、湿地、水域、河口、海岸、海洋几个方面确定生态系统的大类，然后再根据主要植物种类、自然性或人工性等方面进一步细化。

一般全球生态系统类型划分为海洋、森林、草原、湿地、水面、荒漠、农田、城市等 16 个大类 26 个小类。

我国学者在生态影响评价中一般将生态系统分为 8 大类：

① 淡水生态系统（流水生态系统-河流生态系统、静水生态系统-湖泊生态系统）；

② 海洋生态系统（浅海带生态系统-海岸生态系统、深海带生态系统-海洋生态系统）；

③ 湿地生态系统；

④ 荒漠生态系统；

⑤ 草原生态系统；

⑥ 森林生态系统；

⑦ 农业生态系统；

⑧ 城市生态系统。

而据《中国植被图集》，我国陆地生态系统有森林 212 类，竹林 36 类，灌丛 113 类，草甸 77 类，沼泽 37 类，草原 55 类，荒漠 52 类，高山冻原、垫状和流石滩植被 17 类，总共 599 类。淡水和海洋生态系统没有统计资料。典型生态系统调查方法见《环境影响评价技术导则　生态影响》（HJ 19—2011）。

4.2 生态现状及影响评价方法

根据 HJ 19—2011，生态现状评价常用的方法包括列表清单法、图形叠置法、生态机理分析法、指数法与综合指数法、系统分析法、生物多样性评价、景观生态学方法、海洋和水生物资源评价法等。生态影响评价技术方法与生态环境现状评价方法有相同之处，但侧重点在于工程建设影响的性质、过程或变化、结果，加入了工程影响的因素，即影响结果，以与现状对照。

生态影响评价的方法很多，由于生态学原理较多，生态评价定性分析较多，但随着规划及开发建设项目环境影响定量化评价的要求，生态评价关注定性分析与定量评价相结合，并不断有新的定量化评价模式推出。

生态影响评价要抓住"两大特征"：一是工程特征，二是生态特征。抓住了这两大特征，就抓住了生态影响评价的核心。涉及敏感生态保护目标时，须突出对生态敏感保护目标的评价。即"2+1"（除工程特征、生态特征外，再加上敏感保护目标）。

不同工程，其特性不同，对环境的影响就不同；不同的生态环境，现状不同，存在的环境问题不同，对不同工程所表现的影响反馈方式就不同，而且不同的生态区可能存在自身所特有的生态问题。这是需要环境影响评价人员进行认真的工程分析和生态现状调查的。

对自然系统生态完整性的影响预测要在本底值估测作为类比标准、背景值监测作为对照的基础上预测和评价。这方面的技术很多，比如元胞自动机技术、基于系统动力学的 P-S-R（压力-状态-响应）技术等。对敏感生态保护目标的影响：不同的敏感目标生态学特征不同，预测和评价的方法也不同。

环境影响评价具有"政策性"，这是其第一特征。其第二特征就是"技术性"，而且这种技术性是由国家制定了一系列的规范或导则、标准，环境影响评价须遵循相应的规范或导则、标准的要求。在实际工作中，报告编写人员需认真研究相关的规范或导则、标准的要求，特别是评价标准不能有误，否则将是"大错"。但是，这些数量众多的规划或导则、标准总是在不断地更新与补充之中，环评工作者需注意引用最新的、正式颁布的、实施时间明确规定的规范或导则、标准。

符合政策和满足技术规范要求，是衡量环境影响报告书编写是否合格的基本标准，而掌握政策和使用规范的技术也是编写人员应该具备的基础或基本功。

4.2.1 评价尺度

4.2.1.1 空间尺度

（1）中尺度

项目所在区域的生态环境现状，这个区域究竟论述多大的范围，一般难以掌握，也没有统一规定，一般可根据项目的特点来进行，如西南某省会城市机场建设项目，这个区域一般以该省会城市或项目所在的县级行政辖区来说明一下区域生态环境状况，让专家（特别是外地专家、学者）从总体上或中尺度上对项目所在地的生态环境有一个总的了解。特别是要说清楚生态功能区划情况、项目所在的生态功能区。通过定性或定量、半定量的方法，对区域生态因子及其相互关系的分析，说明区域生态环境现状的质量水平。

（2）小尺度

重点说清项目所在位置及其生态影响范围内（一般就是评价范围）的生态环境现状。

这里要注意的是对生态环境保护有特殊要求的生态保护目标现状及与项目的关系（方位、距离、项目是否征占保护目标的用地、可能的影响途径及后果等）。

（3）分区或分段评价

分区或分段评价是指分不同的生态区或不同的生态段进行评价。根据生态现状调查结果，将项目评价区根据生态系统类型或生态功能分成不同的区或段分别进行评价。因为建设项目评价范围内存在不同的群落或生态系统类型，不同的生态系统各具有不同的特征，或存在不同的问题，而开发建设项目可能在不同的生态段或区影响的方式与程度也存在差别，因此，很有必要进行"分区"或"分段"评价，只有分区、分段评价才能充分地、明晰地、有针对性地说明开发建设项目对不同生态环境的影响。

4.2.1.2 时间尺度

在工程分析的基础上，进一步分析工程对生态环境的影响因素、影响方式，然后可以根据施工前期、施工期、运营期（生产营运期、生产期）、退役期（开采矿产资源可根据开采方式或习惯称闭井期、闭坑期、闭矿期、封井期）进行生态影响的分析、评价和预测；也可以根据不同的生态影响因素，如对土地利用格局、农业生产、林地、草地、湿地、野生动植物、生态系统、景观、生态敏感区或敏感目标等（如有必要也可以进行生态风险评价），确定后再分期进行影响的分析、预测或评价。

（1）施工前期

主要是征地与拆迁对生态环境的影响，施工前期的勘探对生态环境也有一定的影响。事实上，这期间的社会影响更为显著。这期间的规划、初步设计等如果不慎重考虑对生态环境的影响，就可能埋下生态影响的祸根。因此，在环境影响评价中要认真分析工程有关资料是否考虑了当地的城市规划、区域开发利用规划等发展要求，项目是否考虑了生态环境保护问题，认真分析工程资料中提出的生态保护措施与对策是否可行。

（2）施工期

一般而言，施工期是生态影响评价的重点。主要分析工程生态影响的主要方面，主体工程、辅助工程、临时工程等施工作业造成的生态影响范围，土地利用格局的变化，对农田、林地、草地、果园、沟塘、湿地等造成的生物量损失，生态效益损失，生态系统结构与功能的变化，生态演替与发展趋势，生态景观影响等，这些生态影响的可接受性与可补偿性。根据工程的不同影响与环境保护的不同要求重点分析、论证，特别要关注对生态敏感目标的影响。

（3）运营期

分析工程建设前后生态系统结构与功能的变化，工程营运对区域生态演替与发展趋势的影响，对野生动物水源、食源、庇护所、迁徙活动的影响，对农田水利设施的影响，对区域小气候的影响，对生态恢复能力、景观异质性的影响，对种群源的持久性和可达性的影响等。这多属于预测性的。

此外，还应分析工程与区域生态保护规划或生态建设规划的相融（容）性，这部分内容也可纳入工程与城市建设规划或区域开发建设规划的相融性分析中。

（4）退役期（闭矿期、闭坑期、营运后期）

对于矿产开发类项目，该期关注的是生态恢复与重建问题。如果不进行有针对性的生态恢复与重建，工程对生态的影响将是持续的、严重的，将加剧区域的生态退化，有可能造成荒漠化、石漠化、沙化。

在环境影响评价中，对这类项目要提出严格的生态恢复与重建要求，包括要求建设单位缴纳生态补偿金，制定土地复垦、绿化等生态恢复与重建规划，落实资金，采取措施保障退役后的生态恢复。

4.2.2 定性分析与定量评价

4.2.2.1 定性分析

对于难以定量的生态影响，只能应用生态机理法进行定性或定量分析。第 2 章的一些生态学的基本原理均可以用于定性分析。定性评价要求评价人员熟悉生态学的基本概念与基本原理，虽然概念和原理少有模式，也没有足够的数据指标，但应深刻理解这些基本概念和原理，努力做到能够熟练地、充分地应用生态学原理分析评价工程建设对生态的影响。

由于水、气、声的影响评价均已实现定量化，评价人员及评审专家都希望生态也能定量化，目前生态的定量评价确实有一定的难度，一些内容定量后反而说不清楚，定量化后标准的确定又是一个难题。这是由于生态这个"关系"的复杂性所决定的。全国各地的生态现状特征不同，差异巨大，难以形成全国统一的评价标准(仅"土壤质量标准"与"土壤侵蚀强度分级标准",可称得上是生态评价可资参考的标准)。目前,生态的定量化评价是大家为之努力的一个目标。定性、定量结合式评价才是最有说服力的评价。

4.2.2.2 定量评价

定量评价是生态影响评价的必然趋势。用定量计算及充分的数据,评价工程造成的生态影响,如工程建设前和工程建设后的生物量损失、生物量变化、景观变化、脆弱性评价、水土流失量计算等。特别是景观生态学评价方法,在生态影响评价工作中有进一步强化的趋势,应注意以下几点:

(1)深刻理解景观生态学的基本原理

由于人们比较熟悉,并习惯于应用群落或生态系统的基本原理,对景观生态学与群落或生态系统生态学的联系与区别往往搞不清楚,应用起来有一定的困难。景观生态学原理需要抓住其核心内容,站在一定的高度上去理解。

(2)景观影响评价的内容和范围

评价内容:对某些景观要素所产生的直接影响;对那些构成景观特色、具有地区及区域性的独特景观所产生的微妙影响;对具有特殊价值的地点和具有高度景观价值的地方产生的影响。

景观影响的评价范围就是研究的尺度范围。

(3)景观影响评价的方法

目前流行的景观影响评价方法很多,有景观美感文字描述法、景观印象评价法、景观心理测量评价法、计分评价法、平均信息量法、回归分析法、加权网络分析法、模糊集值统计法以及系统评分法等。

一些专家将这些方法分为计值评价(定量评价)和优先性评价(定性评价)。实际评价中,两种方法经常交互使用、相得益彰。例如:在一般描述性方法基础上通过评分法或者问卷清单法而使评价过程和结果得到简化;一些主观性指标的分级计分需要通过描述性方法来实现。

(4)通过对开发建设项目所在区域景观优势度的计算,分析项目建设对生态系统结构与功能的影响,通过分析模地所占比例的变化情况,也可以初步说明对生态系统演替趋势的影响,为下一步水土保持、生态恢复与绿化等生态保护措施的提出提供理论支持。

(5)应用景观生态学原理来评价次生生态影响具有明显的优势,更能说明聚积效应引起的景观生态变化。因为景观生态学更关注尺度效应,对中尺度和大尺度的生态评价更适用。

4.2.3　主要方法

4.2.3.1　列表清单法

又称核查表法,是将可能受开发方案影响的环境因子和可能产生的影响性质,通过核查在一张表上一一列出的识别方法,故亦称"列表清单法",或"一览表法"。

列表清单法在评价早期阶段应用,可保证重大的影响没有被忽略。但建立一个系统而全面的核查表是一项烦琐且耗时的工作;同时由于核查表没有将"受体"与"源"相结合,并且无法清楚地显示出影响过程、影响程度及影响的综合效果。列表清单法对核查的环境影响给出定性或半定量的评价。核查表方法使用方便,容易被专业人士及公众接受。列表清单法虽是较早发展起来的方法,但现在还在普遍使用,并有多种形式:

① 简单型清单:仅是一个可能受影响的环境因子表,不作其他说明,可作定性的环境影响识别分析,但不能作为决策依据。

② 描述型清单:比简单型清单多了环境因子如何度量的准则。

③ 分级型清单:在描述型清单基础上又增加了对环境影响程度进行分级。

4.2.3.2　类比分析法

类比分析法是根据两个研究对象或两个系统在某些属性上类似而推出其他属性也类似的思维方法,是一种由个别到个别的推理形式,其结论必须由实验来检验,类比对象间共有的属性越多,则类比结论的可靠性越大。在研究物理问题时,经常会发现某些不同问题在一定范围内具有形式上的相似性,其中包括数学表达式上的相似性和物理图像上的相似性,类比法就是在于发现和探索这一相似性,从而利用已知系统的物理规律去寻找未知系统的物理规律。

所谓类比法,是通过对两个研究对象的比较,根据它们某些方面(属性、关系、特征、形式等)的相同或相类似之处,推出在其他方面也可能相同或相类似的一种推理方法。类比法所获得的结论是对两个研究对象的观察比较、分析联想以至形成猜想来完成的,是一种由特殊到特殊的推理方法。

我国开展环境影响评价工作已 30 余年,《中华人民共和国环境影响评价法》颁布实施也 10 余年了,已有很多进行了环境影响评价的项目在运行。环境影响评价单位在承担某一新开发建设项目环境影响评价时,可以通过对已运行工程的实际环境影响进行类比分析,进而说明新建项目对环境的影响。这种方法有较强的说服力。但是,类比分析一定要注意两项目的可类比性,必须有可类比性分析的说明。可类比性主要是工程性质、类型相同,建设规模相当、建设地环境特征相似,而且用于类比的已建工程是运行多年的,环境问题已全部显现,否则就不能类比。

4.2.3.3　层次分析法

层次分析法是一种新的定性分析与定量分析相结合的系统分析方法，是将人的主观判断用数量形式表达和处理的方法，简称 AHP（the Analytic Hierarchy Process）法。

层次分析法是把复杂问题分解成各个组成因素，又将这些因素按支配关系分组形成递阶层次结构。通过两两比较的方式确定各个因素相对重要性，然后综合决策者的判断，确定决策方案相对重要性的总排序。运用层次分析法进行系统分析、设计、决策时，可分为 4 个步骤进行：

① 分析系统中各因素之间的关系，建立系统的递阶层次结构；

② 对同一层次的各元素关于上一层中某一准则的重要性进行两两比较，构造两两比较的判断矩阵；

③ 由判断矩阵计算被比较元素对于该准则的相对权重；

④ 计算各层元素对系统目标的合成权重，并进行排序。

4.2.3.4　综合评价法

是指运用多个指标对生态现状进行评价的方法。其基本思想是将多个指标转化为一个能够反映综合情况的指标来进行评价。

综合评价法能够对评价区进行总体上的评价，反映生态现状的综合问题，但由于涉及的指标较多，其指标量化和指标筛选是难点，不能反映个别突出的生态问题，容易忽略某些指标。

该方法的特点如下：评价过程不是逐个指标顺次完成的，而是通过一些特殊方法将多个指标的评价同时完成；在综合评价过程中，一般要根据指标的重要性进行加权处理；评价结果不再是具有具体含义的统计指标，而是以指数或分值表示参评单位"综合状况"的排序。

综合评价法的步骤包括：

① 确定综合评价指标体系，这是综合评价的基础和依据；

② 收集数据，并对不同计量单位的指标数据进行同度量处理；

③ 确定指标体系中各指标的权数，以保证评价的科学性；

④ 对经过处理后的指标在进行汇总计算出综合评价指数或综合评价分值；

⑤ 根据评价指数或分值对参评单位进行排序，并由此得出结论。

4.2.3.5　生态机理分析法

生态机理分析法是运用生态理论进行生态现状分析评价，更注重微观和中观尺度的研究，但对技术人员生态学背景要求甚高，也需要做大量的野外调查和长期积累的监测数据。

生态机理法就是应用生态学原理对开发建设项目对生态环境的影响进行预测、分析、评价的方法。生态学原理应是成熟的、学界公知公认的原理。

由于生态学原理的公认性，原理分析严密，因此，该方法具有充分的说服力，是当前普通应用的、非常有效的、成熟的方法。生态机理分析，应用的不只是生态学原理，往往需要结合水文、生物物理、生物化学、动物行为、数学等有关学科的知识与原理。

生态影响评价中遇到的所有生态学过程，均可以用相关的生态学方法去预测，有一定的定量化研究方法，如种群生态学中的种群增长模型、种间竞争模型，群落生态学中的演替过程的数学模型，生态系统生态学中的能流模型、生产力计算模型，景观生态学中的诸多计算模型等。

但是，目前生态机理法在生态影响评价中应用的不足之处是它以文字论证为主，一般缺乏足够的数据支撑，在当前追求定量化评价的潮流中，尚需从业人员进一步开发，或与其他方法结合，给出定量化的结果。生态机理分析法是一种容易被接受、目前用得比较多的方法。

（1）物种评价

物种评价有多种方法。在生态影响评价中可以通过计算物种重要值进行评价，即通过计算密度及相对密度、优势度及相对优势度（这里指的是物种的优势度，不是景观优势度）、频度及相对频度，最后计算物种重要值，进行物种评价。

密度=个体数目/样方面积

相对密度=（一个种的密度/所有种的密度）×100%

优势度=底面积（或覆盖面积总值）/样方面积

相对优势度=（一个种的优势度/所有种的优势度）×100%

频度=包含该种样地数/样方总数；

相对频度=（一个种的频度/所有种的频度）×100%；

重要值=相对密度+相对优势度+相对频度

（2）群落评价

在现场调查的基础上，应用生物学及生态学基本知识、基本原理，以及必要时通过样方调查、监测与专家咨询等方法，主要评价群落类型、布局、结构、组成、排序及成层现象，群落演替历史及趋势，群落生长环境（生境）及其制约因素。

群落评价在实际工作中比较简便的是多度和频度特征的评价：

① 多度：指一定区域内每种植物的个体数量。可直接计算个体，也可以目测

估计。前者多用于木本植物群落，后者多用于草本植物群落。

多度表示常分为 4 级。

a. 密集：某种植物在地面部分彼此相互靠拢，记录常用 soc；

b. 丰盛：某种植物在群落中占多数，记录时用 cop；

c. 稀疏：某种植物在群落中数量不多，生长得很分散，记录用 sp；

d. 孤独：某种植物在群落中很少见，只有两三株，孤独地生长，记录用 sol。

②盖度：分投影盖度和基盖度。投影盖度是指植物枝叶垂直投影所覆盖的地面面积，常以%表示。基盖度，是指植物基部实际所占有的面积。

③频度：指各种群在群落中分布的均匀程度，即群落中某种植物在一定区域的特定样方中出现的百分比。

$$F（频度）=（某种植物出现的样方数/总样方数）\times 100\%$$

④重要值：相对密度（%）、相对频度（%）和相对优势度（也有人称为相对显著度）（%）之和。

⑤生产量：植物一定时期内单位面积上产生的有机物量。

（3）生态系统评价

主要利用"3S"技术、景观生态学方法（如景观优势度、景观生态空间安全格局分析等。有关计算方法见"4.2.3.7 景观生态学法"）、系统论或层次分析法、生态足迹法等，分析评价生态系统的完整性、稳定性、生态承载力、生态系统服务功能、生态演变趋势等。

4.2.3.6 生态图法

生态图法在生态现状和生态影响评价过程中能够简单明了地向人们展示问题，并能够从空间或者时间上分析出趋势变化。

生态图法是用图来展示生态特征在空间上的变化，其中叠图法（图形叠置法）比较常见，是将评价区域特征包括自然条件、社会背景、经济状况等的专题地图叠放在一起，形成一张能综合反映环境影响的空间特征的地图。叠图法适用于评价区域现状的综合分析，环境影响识别（判别影响范围、性质和程度）以及累积影响评价。叠图法能够直观、形象、简明地表示各种单个影响和复合影响的空间分布。但无法在地图上表达源与受体的因果关系，因而无法综合评定环境影响的强度或环境因子的重要性。

生态制图是将生态学的研究成果用图的方式进行的表达。生态制图有手工制图和计算机制图两种方法，计算机制图的过程如下。

（1）生态制图数据的获取

①基础图件：地理位置图、地形图、工程平面布置图、土地利用图；植被类

型分布图、资源分布图等。

② 专项图件：珍稀动植物分布图、荒漠化和土壤侵蚀分布图、地质灾害及其分布图，生境质量现状图、景观生态质量评价图、主要评价因子（或关键评价因子）评价成果图。

（2）生态图的编制

利用 GIS 等新技术在计算机上制图。

① 图件的录入。基础图件和专项图件的录入。经计算机编制好的图形文件可直接拷贝到计算机；人工收集的图件可经扫描、数字化仪录入计算机。

② 图件编辑和配准。图件编辑是指对录入计算机的原始图件进行编辑；图件配准是指将不同类型的图幅的内容进行配准，以便于进行综合分析。

③ 图件提取。编辑生成的生态图，应是系列的分类型、分层次的图幅。

④ 空间分析。根据要素的空间异质性或者空间分布情况进行空间上的量化表示。

⑤ 图件输出。

（3）生态图的编制

图件制作要求：

各类图件（包括生态图）最好用彩色图，条件不允许只能使用黑白图时，应将项目区标记为彩色或其他醒目的方式。总的原则是，应让非编制报告的人员（审查专家、官员、公众等）在阅读报告时，能够一目了然地获取主要信息（如项目的位置等）。生态图件不仅仅是一张美观的图，更重要的是要从图件中解译出相应的数据信息，这才是应用生态图件的实质。遥感有其优势，但也有不足；人工现场踏查有不足，但也有优势。遥感与人工现场调查需要密切配合，通过遥感解译出的信息，应该与实际调查相符合。

图件制作应该清晰、信息完整（指北针、风向、比例尺及不同色斑所代表的信息）。《环境影响评价技术导则　生态影响》（HJ 19—2011）对图件规范化提出了较为严格的要求，即图件整体规范的要求。报告编制人员在其环境影响报告书中应使生态图件规范化。

（4）土地利用图和植被（类型）图

在生态影响评价中，最常用的图件是土地利用图及植被（类型）图。

土地利用图是表达土地资源的利用现状、地域差异和分类的专题地图。就内容而言，土地利用图包括：土地利用现状图（主要者）、土地资源开发利用程度图、土地利用类型图、土地覆盖图、土地利用区划图和有关土地规划的各种地图。此外，还有着重表达土地利用某一侧面的专题性土地利用图，如垦殖指数图，耕地复种指数图，草场轮牧分区图，森林作业分区图，农村居民点、道路网、渠系、防护林分布图，荒地资源分布和开发规划图等。其中以土地利用现状图为主，要求如实反映制图地区内土地利用的情况、土地开发利用的程度、利用方式的特点、各类用地的分布规律，以及土地利用与环境的关系等。

　　土地利用图有大、中、小不同比例尺之分，它们的编制方法、表达内容及其容量以及应用范围各不相同。

　　① 大比例尺土地利用图。一般比例尺是几千分之一到十万分之一，主要是配合小地区的全面详细调查或专题调查而编制，内容能较详细地反映土地利用的特征和微域差异。这类利用图大都是根据相应地区的大比例尺地形图和航摄照片以及实地调查所得的第一手资料而编制，能够为生产布局、特别是农业布局以及农业生产规划和技术改造提供具体的科学资料。

　　② 中比例尺土地利用图。比例尺介于十万分之一至五十万分之一，往往是配合一个大范围地区的调查研究而编制，可以由大比例尺土地利用图缩制而成，也可以根据相应地区的中比例尺地形图，参考其他专题性地图资料和实地调查资料汇编而成。

　　③ 小比例尺土地利用图。其比例尺小于五十万分之一，主要是配合大区域或全国性研究而编制，一般是由大、中比例尺土地利用图缩制，或根据小比例尺地形图、专题地图、卫星图像以及有关的路线调查和文献资料编制，反映大地区范围内的各类土地利用的分布大势，可供研究宏观布局、编制大区或全国生产发展规划和经济区划、国土规划、农业区划工作参考之用。

　　植被（类型）图是表示各种植被类型空间分布的专题地图，它不仅能显示各种植被资源的数量和分布情况，而且还可以综合反映当地气候、土壤等自然条件。由于制图目的及比例尺的不同，植被图所能反映的信息有较大的差别。

　　① 小比例尺植被图（1:100 万以下）：常用于全世界或亚洲大陆、全国等广阔区域的概观，主要是植物社区（formation）水平；

　　② 中比例尺植被图（1:100 万～1:10 万）：例如在日本常用于关东地区或东京都等地区的概观，群落或优势种群落；

　　③ 大比例尺植被图（1:10 万～1 万）：常用于地域概观，几乎包括所有的植被单位；

　　④ 精密植被图（1:1 万以上）：常用于特殊的目的，例如自然公园管理计划方案设计基础图等，包括下层单位的几乎所有的植被单位。在日本，作为底图的地形图，多绘制 1:25 万或 1:5 万比例尺的，也常绘制 1:1 万（各市、乡村水平）的精密图和 1:20 万（各都道府县水平）的概观图。

用于植被图的着色虽不一定统一，但一般来说，从干燥地区（温暖地区）的群落向湿润地区（寒冷地区）的群落，其所着颜色的变化依次为红、黄、绿、蓝较为普遍。

（5）照片

照片是更深入说明图件内容的重要辅助工具。环境影响报告要高度重视照片的使用。新建项目要给出拟建区域的现场照片，包括不同用地类型、植被类型、地形地貌、水系河流、土壤、自然保护区、风景名胜区、主要保护物种、居民、学校、医院等重要保护目标的照片，既有交通等公共设施的照片等。改扩建项目还应有既有主要工程照片，特别是改扩建工程所依托的已建工程照片。如有可能，现场监测点位（断面）的照片及监测点周边的照片均应在报告中附具，并与文字相对应。总之，环境影响报告书要做到图、表、文并茂，大量的文字描述，往往不如一张清晰的照片更能说明问题。

4.2.3.7 景观生态学法

近年来，随着景观生态学的发展，开发出很多景观分析、评价的技术方法或模式。目前在环境影响评价中应用比较多的是景观优势度方法，通过将计算项目建设前后评价区的景观优势度进行对比后，分析项目区的景观生态变化情况。除了景观优势度计算、分析外，还可以充分应用景观生态学的尺度、结构、格局、等级原理，对大尺度、中尺度生态影响评价具有很好的适用性。特别是景观生态安全空间格局分析（俞孔坚，1999），在规划及规划环境影响评价中正在尝试应用。

景观生态学研究方法具有综合整体性和宏观区域性特色，并以中尺度的景观结构和生态过程关系研究见长。但目前还难以将空间结构与生态过程完全的结合，也缺乏其他自然科学与社会科学的交叉，在量化分析上也存在难题，比如在分析生态敏感性、生态脆弱性等方面，目前还难以做到定量化。

景观生态学在评价中尺度和大尺度区域景观生态质量方面具有明显的优势，在 GIS 支持下，可使现状生态评价的内容更为丰富，评价的结果更为可信。但仅仅依靠 GIS 数据分析，就数据论数据，而不结合现场调查实际，并应用生态学的基本原理进行分析，往往会得出与实际情况相反的、错误的结论。

同时，应用景观生态学评价要注意评价景观的结构与空间分布格局、景观的异质性及其动态变化，评价景观的功能与稳定性等。景观也不是静止的而是动态变化的。这才是与开发建设项目环境影响评价紧密相关的景观生态学评价方法。

但是，要注意景观与美景的区别。不要把景观评价简单地视为对美景的美学评价。美景既有人文方面的，也有自然方面的，而且还有无形与有形之分，受人的视野限制。而景观是有一定尺度的高于生态系统的更高一级的生态系统，它的很多生态学特性是美景所不具备的。

景观生态学是当前比较热的一门学科，应用于生态影响评价有很好的前景。景观生态学已形成一套比较完善理论，应用于开发建设项目生态影响评价应该是景观生态学原理与遥感技术结合。关注：景观的多样性（丰富度）；景观的破碎度（即被分隔的程度，道路、农田、沟壑、河道分隔）；景观的优势度（面积比，嵌块比，出现的频率、分布）；景观的连通性（与生物的扩散、迁徙有关，保留动物活动通道）；景观比率（天然景观与人工景观的比率、不同类型景观所占的面积比）；景观动态变化过程。

（1）景观多样性计算方法

随着景观生态学的发展，将景观生态学理论与技术方法应用于生态现状分析与评价或影响评价已是大势所趋，目前景观生态学在大尺度上应用往往能取得较好的效果，而在小尺度上的应用还受到一定的限制，需要进一步的研究与探索。特别是其空间分析（包括景观安全格局分析），虽然应用了遥感等先进技术，但是目前人为主观判断还占据着主导地位。国内有关专家总结了景观多样性分析常用的计算模式，主要计算模式如下：

① 景观类型多样性的测定。景观类型多样性的测定主要考虑区域不同的景观类型数，以及各不同类型景观在区域中所占面积的比例，常用多样性指数、优势度、丰富度密度和均匀度指数来测定。国内外学者对此研究较多，有关学者给出的计算模式如下：

A. 景观多样性指数：根据信息论原理，景观多样性指数的大小反映景观要素的多少和各景观要素所占比例的变化。由两个以上景观要素所构成的景观，当各景观类型所占比例相等时，其景观的多样性为最高。景观多样性指数为

$$H = -\sum_{i=1}^{m}\left(P_i \times \ln P_i\right) \tag{4-3}$$

式中：H —— 多样性指数；

　　　P_i —— 景观类型所占面积的比例；

　　　m —— 景观类型的数量。

B. 景观优势度指数（注意与景观优势度的计算区别）：用于测定景观多样性对最大多样性的偏离程度，或描述景观由少数几个主要景观类型控制的程度。优势度越大，则表明偏离程度越大，或者说某一种或少数景观类型占优势。景观优势度指数为

$$D_0 = H_{\max} + \sum_{i=1}^{m}\left(P_i \times \ln P_i\right) \tag{4-4}$$

式中：H_{max} —— 最大多样性指数；

$\quad\quad P_i$ —— 景观类型所占面积的比例。

$H_{max}=\ln(m)$，这个指数在完全同质的情况下（$m=1$）是无用的，此时 $D_0=0$。

C. 丰富度密度：表示景观中类型的丰富程度。

$$R_d=m/A \tag{4-5}$$

式中：R_d —— 丰富度密度，该值越大，相对丰富度越大；

$\quad\quad m$ —— 景观中现有的景观类型；

$\quad\quad A$ —— 景观总面积。

D. 均匀度：描述景观中不同景观类型的分配均匀程度。Romme 的相对均匀度计算公式：

$$E=（H/H_{max}）×100\% \tag{4-6}$$

式中：E —— 均匀度；

$\quad\quad H$ —— 多样性指数；

$\quad\quad H_{max}$ —— 最大多样性指数。

② 景观格局多样性的测定。景观格局多样性的测定主要考虑该区域中不同景观类型的空间分布和相邻景观类型间聚集和分散的程度，常用的指数是距离指数和分离度。有关学者给出的计算模式如下：

A. 距离指数：用来描述某一景观类型中不同斑块个体之间的距离远近程度。

$$D_i =1/2\sqrt{n/A} \tag{4-7}$$

式中：D_i —— 景观类型 i 的距离指数；

$\quad\quad A$ —— 景观的总面积；

$\quad\quad n$ —— 景观类型 i 的斑块总个数。

B. 分离度：指某一景观类型中不同斑块个体分布的分离程度。

$$F_i=D_i/S_i \tag{4-8}$$

式中：F_i —— 景观类型 i 的分离度；

$\quad\quad D_i$ —— 景观类型 i 的距离指数；

$\quad\quad S_i$ —— 景观类型 i 的面积指数，$S_i=A_i/A$（A_i 为景观类型 i 的总面积，A 为景观的总面积）。

③ 景观斑块多样性的测定。斑块多样性主要是指斑块总数及单位面积上斑块的数目，常用斑块形状、密度和分维数表示。有关学者给出的计算模式如下：

A. 斑块形状指数：是指通过计算某一斑块形状与相同面积的圆或正方形之间偏离程度来测量其形状的复杂程度。斑块的形状越复杂，LSI 的值就越大。常见的形状指数 LSI 有两种形式：

$$\text{LSI} = P/2\sqrt{\pi A} \quad （以圆为参照几何形状）\qquad（4-9）$$

$$\text{LSI} = 0.25P\sqrt{A} \quad （以正方形为参照几何形状）\qquad（4-10）$$

式中：LSI —— 景观斑块形状指数；

　　　P —— 斑块周长；

　　　A —— 斑块面积。

B．斑块密度指数：指斑块个数与面积的比值。比值越大，破碎化程度越高，以此可以比较不同类型景观的破碎化程度及整个景观的破碎化状况。斑块的密度指数为

$$\text{Pd}_i = N_i/A_i \qquad（4-11）$$

式中：Pd_i —— 第 i 类景观斑块密度；

　　　N_i —— 第 i 类景观斑块总数；

　　　A_i —— 第 i 类景观的总面积。

C．分维数：用来测定斑块形状的复杂程度。在分维几何中，斑块的分维数可由下式求得：

$$P = kA^{F/2} \qquad（4-12）$$

$$F = 2\ln（P/k）/\ln A$$

式中：P —— 斑块周长；

　　　A —— 斑块面积；

　　　F —— 分维数；

　　　k —— 常数，对于栅格景观而言，$k=4$。

D．重要性指数：指某种类型的景观在评价区所处的地位和重要程度。

$$\text{IM} = （N_i/N + S_i/S）\times 100\% \qquad（4-13）$$

式中：IM —— 重要性指数；

　　　N_i —— 评价区内第 i 种类型景观斑块总个数；

　　　N —— 评价区内各种类型景观斑块总数；

　　　S_i —— 评价区内第 i 种景观类型的总面积；

　　　S —— 评价区的总面积。

（2）景观优势度计算方法

景观优势度（与优势度指数计算公式不同）的计算方法如下：

密度（R_d）={拼块（i）的数目/拼块总数}×100%

频率（R_f）={拼块（i）出现的样方数/总样方数}×100%

景观比例（L_p）={拼块（i）的面积/样地总面积}×100%

优势度（D_o）={[L_p+（R_d+R_f）/2]/2}×100%

一般认为，景观优势度大于 60% 的拼块（缀块）可以视为景观"模地"。景观模地在一定程度上决定着景观的格局与类型，以及景观的生态学过程。景观优势度计算模式可在不同的尺度范围应用，通过比较项目建设前和建设后各类景观优势度的变化情况，特别是模地的变化情况来说明开发建设项目对区域景观的影响。

4.2.3.8 生产力分析法

生产力分析法在小尺度范围内可以做到精确，但在大尺度上存在准确性差的问题，尽管遥感技术的发展推动了植被生产力与生物量的研究。研究范围、研究精度和实时性也大大提高。但是，用于生产力与生物量的估算模型结果可能不完全一致。目前在国内，热红外、微波、紫外波段和激光技术在植被生态学的应用尚处于起步阶段，距离实际应用还有一段距离。

（1）方法分类

生产力分析法主要指生物生产力、生物量和物种量三个方面，具体采用何种方法需根据项目自身要求和评价区尺度以及数据的丰富度。

生物生产力：生物在单位面积和单位时间所产生的有机物质的重量，亦即生产的速度。目前多以测定绿色植物的生长量来代表生物的生产力，公式为

$$P_q = P_n + R$$
$$P_n = B_q + L + G \tag{4-14}$$

式中：P_q —— 总生产量；

　　　P_n —— 净生产量；

　　　R —— 呼吸作用消耗量；

　　　B_q —— 生产量；

　　　L —— 枯枝落叶损失量；

　　　G —— 被动物吃掉的损失量。

由于生长量的变化极不稳定，因此在生态影响评价中需选用标定生长系数的概念，即标定生长系数（P_a）为生长量（B_q）与标定生物量（B_{mo}）的比值

$$P_a = \frac{B_q}{B_{mo}}$$

P_a 增大，环境质量趋好。

生物量：一定地段面积内某个时期生存着的活有机体的重量，生物量可以实

测、专家估算、应用有关模拟公式及遥感的方法进行计算或估算。

标定相对生物量，为各级生物量与标定生物量的比值：

$$P_b = \frac{B_m}{B_{mo}} \tag{4-15}$$

式中：B_m —— 生物量；

　　　B_{mo} —— 标定生物量。

P_b 增大，环境质量趋好。

对于植物生物量的计算，可采用多种方法。如果实测，一般采取皆伐实测法、平均木法（森林）、随机抽样法、相关曲线法。若设置样方，一般可以考虑下述方法：

① 草地：常用收获法，通常以 $1\ m^2$、$5\ m^2$、$10\ m^2$ 为单位。

② 灌木：估测法，一般以 $5\ m^2$、$10\ m^2$、$50\ m^2$ 为单位。

③ 林地：估测法，以 $10\ m^2$、$50\ m^2$ 或 $100\ m^2$、$1\ 000\ m^2$ 为单位。

④ 农田：收集资料法。可以粮食产量间接表示。

⑤ 湿地：目前没有统一的测定方法，一般可测定单位面积内生物沉积物。

⑥ 养殖水面：捕获法、走访调查。

⑦ 水生物：浮游生物、底栖生物、着生生物，必要时可委托专业部门去做，最好是收集有关单位多年的资料。

物种量：单位空间（面积）内的物种数量，称为物种量。标定相对物种量，为物种量与标定物种量的比值 $P_s = \dfrac{B_s}{B_{so}}$，其中，$B_s$ 为物种量；B_{so} 为标定物种量。

P_s 增大，环境质量趋好。

（2）植被净第一性生产力计算

植被净第一性生产力构成了生物圈的功能基础，自 20 世纪 60 年代以来，陆地生态系统净第一性生产力的研究受到了极大的关注，国际生物学计划（IBP）以植被分布和生产力测定研究为重点，对世界范围内的植被资源进行了较为系统的调查。近年来随着全球变化与陆地生态系统研究的开展，为气候-植被关系研究注入了新的内容，以模型为主要手段估算植被净第一性生产力及其对全球变化反应的研究进一步深入，使植被-气候关系研究进入了较高层次。概括起来，估算自然植被净第一性生产力的模型大致分为以下三类：

① 相关模型。依据植物生产力与水热条件等气候关系资料，建立相关的数学模型用于估算自然植被净第一性生产力。这类模型中应用较多的有 Miami 模型、Thornthwaite memorial 模型等。

Miami 模型：1971 年 Lieth 于迈阿密的一个学术研讨会上提出了第一种估算

模型，为净第一性生产力的计算开辟了一条新路径。该模型选用了两个最常用的普通气候指标，即年平均气温（T）和平均年降水量（P），用最小二乘法分别建立了净初级生产力与两个变量之间的定量表达式：

$$\text{NPP}=3\,000/[1+\exp（1.315-0.119T）] \tag{4-16}$$

$$\text{NPP}=3\,000/[1-\exp（-0.000\,664P）] \tag{4-17}$$

Thornthwaite memorial 模型：1972 年在 Monteeral 为纪念 C. W. Thornthwaite 召开的第 22 届国际地理学大会上，Lieth 和 Box 又提出了以实际蒸散量为变量的 Thornthwaite memorial 模型。实际蒸散量 E（mm）可看成是一个反映水热条件的综合性因子，其基本结构仍采用与 Miami 模型中降水变量相同的模式：

$$\text{NPP}（E）=3\,000/[1-\exp（-0.000\,969\,5（E-20))] \tag{4-18}$$

② 生理生态学模型。这类模型包含了植物生长的生理生态学机理，具有一定的理论基础。有关学者给出的该类模型为：假设当植物生长良好时，群落的蒸腾量（E_T）近似地等于蒸散量（E_p），即：

$$E_T \approx E_p = \frac{BR_n}{d(1+\beta)} \tag{4-19}$$

则植物群落的气候生产力，亦即净第一性生产力可表示为

$$\text{NPP} = \frac{A_0 R_n}{d(1+\beta)} \tag{4-20}$$

其中：

$$A_0 = \frac{a_0 a_1 B(r_c + r_{s,w})c_a(1 - c_i/c_a)}{lb_0 b_1(r'_c + r_{s,c})}$$

$$d = e_i - e_a$$

式中：a_0 —— CO_2 通量对干物质产量（g/cm^2）的换算系数；

　　　$b_0 = 0.622\rho/p$，ρ 是空气密度，p 为大气压力；

　　　a_1，b_1 —— 分别为 CO_2 和水汽扩散量的日平均值对白天平均值的比例常数；

　　　$r'_c + r_{s,c}$ —— 植物群落对 CO_2 扩散输送的平均阻抗；

　　　$r_c + r_{s,w}$ —— 蒸腾水汽的平均气孔阻抗；

　　　e_i，e_a —— 分别为植物群落内 Z_C 高度和参考高度 Z_R 的水汽压；

　　　C_a，C_i —— 分别为植物群落参照高度和群落内叶片气孔 CO_2 浓度；

　　　d —— 群落内外水汽压差，可以近似地用饱和差代替；

R_n —— 年净辐射，kcal/（cm^2 · a）；

β —— 波恩比；

B —— 由 g H$_2$O/（cm^2 · a）到 t H$_2$O/（hm^2 · a）的转换系数；

l —— 水的蒸发潜热，kcal/g H$_2$O。

生理生态学模型不仅考虑了水热平衡对植被生产力的影响，还考虑了 CO$_2$ 浓度及其扩散条件的生理效益。模型中的饱和差 d 和波恩比 β 均随空气干燥度的增大而增大，因此，植被的气候生产力将随气候干燥度的增大而减小。用该模型估算局部范围的植被气候生产力可获得较为精确的结果。但在大尺度的空间范围内，用局部小气候资料代入公式所得的结果将会产生较大的误差，使这类模型的实用性受到限制。故实际应用上更多的还是采用半理论半经验模型。

③ 半理论半经验模型。这类模型以生理生态学模型为基础，在某些参数的选定上则采用经验方法，著名的 Chikugo 模型便属于这一类，其表达式为

$$\text{NPP} = 0.29\exp[-0.216(I_{Rd})^2] \cdot R_n \qquad (4\text{-}21)$$

式中：NPP —— 植被净第一性生产力，tDM/（hm^2 · a）；

I_{Rd} —— 辐射干燥度；

R_n —— 净辐射，kcal/（cm^2 · a）。

该模型在推导过程中是以土壤水分供给充分，植物生长茂盛的蒸散值来估算自然植被净第一性生产力的，因而在干旱、半干旱地区应用时误差较大。周广胜、张新时（1995）根据植物生理生态学特性及区域实际蒸散模式，提出了一个联系植物生理生态学和区域水热平衡关系的自然植被净第一性生产力模型：

$$\text{NPP} = I_{Rd}\frac{rR_n(r^2 + R_n^2 + rR_n)}{(R_n + r)(R_n^2 + r^2)}\exp\left[-(9.87 + 6.25I_{Rd})^{1/2}\right] \qquad (4\text{-}22)$$

该模型在干旱、半干旱地区应用时效果要优于 Chikugo 模型。纵观上述模型，植被净第一生产力被表示成温度、降水及净辐射等气象要素，或是由气象要素综合推得的气候指标，如辐射干燥度、实际蒸散等的函数。众所周知，不同的生物群区类型表征了不同的气候特征，利用一定的气候指标，建立估算自然植被净第一性生产力模型已是公认的气候-植被关系研究方法。除模型法外，通过仪器测定植物叶片的光合与呼吸情况，也能够得到植物生产力数据。但工作相对复杂，成本较高。

有关研究及改进模型的报道见闫淑君等的《自然植被净第一性生产力模型的改进》。该文献中关于朱志辉的 Chikugo 模型改进的北京模型、刘洪杰的水热双因子复合模型、笔者的改进 NPP 模型均可在实际工作中参考。

4.2.3.9　系统分析法

系统分析既是一种解释性的，又是一种规定性的方法论。目前，系统分析作为一种一般的科学方法论，已被各国所认可和采用，运用于广泛的研究领域之中，特别是在解决有风险和不确定性的系统的改进上。随着应用数学以及运筹学的进一步发展，高容量、多功能的电子计算机的出现，系统方法自身及应用范围不断深化和扩展，它构成了分析的主导性或基础性的方法。但过分依赖于定量的分析方法与技术，忽视超理性等超出系统分析范围的东西，导致了系统分析的滥用，达不到预期的目的。

系统分析是近代数学发展起来的一种分析方法，可用于深入理解和预测一个复杂系统的行为。一般的做法是：将生态系统中的理化及生物学概念翻译成一套数学关系，对这套关系进行数学运算，然后再把所得结果翻译为实体概念。系统是由若干相互联系、相互作用的组成部分所构成的具有一定功能的综合整体。一个特定地区内由各种生物及其自然环境通过能流及物质循环而相互联系共同组成的整体，则为一个生态系统。根据系统的本质及其基本特征，可以将系统分析的内容相对地划分为系统的整体分析、结构分析、层次分析、相关分析和环境分析等几个方面。

（1）整体分析

整体性是系统最基本的属性或特征之一。因而，整体分析也就构成系统分析的一个主要内容。根据系统论的原理，任何系统都是由众多的子系统所构成的，子系统又是由单元和元素所构成的。系统的性质、功能与运行规律不同于它的各个组成部分在独立状态时的性质、功能和运动规律，它们只有在整体意义上才能显示出来。系统的整体体现了各个组成要素所没有的新质、新功能和整体运行规律，这就是"整体大于各部分之和"的原理（加和定理）；另一方面，作为系统整体的组成要素的性质和功能也不同于它们在独立时的性质与功能，当它们作为系统的一部分与周围环境发生作用时，并不是代表孤立的要素本身，而是代表系统整体。用整体分析法进行政策研究的核心是：从全局出发、从系统、子系统、单元、元素之间以及它们与周围环境之间的相互关系和相互作用中探求系统整体的本质和规律，提高整体效应，追求整体目标的优化。系统的优化从整体与局部的关系看有如下三种情况：

① 局部的每个子系统的效益都好，组合起来的系统整体也最优；

② 局部子系统的效益好，但系统整体的效益没有达到最优；

③ 局部子系统的效益并不最优，而系统的整体效益较优。

人们已经发展出一系列的定量分析方法或技术，可以用来做整体优化分析尤其是整体分析，这些方法和技术有线性规划、非线性规划、动态优化和排队论等。

（2）结构分析

结构分析是系统分析的一个组成部分。所谓系统的结构是指系统内部诸要素的排列组合方式。同样一些要素，排列组合的方式不同，就可能具有完全不同的性质、特征与功能。对于一个复杂的系统来说，如果没有一个确定其合理结构的方法，没有一个考虑整体优化的方案，那么，系统的分析和设计也就无法进行，也将对系统的运行产生不良的后果。结构分析是寻求系统合理结构的途径或方法，其目的是找出系统构成上的整体性、环境适应性、相关性和层次性等特征，使系统的组成因素及其相互关联在分布上达到最优结合和最优输出。人们提出了如下两个公式来表达结构分析的基本原理：

$$E=\max P\ (X,\ R,\ C) \tag{4-23}$$
$$P \rightarrow G$$
$$P \rightarrow O$$
$$S_{opt}=\max\ \{S/E\} \tag{4-24}$$

其中，X 是系统组成要素的集合；R 是系统组成要素的相关关系的集合；C 是系统要素及其相互关联在各层次上的可能分布形式；P 是 X、R、C 的结合效果函数；"$P \rightarrow$" 表示这个函数对应于某种条件，例如 $P \rightarrow G$ 表示 P 函数对应于系统目标集的条件，$P \rightarrow O$ 表示 P 函数对应于环境因素约束集的条件；E 表示 P 函数在两个对应条件下所能达到的最优结合效果；S_{opt} 的关系式表示具有最佳结合效果的结构中能给出最大输出的系统。结构分析的任务，就是寻求 X、R、C 之间最优结合形式，使系统稳定条件下结合效果最优，系统输出最大。

（3）层次分析

系统分析中的层次分析法（AHP）产生于 20 世纪 70 年代，是美国著名运筹学家萨蒂提出的。层次分析的基本思路是：明确问题中所包含的因子及其相互关系，将各因子划分为不同层次；从而形成多层次结构，通过对各层次因子的比较分析，建立判断矩阵，并通过判断矩阵的计算将不同政策方案按重要性或适用性大小排列，为最优方案的选择提供依据。层次分析首先要解决系统分层及其规模的合理性问题，层次的划分要考虑到系统传递物质、能量和信息的效率、质量和费用等因素；其次要使各个功能单元的层次归属合理。

（4）相关分析

系统论告诉我们，构成系统的各个子系统、单元和要素之间以及它们与环境之间是相互联系和相互作用的，这一特征叫作系统的相关性（有机关联性）。相关性首先体现在系统与要素之间的不可分割的联系。在系统整体中，各要素并不是孤立存在的，而是由系统的结构联结在一起，相互依存、相互作用。如果其中一项发生变化，就会影响其他要素也发生变化。其次，相关性体现在要素与系统整体的关系中。要素与系统整体相适应，一旦要素改变，整体必然发生改变；同样，系统整体发生改变，系统要素也必然发生变化（要素与系统之间的相互作用是通过结构这一中介来实现的）。再次，相关性表现在系统与环境的关系方面，即系统的改变引起环境的变化，环境的变化也会导致系统的变化；系统创造自己的环境，环境又规定着自己的系统。最后，相关性还表现在系统发展的协同性上。协同性是指系统发展变化中各部分发展变化的同步性，即系统的变化必然引起各要素以及环境的变化，这种变化又不是杂乱无章的，而是有规律可循的，这个规律就是同步性（顺便说，协同学是系统论在当代的新成就，它以协同性作为研究对象）。

（5）环境分析

系统论认为，系统与环境是处于相互联系和相互作用之中。系统以外界的条件或环境作为存在和发展的土壤。环境是指系统之外的所有其他事物或存在，即系统发生、发展及运行的生态条件或背景。一个系统总是处于更大的系统之中，成为更大系统的子系统，因而更大的系统则构成该子系统的生态环境。系统与环境的相互联系和相互作用表现在：一方面，环境是系统的存在和发展的前提条件，环境影响、制约，甚至决定系统的性质与功能；另一方面，系统的存在和发展也改变着周围的环境，系统作用的不同将引起环境发生变化。系统与环境这种不断进行着的物质、能量和信息的交换，使系统具有环境适应性特征。环境分析是系统分析的一个重要内容。因为系统的状态，系统的问题同环境存在着这种相互联系、相互作用的特征，所以，分析环境与系统的关系是接近系统问题的必要步骤。要确定系统及其问题的边界和约束条件，必须对环境作出分析，系统分析的许多资料也来源于环境。因此，环境分析是系统分析中的一项不可或缺的工作。

4.2.3.10 地理元胞自动机

生态影响预测问题研究与地理信息系统（GIS）、遥感（RS）和全球定位系统（GPS）的 3S 技术及人工神经网络、遗传算法、小波分析、元胞自动机、混沌、分形分维等科学新技术的有机结合，是未来研究的主要方向之一。其中有些如 3S 技术、元胞自动机、人工神经网络、遗传算法、分形分维等技术在生态影响预测中应用的研究已取得了初步或显著进展，其成果有的已在实践应用中获得了较好的效果。其中以元胞自动机为典型代表之一。

元胞自动机（Cellular Automata，CA）是一种时空离散的局部动力学模型，是复杂系统研究的一个典型方法，特别适合用于空间复杂系统的时空动态模拟研究。不同于一般的动力学模型，元胞自动机不是由严格定义的物理方程或函数确定，而是用一系列模型构造的规则构成。凡是满足这些规则的模型都可以算作是元胞自动机模型。因此，元胞自动机是一类模型的总称，或者说是一个方法框架。在这一模型中，散布在规则格网（lattice grid）中的每一元胞（cell）取有限的离散状态，遵循同样的作用规则，依据确定的局部规则作同步更新。大量元胞通过简单的相互作用而构成动态系统的演化。其特点是时间、空间、状态都离散，每个变量只取有限多个状态，且其状态改变的规则在时间和空间上都是局部的。

所谓元胞自动机模型是指一类由许多相同单元组成的，根据一些简单的邻域规则，即能在系统水平上产生复杂结构和行为的时间、空间离散型动态模型（邬建国，1999）。利用元胞自动机模拟景观格局在各种自然条件和人为影响下的演化，可以明确而直接地为景观格局优化提供依据。

典型的元胞自动机模型的机理如下：

将研究区域划分成若干个大小形状一致的单元，这些单元称为元胞，是元胞自动机的最基本组成单位，所有的元胞空间网点集合构成元胞空间。在元胞空间中每个元胞都具有有限个离散状态和预定义的邻居，每个元胞的当前状态以及邻居的状况决定了下一时刻该元胞的状态，即元胞状态的转变受规则控制，而且这个规则是全局一致的（Wolfram，1984；Wang et al.，1998；Wang et al.，2001；宋卫国，等，2001；Fu et al.，Zhou et al.，2004）。同质性、并行性、局部性是元胞自动机的核心特征，任何对元胞自动机的扩展应当尽量保持这些核心特征，尤其是局部性特征。元胞自动机在格子状网格（L）空间下，以有限的细胞状态集（Q）、有限的邻域数目（N）及局部的转换函数 δ 等基本单元组成下，可以用 $A=(Ld, Q, N, \delta)$（d 为维度数；$N=(S_1, S_2, \cdots, S_n; n=$邻域数目)）表示（Worsch，1997）。元胞自动机的细胞（cell）是在时间、空间皆离散，在一定规则变化下具有限的离散状态。其基本组成单元包括网格（lattice）、细胞状态（cellstates）、邻域（neighbor）、转换规则（transitionrules）及时间（time）等五大部分。

元胞自动机方法可有效预测生态学领域中的物种、种群、群落、生态系统、景观类型以及土地利用模式等方面的时空动态变化。

4.2.3.11 宏观生态学方法

宏观生态学是研究生态系统以上层次的生态学，研究对象为大尺度复杂系统，研究内容和方法都具有不同于传统生态学的明显特点。重视对空间异质性的研究，重视人类的生态作用，注意运用等级结构理论，其研究结果常常是非实验性和非稳定性的。遥感和地理信息系统是空间数据采集和管理、分析的主要手段，景观分析和景观模型是宏观生态研究的重要方法，定位观测试验的网络研究则是实现宏观整体研究的必由之路（肖笃宁，1994）。

宏观生态学是以系统生态学和景观生态学为基础的高层次的研究生态演变的科学，实际上也是近年来景观生态学、区域生态学或全球生态学发展的成果。研究者站在更高的角度上"俯视"研究对象所在的区域，从长远和大尺度范围研究区域生态，甚至全球生态，研究人与自然的协调性，以促进人类与自然的和谐发展。

目前，一些学者的宏观生态学研究主要有土地利用、覆盖变化及其生态影响，城市化过程对生物多样性及生态系统功能的影响，可持续性生态恢复，以及草地、森林与湿地的生态管理及生态服务等。笔者认为这只是宏观生态学研究的初级阶段。实际上，宏观生态学将大量地应用卫星遥感及地理信息系统，并与气候变化结合起来进行研究，从大尺度研究生物及其环境变化趋势或大尺度生态系统演变过程。其在土地利用规划及城市建设规划、区域开发与景观设计等方面具有广泛的应用前景。因此，宏观生态学的研究与应用尺度，可以小至几十平方千米，大到整个地球，是站在更高的角度，从大区域研究生态完整性、稳定性及其变化，其目的是为了从长远和大尺度或全球范围研究自然环境的变化趋势，进而保护人类的生态安全。

宏观生态学在开发建设项目或区域、流域、海域开发或战略规划环境影响评价方面的应用，主要是评价区域性开发建设或大面积开发建设项目或区域性规划或战略规划的实施所产生的次生或累积影响对区域整体生态或景观的影响。

从宏观生态的角度来评价开发建设项目的生态影响，就不能局限于项目占地区而应考虑到对整个区域的生态及景观格局的影响，且应从生态功能或效益的变化来分析、评价其生态影响，而且可以是跨区域的生态影响评价。其主要评价内容应该包括以下几个方面：

① 评价开发建设项目与区域生态及景观的协调性。

② 评价对区域生态演变趋势的影响。

③ 评价有可能导致的次生、累积或间接生态影响。

④ 评价大区域开发可能导致该区域或相关区域，甚至跨区域的长远的、大范围的生态不利影响，甚至生态损失或灾害。

因此，宏观生态学在环境影响评价方面的应用，更重要的是一个战略设想、一种思维方式或技术思路，也可以是宏观模拟或推演的技术方法。这对于从大尺度或从战略性高度进行生态影响评价具有十分重要的意义。

4.3 重点评价内容与方法选择

4.3.1 生物多样性的测定与评价

生物多样性的测定和评价是生态机理分析方法应用领域之一。

（1）生物多样性测定内容

通常种的多样性测定主要包含以下两种：

① 种的数目或丰富度（species richness），指一个群落或生境中物种数目的多寡。Poole（1974）认为只有这个指标才是唯一真正客观的多样性指标。在统计种的数目的时候，需要说明多大的面积，以便比较。在多层次的森林群落中必须说明森林的层次和林木的径级，否则是无法比较的。

② 种的均匀度（species evenness or equitability），指一个群落或生境中全部物种个体数目的分配状况，它反映的是各物种个体数目分配的均匀程度。

（2）多样性的测定

测定多样性的方法较多，其中有代表性的有以下几种：

① 丰富度指数。由于群落中物种的总数与样本含量有关，所以这类指数是可比较的。生态学上用过的丰富度指数很多。

A．Gleason（1922）指数：

$$D = \frac{S}{\ln A} \tag{4-25}$$

式中：A——单位面积；

　　　S——群落中物种数目。

B．Margalef（1951，1957，1958）指数：

$$D = \frac{S-1}{\ln N} \tag{4-26}$$

式中：S——群落中的总种数；

　　　N——观察到的个体总数（随样本大小而增减）。

② 多样性指数，是丰富度和均匀性的综合指标，也有人称之为异质性指数（Letero-genity indices）或种的不齐性（species heterogenity）。应指出的是，应用多样性指数时，具低丰富度和高均匀度的群落与具高丰富度与低均匀度的群落，可能得到相同的多样性指数。辛普森指数和香农-威纳指数是两个最著名的计算公式。

A. 辛普森多样性指数（Simpson's diversity index）。辛普森在 1949 年提出过这样的问题：在无限大小的群落中，随机取样得到同样的两个标本，它们的概率是什么呢？如在加拿大北部寒带森林中，随机采取两株树标本，属同一个种的概率就很高。相反，如在热带雨林随机取样，两株树为同一种的概率很低。他从这个想法出发得出多样性指数。

辛普森多样性指数=随机取样的两个个体属于不同种的概率
=1−随机取样的两个个体属于同种的概率

设种 i 的个体数占群落中总个体数的比例为 P_i，那么，随机取种 i 两个个体的联合概率应用 $(P_i) \times (P_i)$，或 P_i^2。如果我们将群落中全部种的概率合起来，就可得到辛普森指数，即

$$D = 1 - \sum_{i=1}^{s} P_i^2 \qquad (4\text{-}27)$$

假定取样的总体是一个无限总体（在自然群落中，这一假定一般是可以成立的），那么 P_i 的真值是未知的；它的最大必然估计量是 $P_i = N_i/N$，我们可以用 $1 - \sum_{i=1}^{s} P_i^2 = 1 - \sum_{i=1}^{s} (N_i/N)^2$ 作为总体 D 值的一个估计量（它是有偏的）。于是

$$D = 1 - \sum_{i=1}^{s} P_i^2 = 1 - \sum_{i=1}^{s} (N_i/N)^2 \qquad (4\text{-}28)$$

公式（4-28）是实际计算中被采用的公式。

辛普森多样性指数的最低值是 0，最高值为 $(1-1/s)$。前一种情况出现在全部个体均属于一个种的时候，后一种情况出现在每个个体分别属于不同种的时候。

例如，甲群落中 A、B 两个种的个体数分别为 99 和 1，而乙群落中 A、B 两个种的个体数均为 50，按辛普森多样性指数计算，则

$$D_1 = 1 - \sum_{i=1}^{2} (N_1/N)^2 = 1 - \left[\left(\frac{99}{100} \right)^2 + \left(\frac{1}{100} \right)^2 \right] = 0.019\,8$$

$$D_2 = 1 - \sum_{i=1}^{2} (N_2/N)^2 = 1 - \left[\left(\frac{50}{100} \right)^2 + \left(\frac{50}{100} \right)^2 \right] = 0.500\,0$$

乙群落的多样性高于甲群落。造成这两个群落多样性差异的主要原因是种的不均匀性。从丰富度来看，两个群落是一样的，但均匀度不同。

B. 香农-威纳指数（Shannon-Weiner index）。信息论中熵的公式原来是表示信息的紊乱和不确定程度的，也可以用来描述种的个体出现的紊乱和不确定性，这就是种的多样性。香农-威纳指数即是按此原理设计的，其计算公式为

$$H = -\sum_{i=1}^{s} P_i \log_2 P_i \qquad (4\text{-}29)$$

公式（4-29）中对数的底可取 2、e 和 10，但单位不同，分别为 nit、bit 和 dit；H 为信息量（information content），即物种的多样性指数；S 为物种数目；P_i 为属于种 i 的个体在全部个体中的比例。

信息量 H 越大，未确定性也越大，因而多样性也就越高。仍以前面的例子计算，则：

$$H_1 = -\sum_{i=1}^{2} P_i \log_2 P_i = -(0.99 \times \log_2 0.99 + 0.01 \times \log_2 0.01) \qquad (4\text{-}30)$$

单位：0.081 nit/个体。

$$H_2 = -\sum_{i=1}^{2} P_i \log_2 P_i = -(0.50 \times \log_2 0.50 + 0.50 \times \log_2 0.50) \qquad (4\text{-}31)$$

单位：1.00 nit/个体。

可见，乙群落的多样性更高一些，这与用辛普森指数计算结果是一致的。在香农-威纳多样性指数中包含两个因素：一个是种类数目，即丰富度；另一个是种类中个体分配上的平均性（equitability）或均匀性（evenness）。种类数目多，可增加多样性；同样，种类之间个体分配的均匀性增加也会使多样性提高。当 S 个物种每一种恰好只有一个个体时，$P_i=1/S$，信息量最大，即 $H_{\max} = -S\left(\dfrac{1}{S}\log_2\dfrac{1}{S}\right) = \log_2 S$。当全部个体为一个物种时，则信息量最小，即多样性最小，$H_{\min} = -\dfrac{S}{S}\log_2\dfrac{S}{S} = 0$。我们据此可定义下面两个公式：

均匀度： $E=H/H_{\max}$ （4-32）

式中，H —— 实际观察的种类多样性；

$H_{\max}$ —— 最大的种类多样性。

不均匀性： $R = \dfrac{H_{\max} - H}{H_{\max} - H_{\min}}$ （R 取值 0~1）   （4-33）

（关于生物多样性的测定可参考马克平的"生物群落多样性的测度方法"，见钱迎倩、马克平主编的《生物多样性研究的原理与方法》，中国科学技术出版社，1995 年，pp.141-165。）

4.3.2　区域生态敏感性评价

生态敏感性是指生态系统对人类活动干扰和自然环境变化的反映程度，说明发生区域生态环境问题的难易程度和概率大小（Batty et al.，1999）。在自然状态下，各种生态过程维持着一种相对稳定的耦合关系，保证着生态系统的相对稳定，而当外界干扰超过一定限度时，这种耦合关系将被打破，某些生态过程会趁机膨胀，导致严重的生态问题。简言之，生态敏感性就是生态系统对内在和外在因素综合作用引起环境变化的响应强弱程度（Batty et al.，1994，1997）。敏感性高的区域，生态系统容易受损，应该是生态环境保护和恢复建设的重点，也是人为活动受限或者禁止地区。因此在生态现状评价中应将其识别出来，确定为生态现状评价的重点。

结合目前该方面已经开展的工作，区域生态敏感性评价涉及主要技术方法如下：

一是使用德尔菲法通过生态因子评分法对生态敏感性进行分析评价，然后根据不同区域的生态敏感性等级采取相应的保护及开发措施。该方法操作简单、直观易懂。属于定性和半定量研究，具有一定的人为主观因素。

采用加权叠加方法，将各评价因子进行叠加分析，具体计算公式为

$$S = \sum_{m=1}^{n} V_{mi} W_m \tag{4-34}$$

式中：S——生态敏感性评价值；

m—— i 类生态影响因素的因子编号；

n—— i 类生态影响因素的因子总数；

V_{mi}—— i 类生态影响因素的第 m 个因子的适宜度评价值；

W_m——第 m 个因子对生态敏感性的影响权值，$W_1+W_2+\cdots+W_m=1$。

二是利用 GIS 系统平台，制定生态敏感性各个单因子的标准及其权重，建立综合评价指标体系，根据确定的评价标准利用 AHP 法确定各因子的权重，最终利用 ArcGIS 空间分析模块进行生态敏感性评价。该方法客观全面，但对于单因子的选择和权重划分具有一定的主观性（Batty et al.，1997；Chen et al.，2003）。

各因子的权重可采用专家打分法（德尔菲法）确定。通过建立判断矩阵，根据一致性检验公式 CI =（$\lambda_{\max}-n$）/（$n-1$），计算 CI 值，判断矩阵的随机一致性比 CR = CI/RI，即 CR 小于 0.10，故认为判断矩阵具有令人满意的一致性。

这两种方法的核心均为建立生态敏感性分析评价指标体系。由于生态环境系统具有综合性和复杂性特点，其指标体系的选取不宜过细，否则难免交叉重叠。

指标体系的建立可以采用 AHP 法。首先建立目标层，确定为综合生态敏感性；建立指标层，其具体指标因视不同区域的特点而定；确定各指标的分级评价标准，标准可来源于国家有关生态功能区划工作生态敏感性指标体系分级标准，参照国家制定和颁布的有关环境标准、行业标准与设计标准，有关省区生态环境质量指标分级、评分标准。通过指标因子的确定和分级评价标准的确定，从而最终建立区域生态敏感性评价指标体系。

4.3.3 区域生态脆弱性评价

区域生态脆弱性评价是景观生态学在生态评价中的应用之一，是用景观生态学的基本概念、原理与有关生态标准（如土壤侵蚀分级标准），并结合专家判断与计算模式及权重赋值，对区域生态格局、生态脆弱性进行评价。以选取能反映生态环境脆弱性特征的景观分离度、分形维数、破碎度、敏感性指数、土壤侵蚀敏感性系数等进行评价。国内有关学者总结的常用计算模式如下，可在实际工作中参考选用。

（1）分离度

$$FI = D_i/S_i$$
$$S_i = A_i/A \tag{4-35}$$
$$D_i = \frac{1}{2}\sqrt{n/A}$$

式中：FI —— 景观分离度；

n —— 景观类型 i 的元数；

A_i —— i 类景观的面积；

A —— 评价区总面积。

（2）分维数倒数

$$FD = \frac{1}{2\log(P/4)/\log A} \tag{4-36}$$

式中：FD —— 分维数倒数；

P —— 斑块周长；

A —— 斑块面积。

（3）破碎度

$$FN = MPS \cdot (N_f - 1)/N_c \tag{4-37}$$

式中：FN —— 景观类型的破碎化指数，介于 0～1，0 表示完全未被破坏，1 表示被完全破坏；

MPS —— 由景观内所有斑块的平均面积除以最小斑块面积得到；

N_f —— 某景观类型的斑块总数；

N_c —— 研究区景观总面积除以最小斑块面积之值。

（4）土地沙化敏感性指数

$$SD_i = \sum_{j=1}^{n} \frac{A_{ij}}{A_i} \cdot W_{ij}$$　　　　　　（4-38）

式中：SD_i —— i 景观类型的土地沙化敏感性指数；

　　　A_{ij} —— i 景观类型分布在 j 沙化敏感级上的面积；

　　　A_i —— i 景观类型总面积；

　　　W_{ij} —— i 景观类型相对于 j 沙化敏感级的权重；

　　　i —— 景观类型；

　　　j —— 土地沙化敏感级；

　　　n —— 景观类型总数。

（5）土壤侵蚀敏感性指数

$$SW_i = \sum_{j=1}^{n} \frac{B_{ij}}{B_i} \cdot S_{ij}$$　　　　　　（4-39）

式中：SW_i —— i 景观类型的土壤侵蚀敏感性指数；

　　　B_{ij} —— i 景观类型分布在 j 土壤侵蚀敏感级上的面积；

　　　B_i —— i 景观类型总面积；

　　　S_{ij} —— i 景观类型相对于 j 土壤侵蚀敏感级的权重；

　　　i —— 景观类型；

　　　j —— 土壤侵蚀敏感级；

　　　n —— 景观类型总数。

（6）景观脆弱度指数

$$VI_i = \alpha \cdot FI_i + \beta \cdot FD_i + \gamma \cdot FN_i + \delta \cdot SD_i + \kappa \cdot SW_i$$　　　　　　（4-40）

式中：VI_i —— 景观类型 i 的脆弱度指数；

　　　FI_i、FD_i、FN_i、SD_i、SW_i —— 分别为景观类型 i 的分离度、分维数倒数、破碎度、沙化敏感性指数和土壤侵蚀敏感性指数；

α、β、γ、δ、κ 为权重。

（7）区域生态脆弱度计算模型

$$EVI = \sum_{i=1}^{n} \frac{A_i}{TA} \cdot VI_i \qquad (4\text{-}41)$$

式中：EVI ——区域生态脆弱度；

　　　A_i ——样地中景观类型 i 的面积；

　　　TA ——样地总面积；

　　　VI_i ——景观类型 i 的脆弱指数。

在生态脆弱性评价的同时，对于处于全国生态脆弱区的开发建设项目环境影响评价，在提出具体措施和环保方案方面中要注意贯彻落实《全国生态脆弱区保护规划纲要》（环境保护部，2008）。

4.3.4 环境承载力

环境承载力指的是在某一时期、某种状态下、某一区域环境对人类社会经济活动的支持能力的阈值。环境所承载的是人类行动，承载力的大小可用人类行动的方向、强度、规模等来表示。环境承载力的分析方法的一般步骤为：

① 建立环境承载力指标体系；

② 确定每一指标的具体数值（通过现状调查或预测）；

③ 针对多个小型区域或同一区域的多个发展方案对指标进行归一化。m 个小型区域的环境承载力分别为 E_1，E_2，$\cdots$，E_m，每个环境承载力由 n 个指标组成 $E_j = \{E_{1i}, E_{2j}, \cdots, E_{nj}\}$，$j=1$，2，$\cdots$，$m$；第 j 个小型区域的环境承载力大小用归一化后的矢量的模来表示；

④ 选择环境承载力最大的发展方案作为优选方案。环境承载力分析常常以识别限制因子作为出发点，用模型定量描述各限制因子所允许的最大行动水平，最后综合各限制因子，得出最终的承载力。承载力分析方法尤其适用于累积影响评价，是因为环境承载力可以作为一个阈值来评价累积影响显著性。在评价下列方面的累积影响时，承载力分析较为有效可行：基础设施规划建设、空气质量和水环境质量、野生生物种群、自然娱乐区域的开发利用、土地利用规划等。

4.3.5 资源承载力

资源承载力是指在一定技术水平下，资源对现有人口和未来人口的支撑能力，而且要求在达到这种支撑能力时，对资源开发和利用不应超过资源和环境容量，不能以破坏或过度利用经济发展赖以维持的资源和环境为代价，多数人认为土地资源承载力是基本承载力，另外水资源承载力也是重要的评价内容。

（1）土地资源承载力

通常情况下，土地资源承载力是指"在一定的生产条件下，单位面积土地上的生产能力，及其在一定生活水平下，依靠自身所能供养的人口限度"。但随着生态学学科发展和各行业核算土地资源生产潜力的要求下，逐渐出现了以能够承受多大资源开发强度（如建设用地和矿产开发等）为主的土地资源承载力研究新方向，总而言之，土地承载力的诸多定义可综述如下：一定技术水平、投入强度下，一个国家或地区在不引起土地退化，或不对土地资源造成不可逆负面影响，或不使环境遭到严重退化的前提下，能持续、稳定支持具一定消费水平的最大人口数量，或具一定强度的人类活动规模（原华荣，等，2007）。土地资源承载力一般划分为富余、平衡、临界三种级别类型。土地资源承载力评价方法如下：

1）评价指标的数据获取及量纲一化处理。指标量纲不同，既可能有总量指标，也可能有比率指标，为了使各指标有可比性，对原始数据进行同度量处理，目前较常用的方法有相对化处理、标准化处理和函数化处理。相对化处理来消除量纲的影响计算公式：

对希望越大越好的指标：

$$V_{ij}=V_{jmin}+\left(V_{jmax}-V_{jmin}\right)/\left(F_{jmax}-F_{jmin}\right)\times\left(F_{ij}-F_{jmin}\right) \tag{4-42}$$

对希望越小越好的指标：

$$V_{ij}=V_{jmax}-\left(V_{jmax}-V_{jmin}\right)/\left(F_{jmax}-F_{jmin}\right)\times\left(F_{ij}-F_{jmin}\right) \tag{4-43}$$

式中：V_{ij} —— 量纲一化数据；

F_{ij} —— 原始数据；

V_{jmax} —— 量纲一化数据最大值；

V_{jmin} —— 量纲一化数据最小值；

F_{jmax} 量纲一化后为 V_{jmax}；F_{jmin} 量纲一化后为 V_{jmin}。

2）多指标权重的确定。指标权重的确定非常关键，有多种分析方法，如层次分析法、均方差决策法、主成分分析法、德尔菲法等，同时可以运用层次分析法（AHP）的两两对比产生要素层的影响权重。均方差决策法的基本思路是：以量纲一化的属性值为各评价指标随机变量的取值，首先求出这些值的均方差，再将这些均方差归一化，其结果即为各指标的权重系数。计算步骤如下：

① 求随机变量的均值 E：

$$E=\frac{1}{n}\sum_{i=1}^{n}V \tag{4-44}$$

② 求均方差 F：

$$F = \sqrt{\sum_{i=1}^{n} (V_n - E)^2} \tag{4-45}$$

③ 求指标的权重 W：

$$W = \frac{F}{\sum_{j=1}^{m} F} \tag{4-46}$$

3）综合承载指标的计算与汇总。土地综合承载力是一个多层次的系统，各要素之间相互依存、相互制约，对整个土地承载力的影响都很重要，有着不可替代的作用。综合承载力的指标等于各要素评价指标之和，经计算得出土地综合承载力的指标，计算公式如下：

$$S = W \cdot F \tag{4-47}$$

式中：S—— 承载力指数；

　　W—— 指标权重；

　　F—— 量纲一化后的数据。

资源承载力影响着一个地区基本生存与发展的支持能力，是可持续发展的重要体现。对一个国家或地区的综合发展及发展模式的运作起着至关重要的作用，社会经济的发展必须控制在资源承载力之内，这样才能通过以资源的可持续利用来实现社会、经济和生态环境的可持续发展。土地综合承载力指标的研究可以为该地区的发展、规划起到一个预警的作用，为科学地制定保护规划和合理政策提供充分的依据。

（2）水资源承载力

水资源承载力是随着全国乃至全球范围内水问题的产生、水资源的紧缺应运而生的。联合国教科文组织（UNESCO）把"资源承载力"定义为："一个国家或地区在可预见的期间，利用本地能源及其自然资源和智力、技术等条件，在保证符合其社会文化准则的物质生活水平条件下，该地区或国家能持续供养的人口数量。"同样，水资源作为自然资源的一种，衡量其承载力的标准归根结底是所能承载的基于一定生活水平的人口数量，故对水资源承载力定义又可以为一个流域或地区，在一定阶段的社会经济和科学技术条件下，在水资源合理利用的前提下，当地水资源能支撑的基于一定生活水平的最大人口数量。水资源承载力计算方法如下。

现阶段研究水资源承载力应用的数学模型主要有两类：一类是应用系统动力

学模型进行仿真预测，得到在不同情景策略下水资源承载力的预测结果。另一类是建立目标优化模型，应用水资源优化配置理论，考虑水资源、水环境和社会经济发展的各种约束条件，研究不同策略情景下水资源所能承载的经济和人口规模。

水资源承载力分析涉及自然水资源系统和社会系统的方方面面，是典型的复杂系统问题。在系统分析的基础上建立水资源承载力计算模型，可计算现状年水资源承载力，属于第二类数学模型，即建立目标优化模型，应用水资源优化配置理论，考虑水资源、水环境和社会经济发展的各种约束条件，研究不同策略情景下水资源所能承载的经济和人口规模。

① 变量确定。

A．经济变量：人均 GDP 及各产业对 GDP 的贡献值；

B．生活变量：人均用水定额 R；

C．资源变量：可用水资源量 W。

② 模型目标。衡量水资源承载能力大小归根结底是可承载的人口数量及其相应的生活水平，可用"水资源可承载人口数"这一综合性指标来反映，这样不仅直观，而且也便于不同阶段及不同区域间水资源承载力的分析比较。本次研究所建立的水资源承载力计算模型，立足于区域水资源的可能性，在考虑规划年社会经济的产业用水效益系数和居民生活用水水平等限制条件下，采用水资源系统能够支撑的基于一定生活水平下的最大承载人口数量为目标函数，即 POP 为区域水资源可承载人口数量。

③ 约束条件。

A．水资源供需动态平衡的约束：具体可以表示为研究区总供水量与总需水量之差不超过负值；生活变量为人均用水定额 R；供水能力约束为研究区规划年各类水源的供水量不应大于其最大供水能力。

B．人均生活用水量约束：规划年人均生活用水量不应小于基于相应生活水平下的最小值。

C．社会经济约束：规划年人均 GDP 不应小于相应生活水平下的最小值。

D．产业结构约束：也就是为了满足基于一定生活水平下人口对农产品、工业产品和服务业等第三产业的最低需求，各产业对 GDP 的贡献应不小于相应生活水平下的最小值。

E．非负约束：模型中所有变量均为非负值。

4.3.6　生态敏感保护目标影响评价

目前，开发建设项目涉及敏感保护目标（如自然保护区、世界自然文化遗产地等）时，往往在报告中设专门章节进行评价。但是根据敏感目标主管部门的要求，有的需要编写专题评价报告，单独评审、审批。

涉及敏感保护目标的，评价时需特别注意以下几个方面：

（1）符合法律法规

凡工程建设涉及敏感保护目标，必须弄清相关法律法规是如何要求的，即不能违法。

（2）科学评价

如果建设项目建在保护区用地界内，特别是需要征用缓冲区时，涉及保护区功能的重大调整，保护区管理部门要求进行单独编制针对保护区的生态影响专题报告的，则需要针对保护区的类型，主要评价建设项目对保护区结构、功能、重点保护对象及价值的影响。

注意不同类型的保护区的特征及不同的保护要求，野生动物类、野生植物类、历史遗迹类等各有特点，保护要求也不相同，项目对其影响的方式、程度各有差别。

对以野生植物为主要保护对象的生态敏感区，保护其生境是最重要的，主要分析评价对植被的分割影响及对植被生长的基本条件的影响（地形地貌、土壤物理化学特性、水系、水土流失、光照等）。所以需要弄清被保护动物的生理生态特性，掌握生境特征，分析对其生境（水源、食源、繁殖地、庇护所、栖息地、迁移通道、领域等）的影响。不需要单独编制针对保护区生态影响的专题报告书的项目，应用生态学原理等环境影响评价技术方法，实事求是地科学评价建设项目对敏感保护目标的影响。一般可采用"五段论"模式（见本书"3.4.2.2 生态敏感保护目标影响评价"）。

（3）比选方案

如果工程可行性研究或初步设计已有比选方案，则主要从环境影响角度分析工程提供的比选方案的环境可行性。对于工程没有提供比选方案的，则在环境影响评价工作中需要针对敏感保护目标，提出不同的比选方案，从中选出最优的方案。

比选方案，即多方案比选，是针对工程对生态敏感保护目标（特别是自然保护区、风景名胜区等国家法律、法规规定的重要保护目标）影响评价的重要方法。今后在环境影响评价中会越来越得到重视，甚至是不可或缺的评价技术方法。

4.3.7 水土流失与水土保持

① 水土流失现状调查时，注意收集各省、市、自治区"水土流失重点防治区

划公（通）告"，有的地市、县水土保持部门还细化了当地的水土流失区划，均应收集，作为技术支持文件，并从中了解项目所在区域的水土流失情况及水土保持要求。这个公告或通告，是水土保持专题分析与评价的重要依据。

② 收集本项目水土保持方案报告书。将该报告书中的主要内容作为环境影响评价报告书水土保持的内容。

③ 未做水土保持方案专项报告的项目，需先进行水土流失现状调查，调查地形地貌、坡度、降水、风力、地质灾害发生情况、植被类型及覆盖率、既有水保设施情况等，最后给出水土流失类型、年流失量、侵蚀等级、造成水土流失的原因。环评单位应根据项目建设情况及土石方量，作简要的水土流失分析，给出工程建设可能造成的新增水土流失量，并提出水土保持要求。

计算水土流失，就必然需要考虑土石方平衡问题。在一些工程建设中，土石方平衡是存在的、正常的，能做到土石方平衡对工程建设十分有利，可以节省投资，有利于减轻临时占地对生态环境的不利影响。但是，土石方不平衡也是正常的。有的工程挖方大于填方，有的填方大于挖方。比如要建一个地下车库，挖方肯定大于填方，否则地下车库就不能建设。因此，所谓土石方平衡，其要意是"尽可能移挖作填，减少弃方"。

对于公路、铁路等建设工程，设计单位在初步设计报告中往往会提供比较具体、详细的土石方表，表格较多、数据量大，环评单位没有必要完全将设计单位的表格抄录下来，而是在环境影响评价实际工作中，对设计报告中的土石方表进行总结、归纳，说清楚工程的挖方量、填方量、有多少挖方用作填方、工程挖方多于填方时有多少挖方被作为"弃方"弃入弃土坑，工程挖方量不足以用作填方时，又需从取土场借用多少（借方）。需要设置取土场、弃土场时，则需要对取、弃土场选址的环境合理性进行分析、评价。一般而言，在环评报告中给出一个土石方调运图（或表）是必要的。

④ 如果能够在当地水务、水土保持或水文部门收集到项目区的土壤侵蚀模数，则可根据项目影响面积与土壤侵蚀模数之积，计算出项目区现状水土流失量。

⑤ 对水土流失的预测，模型及计算方法较多，如 RUSLE2.0、WEPP、EUROSEM、LISEM、GUEST、WEPS 等，其中开源 ILWIS v3.5（http://52north.org）软件也有自带的模型进行计算。目前，最常用的是美国的水土流失方程：

$$A=R \cdot K \cdot L \cdot S \cdot C \cdot P \qquad (4-48)$$

式中：A —— 单位面积多年平均土壤侵蚀量，$t/(hm^2 \cdot a)$；

　　　R —— 降雨侵蚀力因子，$R=EI_{30}$（1 次降雨总动能与最大 30 min 雨强之积）；

K —— 土壤可蚀性因子，根据土壤的机械组成、有机质含量、土壤结构及渗透性确定；

LS —— 坡长因子，我国黄河流域雨强资料，$LS = 0.067L^{0.2}S^{1.3}$；

C —— 植被和经营管理因子，与植被覆盖度和耕作期相关；

P —— 水土保持措施因子，主要有农业耕作措施、工程措施、植物措施。

以上各因子可根据当地的情况，通过相关资料查得或计算获得其参数值，可参考《环境影响评价技术导则　地面水环境》（HJ/T 2.3—93）的"7.7.2 面源源强的确定方法及其推荐"中的内容。

⑥ 水土流失影响分析，主要是在现状水土流失的基础上，弄清水土流失原因，分析、计算由于项目建设新增的水土流失量。此外，还需要统计工程可能破坏的既有水保设施（有利于水土保持的自然的和人工的设施，包括自然植被、田埂、沉水凼、人工植被、排水沟、导水堰、挡土墙等）情况。

⑦ 水土保持防治措施一般应该根据项目建设内容进行防治分区，针对各区的不同要求，以及对被破坏的既有水保设施的补偿与恢复，提出具体的防治措施。

⑧ 一般防治措施包括工程措施、生物措施和管理措施。生态影响评价提出的保护措施要与水土保持措施相结合，不应相互矛盾。

⑨ 2008 年 9 月 8 日水利部颁发了《全国水土保持科技发展规划纲要》（2008 —2020）（水保[2008]361 号），开发建设项目环境影响评价也应在涉及水土保持方面实事求是地予以关注，不断应用成熟的、有效的新技术和新方法防治水土流失。

参考文献

[1] Batty M，Xie Y，Sun Z. Modeling urban dynamics through GIS-based cellular automata. Computer[J]. Environmental and Urban Systems，1999，23：1-29.

[2] Batty M，Xie Y. Fromcellstocities[J]. Environmentand PlanningB：Planning and Design，1994，21：531-548.

[3] Batty M，Xie Y. Possible urban automata[J]. Environment and Planning B，1997，24：175-192.

[4] Chen Q，Mynett A E. Effect of cell size and configuration in cellular automata based prey-predator modeling[J]. Simulation Modelling Practice and Theory，2003，11：609-625.

[5] Chen R J，Lai Y T，Lai J L. Architecture design and VLSI hardware implementation of image encryption/decryption system using re-configurable 2-D Von Neumann cellular automata. in Proceedings of IEEE International Symposium on Circuits and Systems（ISCAS '06），153-156，Island of Kos，Greece，May 2006.

[6]　Cheng J，Masser I. Understanding spatial and temporal processes of urban growth：cellular automata modeling[J]. Environment and Planning B：Planning and Design，2004，31：167-194.

[7]　Clark K C，Gaydos L J，Hoppen S.A Self-modified Cellular Automaton Model of Historical Urbanization in the San Francisco Bay Area[J]. Environment and Planning B，1997，24：247-261.

[8]　Clarke K C，Gaydos L J. Loose-coupling a cellular automaton model and GIS：Long-term urban growth prediction for San Francisco and Washington/Baltimore[J]. Int. J. Geographic Information Science，1998，12（7）：699-714.

[9]　Couclelis H. From Cellular Automaton to Urban Models：New Principles for Model Development and Implementation[J]. Environment and Planning B，1997，24：165-174.

[10]　Kenichi M. A Simple Universal Logic Element and Cellular Automata for Reversible Computing，Proceedings of the Third International Conference on Machines，Computations，and Universality，102-113，May 23-27，2001.

[11]　Kocabas V，Dragicevic S. Assessing cellular automata model behaviour using a sensitivity analysis approach[J]. Computer，Environment and Urban Systems，2006，30：921-953.

[12]　Lett C，Siber C，Dube P，et al . Forest dynamics：A spatial gap model simulated on a cellular automata network [J] . Canadian Journal of Remote Sensing，1999，25：403-411.

[13]　Li X，Yeh A G O. Modeling sustainable urban development by the integration of constrained cellular automata and GIS[J]. Int. J. Geographical Information Science，2000，14（2）：131-152.

[14]　Ruxton G D，Saravia L A. The need for biological realism in the updating of celluar automata model [J]. Ecological Modelling，1998，107：105-112.

[15]　Simth R. The application of cellular Automata to the erosion of landforms[J]. Earth Surface Processes and Landfroms，1991，16：273-281.

[16]　Theobald D，Gross M. EML：A modeling environment for exploring landscape dynamics[J]. Computers，Environment，and Urban Systems，1994，18：193-204.

[17]　Tobler W R. A computer movie simulating urban growth in the detroit region[J]. Economic Geography，1970，46：234-240.

[18]　Sutherland W J. 张金屯译. 生态学调查方法手册[M]. 北京：科学技术文献出版社，2002.

[19]　Wang B H，Wang L，Hui P M，et al.. Analytical results for the steady state of traffic flow models with stochastic delay[J]. Phys. Rev. E，1998，58：2876-2879.

[20]　Wang L，Wang B H，Hu B B. Cellular automaton traffic flow model between the Fukui-Ishibashi and Nagel-Schreckenberg models[J]. Phys. Rev. E，2001，63：117-119.

[21]　Ward D P，Murray A T，Phinn S R. A stochastically constrained cellular model of urban growth.

Computer[J]. Environment and Urban System，2000，24：539-558.

[22] White R，Engelen G，Uljee I. The use of constrained cellular automata for high-resolution modeling of urban land use dynamics[J]. Environment and Planning B，1997，24：323-343.

[23] White R，Engelen G. High-resolution integrated modeling of the spatial dynamics of urban and regional system. Computer[J]. Environment and Urban System，2000，24：383-400.

[24] Wolfram S. Cellular automata as models of complexity[J] . Nature，1984，311：419-424.

[25] 陈冰，李丽娟. 柴达木盆地水资源承载方案系统分析[J]. 环境科学，2000，21（3）：16-21.

[26] 冯耀龙，韩文秀. 区域水资源承载力研究[J]. 水科学进展，2003，14（1）：109-113.

[27] 贾嵘，蒋晓辉. 缺水地区水资源承载力模型研究[J]. 兰州大学学报：自然科学版，2000，36（2）：115-120.

[28] 贾嵘，薛惠峰. 区域水资源承载力研究[J].西安理工大学学报，1998，14（4）：382-387.

[29] 蒋晓辉，黄强. 关中地区水环境承载力研究[J]. 环境科学学报，2001，21（5）：312-317.

[30] 黎夏，叶嘉安. 主成分分析与 Cellular Automata 在空间决策与城市模拟中的应用[J]. 中国科学，D 辑，2001，31（8）：683-690.

[31] 李景刚，何春阳，史培军，等. 中国北方 13 省 1983 年后的耕地变化与驱动力研究[J]. 地理学报，2004，59（2）：274-282.

[32] 李丽娟，郭怀成. 柴达木盆地水资源承载力研究[J]. 环境科学，2002，21（2）：20-23.

[33] 李月臣，何春阳. 中国北方土地利用/覆盖变化的情景模拟与预测[J]. 科学通报，2008，53（1）：1-11.

[34] 凌亢. 中国城市可持续发展评价理论与实践[M]. 北京：中国财政经济出版社，2000.

[35] 秦向东，闵庆文. 元胞自动机在景观格局优化中的应用[J]. 资源科学，2007，29（4）：85-91.

[36] 王建华,江东. 基于 SD 模型的干旱区城市水资源承载力预测研究[J]. 地理学与国土研究，1999，15（2）：18-22.

[37] 王建华. SD 支持下的区域水资源承载力预测模型的研究[D]. 北京：中国科学院地理与自然资源研究所，2000.

[38] 王煜，黄强.基于最大可支撑人口的水资源量承载能力分析[J]. 水土保持学报，2002，16（6）：54-57.

[39] 邬建国. 景观生态学——格局、过程、尺度与等级[M]. 北京：高等教育出版社，2000.

[40] 许中民，程国栋. 运用多目标决策分析技术研究黑河流域中游水资源承载力[J]. 兰州大学学报：自然科学版，2000，36（2）：122-132.

[41] 原华荣，周仲高，黄洪琳. 土地承载力的规定和人口与环境的间断平衡[J]. 浙江大学学报：人文社会科学版，2007，37（5）：114-116

[42] 《中国土地资源生产能力及人口承载量研究》课题组. 中国土地资源生产能力及人口承载量研究 [M]. 北京：中国人民大学出版社，1991.

[43] 周成虎，孙战利，谢一春. 地理元胞自动机研究[M]. 北京：科学出版社，1999.

[44] 国家环境保护总局环境工程评估中心. 建设项目环境影响评估技术指南（试行）[M]. 北京：中国环境科学出版社，2003.

[45] 毛文永. 生态影响评价概论[M]. 北京：中国环境科学出版社，1998.

[46] 环境影响试评价技术导则 非污染生态影响（HJ/T 19—1997）.

[47] 国家环境保护总局自然生态司. 非污染生态影响评价技术导则培训教材[M]. 北京：中国环境科学出版社，1999.

[48] 国家环境保护总局监督管理司. 中国环境影响评价培训教材[M]. 北京：化学工业出版社，2000.

[49] 国家环境保护总局环境影响评价管理司. 环境影响评价岗位培训教材[M]. 北京：化学工业出版社，2006.

[50] 环境影响评价技术导则 总纲（HJ 2.1—2011）.

[51] 环境影响评价技术导则 生态影响（HJ 19—2011）.

[52] 生态环境状况评价技术规范（试行）（HJ/T 192—2006）.

[53] 傅伯杰，陈利顶，马克明，等. 景观生态学原理与应用[M]. 北京：科学出版社，2005.

[54] 环境影响评价技术导则 陆地石油天然气开发建设项目（HJ/T 349—2007）.

[55] 规划环境影响评价技术导则（试行）（HJ/T 130—2003）.

[56] 开发区区域环境影响评价技术导则（HJ/T 131—2003）.

[57] 环境影响评价技术导则 民用机场建设工程（HJ/T 87—2002）.

[58] 环境影响评价技术导则 水利水电工程（HJ/T 88—2003）.

[59] 戈峰. 现代生态学[M]. 北京：科学出版社，2005.

[60] 李洪远. 生态学基础[M]. 北京：化学工业出版社，2006.

[61] 柳劲松，王丽华，宋秀娟. 环境生态学基础[M]. 北京：化学工业出版社，2003.

[62] F.Stuart Chapin III，Pamela A Matson，Harold A Mooney. 陆地生态系统生态学原理[M]. 李博，赵斌，彭容豪，等译. 北京：高等教育出版社，2005.

[63] 中国石油化工集团公司安全环保局. 石油石化环境保护技术[M]. 北京：中国石化出版社，2006.

[64] 郭晋平，周志翔. 景观生态学[M]. 北京：中国林业出版社，2007.

[65] 环境保护部，中国科学院. 全国生态功能区划. 2008.

[66] 刘南威. 自然地理学[M]. 北京：科学出版社，2000.

[67] 张金屯，李素清. 应用生态学[M]. 北京：科学出版社，2003.

[68] The institute of Ecology and Environmental Management（IEEM）. Uidelines for Ecological Impact Assessment in the United Kingdom. 2006.

[69] 刘洪杰. Miami 模型的生态学应用[J]. 生态科学，1997，16（1）：52-55.

[70] 张宏，樊自立. 塔里木盆地北部盐化草甸植被净第一性生产力模型研究[J]. 植物生态学报，2000，24（1）：13-17.

[71] 闫淑君，洪伟，吴承祯，等. 自然植被净第一性生产力模型的改进[J]. 江西农业大学学报，2001，23（2）：248-252.

[72] 王如松. 生态环境内涵的回顾与思考[J]. 科技术语，2005（2）：28-31.

[73] 贾生元，王秀娟，沈庆海. 论实用性是开发建设项目环境影响评价的根本属性[J]. 环境科学与管理，2007，32（1）：172-175.

[74] 贾生元，陶思明. 关于建设项目对自然保护区生态影响专题评价的思考[J]. 四川环境，2008，27（5）：50-54.

第5章 典型开发建设项目生态影响评价技术要点

5.1 交通运输类项目

5.1.1 机场及相关工程类项目

（1）机场建设项目生态评价特点

机场类建设项目工程内容涉及的类别较多，虽然从大的行业类别上划分为交通运输建设项目中"场站类"工程，但其工程组成包括场站类（飞行区工程和航站区工程等）和线路类（配套的公路、铁路、管线），因此在进行机场建设项目生态影响评价时，应对纳入评价范围的工程进行全面分析，确定各工程的主要建设特点。

从评价范围来看：机场类建设项目因其工程组成类别较多，占地范围包括"面状""线状"和"点状"三种形式，因此其影响的范围往往不能仅关注某一区域，需要根据工程占地范围确定。在影响范围上，可考虑场内占地区周际外延 5 km 的区域、场外配套工程区线路中轴线各向外延伸 300 m 的区域，同时兼顾场外导航工程等零星占地区外延 200 m 的区域。

从影响途径来看：机场类建设项目最为突出的环境影响来自于飞机噪声，因此在评价过程中需要关注地面和空中两个层次的生态影响。地面生态影响主要分析工程占地带来的一系列生态环境变化；空中生态影响主要分析飞机飞行航迹及产生的噪声对鸟类的影响。

（2）生态评价重点关注的内容

在机场类建设项目生态评价过程中，应重点从以下 7 个方面进行评价：

① 机场区域生态环境特征；

② 机场区域敏感生态保护目标与重点保护对象；

③ 机场占地引起的生态破坏问题；

④ 施工期与营运期不同的生态影响；

⑤机场建设引发的次生生态影响问题（机场拉动区域经济发展引发的相关工程陆续开发建设对生态环境的影响）；

⑥生态保护措施（生态恢复与重建、生态异地补偿）；

⑦景观生态影响。

5.1.1.1 工程分析

机场及相关工程类项目主要包括两大类型的建设项目，一为机场建设项目，二为导航台站等外部配套工程。本节将两类建设项目的工程组成内容分述如下。

（1）机场建设项目工程组成

机场建设工程按照建设性质可分为新建、迁建和改扩建工程。根据《建设项目环境影响评价分类管理名录》（中华人民共和国环境保护部令 第 2 号），新建、迁建、飞行区扩建涉及环境敏感区的工程需编制环境影响报告书。

机场建设项目主要工程内容主要包括场内工程和场外工程。场内工程即机场占地红线范围内的建设内容，包括主体工程、配套工程和公用工程；场外工程主要涉及为机场配套的高速公路、供油铁路、导航工程、燃气管线工程、输变电工程及给排水管线工程等；场外工程根据机场建设区外部配套设施的完备程度进行建设。机场建设项目典型工程内容如表 5-1 所示。

表 5-1 机场类建设项目工程内容

工程名称		建设内容
场内建设工程	主体工程	飞行区工程、航站区工程、空管导航工程等
	配套工程	货运站工程、航空配餐工程、飞行区配电及助航灯光工程、气象雷达站、维修基地、供油工程等
	公用工程	供排水工程、供暖空调系统、消防救援工程、生活办公辅助工程等
场外建设工程		机场高速路工程
		供油铁路（或公路）工程
		场外导航工程
		燃气管线工程
		输变电/通信工程
		给排水管线工程

①主体工程。

飞行区工程：主要包括跑道（跑道建设规模与飞行区等级设定有关，按照机场旅客吞吐量及停靠机型确定）、平行滑行道、快速出口滑行道、防吹坪、飞行区联络道、站坪和停机坪等。

航站区工程：主要包括航站楼、站坪、停车场、停车楼。

空管导航工程：主要包括空管指挥大楼及仪表着陆系统、气象雷达站等。

② 配套工程。

货运站工程：根据机场设计货运量确定货运站规模，在可行性研究或设计报告中一般会给出的。

航空配餐工程：主要由航空业务量核定提供的配餐量，设置配餐工程的规模。配餐流程一般分为食品生产流程、机上物品回收流程、人流、垃圾收集流程等四个主要流程。

飞行区配电及助航灯光工程：主要包括跑道灯光系统、滑行道灯光系统、进近下滑灯光系统、跑道警戒灯及飞行区照明、供电等。

维修基地：根据机场建设规模及需求建设维修基地，一般以机库、维修车间为主，其中维修车间包括维修机库、喷漆机库、附件修理间、航材库、电子修理车间、气动及救生修理车间、动力中心、化学品库、发动机、APU（辅助动力装置）修理库等。

供油工程：主要为机场提供航空煤油。完整的供油工程一般包括铁路专用线（或公路）及卸油站、输油管线、使用油库、站坪加油管线等。

③ 公用工程，主要包括供给机场运营的供排水工程、供暖空调系统、消防救援工程、生活办公辅助工程等。

④ 场外工程，一般包括机场高速路工程、供油铁路（或公路）工程、场外导航工程、燃气管线工程、输变电/通信工程、给排水管线工程等，主要以线性工程为主，具体分析内容可参见公路、铁路建设工程及管线工程。

（2）导航台站项目工程组成

该类工程以电磁辐射现状监测与影响评价为主，生态影响次之。但是，如果管制中心占地面积较大或周边有生态保护目标，则需进行详细的生态影响评价。单个导航台站工程环境影响评价可以编制环境影响报告表。

该类项目主要工程组成包括管制中心主体工程、卫星接收台站、雷达站、VHF（甚高频）遥控台站、UHF（超高频）台站等，主要附属工程包括进场（站）道路的建设。

该类工程的特点是点多面广，除管制中心占地面积较大外（百亩以上），各附属工程，即各台站占地面积都很小，一般不超过 10 亩。

对于干线或枢纽机场建设项目，由于其组成相对较为复杂，规模大，占地面积大，且占地类型也可能多样，土石方量一般也很大，且存在多种施工作业方式。

因此，生态影响是突出的，也是比较复杂的。该类项目根据其不同的工程建设内容和施工方式进行施工期的生态影响识别，营运期除考虑飞机噪声影响外，生态影响主要是宏观上对区域景观生态的影响，以及飞机起降对鸟类的影响，以及随着机场建设周边的开发引起的累积性影响及次生生态影响。这是工程分析时需要综合考虑的。因此，应尽可能列出详细的工程环境影响识别表（可参考第 3 章"表3-1"），然后再在各专题（除生态影响评价外，还涉及地表水、环境空气、声环境，以及固体废物、环境风险，甚至地下水等专题）评价中进行深入分析、评价。

5.1.1.2 生态现状评价

（1）工作手段

在机场类建设项目生态环境现状评价中通常利用现场踏勘、资料收集、专家咨询以及 3G 技术等手段开展工作。

① 现场踏勘。首先，需确定评价范围内的全部工程内容，根据工程建设特点分别按照面状、线状、点状的占地范围对工程涉及的区域进行全面现场勘查，得到工程占地区的地形地貌特征、占地区现有土地利用情况、主要植被类型等信息。同时，通过访问的方式可了解该区域主要动物栖息特征、农作物种类及轮作方式等内容。在现场勘查部分主要为获取第一手资料信息，并为后面开展资料收集及3G 技术的应用提供现场素材。

② 资料收集，是进行生态环境质量现状评价的重要技术手段。资料收集包括项目建设地已经开展过的生态环境现状调查报告、生态功能区划报告、森林分类经营报告、水土保持区划报告、生态市（县）建设规划报告等技术成果；相关科研人员在该区域曾经做过相关生态环境方面的研究材料。通过资料收集将全面和深入地了解项目建设区域的生态环境质量、现存生态问题及主要生态保护目标情况。

③ 专家咨询。对于那些建在生态环境较为敏感和复杂的区域的机场类建设项目，充分认真地与在该区域曾经开展过生态环境方面研究的专家进行咨询交流非常必要，一方面可以通过专家已开展的工作深入认识区域生态环境的特点及可能的演变趋势；另一方面对于该区域的主要生态敏感问题应从哪些角度提出防范措施也会更具有针对性。

④ "3S" 技术手段。因机场项目涉及的范围较广，因此仅通过现场勘查并不能全面分析区域现状生态环境，因此结合 "3S"（RS、GIS、GPS）技术可得到定量化的评价指标。在机场项目生态环境质量评价中至少需要提供评价范围内的土地利用现状图、植被分布图、土壤侵蚀图，同时根据项目生态评价等级补充敏感保护目标分布图、生物量分级图、动物资源分布图等技术成果图件。

（2）评价成果

在机场类建设项目生态环境质量现状评价需要提交如下评价成果。

① 机场所在区域生态环境功能：说明机场所在区域的生态功能属性、生态环境问题、生态功能保护措施、发展方向等。

② 区域土地类型：包括评价区及占地区的土地利用现状特征。

③ 区域生物多样性状况：植物多样性，生物量，是否存在保护植物种，珍稀植物种的生态特征（一般需要给出主要植物种类清单）；动物多样性，是否存在珍稀野生动物，珍稀动物种的生态特征（一般需要给出主要野生动物清单）；群落或生态系统多样性，判别生态系统类型，分析群落或生态系统演替趋势。

④ 区域景观生态状况（特征）：主要通过遥感图像的解译来识别，并获得数据。

⑤ 生态环境现状问题：现状生态环境问题及原因，特别是由于既有工程的存在所导致的生态问题是否存在。

⑥ 生态敏感保护目标：如自然保护区，包括自然保护区简介、主要保护对象生态特征、植物或动物种类及特征、存在的生态环境问题、生态敏感目标与建设项目的位置关系等。

5.1.1.3 生态影响评价

（1）生态影响评价内容

可以按设计期、施工期、营运期分章节进行影响评价；也可以按工程建设内容进行影响评价，如飞行区建设生态影响、航站区建设生态影响、站坪区建设生态影响等。一般按分期（重点放在施工期和营运期）进行影响评价为佳。机场及相关工程类建设项目的主要生态影响评价内容重点关注：

① 对生态敏感保护目标的影响。明确与敏感目标的位置关系，是否占用其土地，是否需要调整（应附调整文件），工程对其影响方式、程度、时效（短期影响还是长期影响）等。

② 工程占地导致的土地利用方式改变情况。主要分析评价工程建设对原有土地利用方式的不利影响，是否造成明显的、大范围的土地利用格局的改变。永久占地导致的土地利用格局是永久的、不能改变的，但临时用地需要优化，用后要严格进行恢复。

③ 工程占地导致的生物量损失与生态效益损失。根据占用的不同类型土地的生物状况，通过计算或实测，获得生物量，估算占地造成的生物量损失。同时，需要分析占地造成的生态效益的损失，可以定性说明，也可以直接或间接定量评价。

④ 根据工程占地所涉及的不同生态系统类型评价可能产生的不同影响。如西南某机场，主要是对森林生态系统的影响；西北某机场是对农田生态系统的影响，西北荒漠地区某机场多数是对荒漠生态系统的影响。此外，还有一些机场可能是对草地生态系统的影响。当然，也有一些机场是对两类以上生态系统或自然-社会-经济复合生态系统的影响。

⑤ 河流改道、农灌渠系改造生态影响。主要是对水域生态与水岸生态的影响；因灌渠改道对原灌渠两侧生态环境及被灌溉的农田生态环境的影响。

⑥ 洪水影响。不仅要分析洪水对工程的影响，也要分析工程对洪水的影响。洪水对工程的影响，主要是洪水可能会对工程造成一定的破坏，并将工程所产生的污染物带入下游，造成下游的污染。工程对洪水的影响，主要是分析工程建设是否在洪泛区、蓄滞洪区，是否影响正常泄洪。

⑦ 对种源稳定性及可获得性的影响，特别是对珍稀野生动植物种质资源的影响。分析工程建设是否破坏了当地的种源基地、物种来源或其扩散途径是否被切断，物种是否仍然是可以获得的。

⑧ 对生态完整性、稳定性及其结构与功能的影响。从建设项目对区域的分割方式与分割程度，以及阻抗稳定性与恢复稳定性几个方面进行分析、评价。从生态系统组分的排序、物种生态位及其相互关系等方面分析工程建设对生态系统结构的影响，并分析对其生态服务功能的影响。

⑨ 对生态演替趋势的影响。生态演替趋势影响分析，是在现状演替趋势分析的基础上，根据工程对生态环境的影响，分析由于工程建设而对演替趋势的影响。

⑩ 次生生态影响。特别是大机场，具有显著的聚集效应，项目建成后会吸引城市发展向机场靠拢，相关产业会在机场区域出现，这类由项目建设引起的相关产业发展的次生生态影响必须考虑。应提出建议对机场区域进行规划，并与城市发展规划相协调，限制一些产业在机场区域建设。应用景观生态学原理来评价次生生态影响具有明显的优势，更能说明聚集效应引起的景观生态变化。因为景观生态学更关注尺度效应，对中尺度和大尺度的生态评价更适用。

⑪ 鸟类保护与飞行安全。根据机场建设规模及所在地鸟类情况，特别是拟建机场周边有鸟类保护区的情况下，要收集、调查鸟类活动规律，评价机场建设对鸟类的影响，同时分析鸟类对飞机飞行安全的威胁。提出相应的措施，避免机鸟相撞，确保飞行安全；必要时提出另行选址的建议。当前，人们很关注飞机飞行对候鸟迁徙的影响，特别是飞行航迹与候鸟迁徙通道矛盾时，一些鸟类保护人士便反对机场建设。实际上，候鸟的迁徙是有规律的，不可能一年365年天天迁徙，而只能是某一季节的某一天或几天的迁徙。机场在选址时能够使飞机飞行避开候

鸟通道当然是最好的了，但是，如果从工程地质等诸方面来看，机场选址确实难以避开，机场建设也未必不可行。可以在候鸟迁徙时，从飞行程序控制、飞行时间选择、鸟类驱逐与人工防护等方面提出相应的措施对鸟类实施保护。因为一些鸟类对机场有青睐，即在机场建设前可能在该地出现的概率并不高，但由于机场的建设产生了一定的空旷区，鸟类视为其停歇地或觅食地就会经常光顾，特别是北方冬季、雪后，此种情况下，只能采取有效的驱鸟措施。

⑫生态影响评价结论。通过对各类工程在施工期、营运期对生态环境的影响评价，以及次生生态影响的分析、评价，给出影响结论。

（2）生态影响评价重点

机场类建设项目生态影响评价重点关注的问题，因机场所在区域环境特征不同而具有一定的差异，主要有两大方面：一方面是指机场建设区域地形起伏较大，工程占地、场地平整导致工程土石方量巨大，由此引发的生物量损失、水土流失、植被恢复等问题是影响评价关注的重点；另一方面是机场建设区域周边存在鸟类的栖息地或活动通道，机场运营过程中，尤其是在飞机起降过程中，其飞行航迹及产生的飞机噪声对鸟类的生活会产生一定的干扰，在影响评价中应将鸟类生活习性与机场运营的特点进行充分的分析论证，以说明机场建设与鸟类保护之间的协调性。

① 水土流失影响分析。水土流失影响分析立足于机场建设期土石方工程，进行土石方平衡计算（图、表），并从土石调运方式及占地区的地形地貌特征入手，分析取土场、弃土场的环境合理性。根据区域的地形地貌特征，结合生态现状评价的技术手段，给出水土流失侵蚀模数。分析造成水土流失的原因（水力因素、风力因素、重力因素、人为因素等）。

分析工程建设可能导致的新增水土流失。根据不同的工程建设内容对水土流失防治进行分区，再根据分区情况，预测不同工程内容在不同区域造成的水土流失量，特别是由于本工程的建设而造成的新增水土流失量。根据工程水上流失防治分区，分区提出防治措施。从工程措施、生物措施、管理措施三个方面提出有针对性的保护措施。

在做好项目土石方平衡的基础上，水土流失的预测分析可借鉴"水土保持方案"报告中的预测结论。

② 对鸟类影响分析。机场运营对鸟类的影响包括飞机噪声的影响和飞行航迹的影响。

A. 飞机噪声对鸟类的影响。目前国内有关噪声对鸟类活动影响的研究相对较少，综合国内外相关研究成果，噪声对鸟类的影响多集中于以下几方面。

　　a. 对鸟类反应和交流的影响：鸣声是鸟类生殖繁衍的最初交流条件，不同的噪声水平会引起鹭鸟类的惊吓和不安，进而影响它们的交流和生殖繁衍。

　　b. 对鸟类活动的影响：噪声会使鸟类受到惊吓，飞走，干扰其取食等活动。依据环鄱阳湖越冬水禽航空调查报告（纪伟涛，等，2006），当飞机接近或飞越越冬水鸟上空时，鸟群会惊起散飞。还有研究报道，鸟类栖息地以外的周围背景噪声（如树叶摇动）平均为 45 dB（A），而鸟巢域内的本底噪声一般为 56～64 dB（A）；当噪声值为 60 dB（A）时，巢内的鸟类将感受到噪声影响。

　　c. 对繁殖的影响：噪声会影响鸟类繁殖率或幼鸟成活率。

　　d. 鸟类对噪声反映的差异性及适应性：噪声对鸟类活动、繁殖的影响因鸟的种类、噪声强度等的不同存在很大差异。一些鸟，如 Brunnich Guillemot 等，在频繁暴露于飞机噪声下后会产生一定的适应性，不会有特别的反应。

　　e. 声级要求：目前，国内尚没有针对动物栖息地或聚集地的噪声标准。表 5-2 给出美国环保局提出的不同声级 L_{dn} 下的土地利用规定。其中给出了牲畜牧养及繁殖、自然展览动物园的声级要求，该规定认为 L_{dn} 为 75 dB 以下的地区与以上土地使用功能是相容的。昼夜平均声级（L_{dn}）和 L_{WECPN} 的关系近似于 $L_{dn} \approx L_{WECPN}$ － 14。自然展览动物园规定在 L_{dn} 为 70 dB 以下，即 L_{WECPN} 为 84 dB 以下均是相容的。牲畜牧养及繁殖在 L_{dn} 为 65～70 dB 时，要求隔声量为 25 dB 才共容。据此自然保护区的野生动物繁殖时的声环境 L_{dn} 应在 45～50 dB 以下，即 L_{WECPN} 为 59～64 dB 以下才能满足要求。应该注意的是，上述标准并不是针对鸟类而制定的，而且不同种类的动物对噪声的反应差别较大，因此，以上标准仅可以作为噪声限制的参考。

表 5-2　美国不同声级 L_{dn} 下的土地利用规定

土地用途	L_{dn}/dB					
	＜65	65～70	70～75	75～80	80～85	＞85
牲畜牧养及繁殖	Y	Y[6]	Y[7]	N	N	N
自然展览动物园	Y	Y	Y	N	N	N

注：Y（是）-土地用途和有关建筑物共容，无限制；N（否）-土地用途和有关建筑物不共容，应予以限制；6 只限主要用途，任何居住建筑物要求隔声为 25 dB 才共容；7 和 6 相同，隔声为 30 dB 才共容。

　　因此，在进行飞机噪声对鸟类影响分析时应从以下两个方面进行分析论证：明确飞机噪声的声级范围，了解机场建设区域主要鸟类种类、生境及栖息环境、生存繁殖特征等。两方面结合起来才可分析飞机噪声对于鸟类的影响程度。

　　B. 飞机航迹对鸟类的影响：飞机按照飞行程序进场离场，飞机飞行轨迹（细化待补充)与鸟类的飞行通道重叠将会产生相互影响。因此在评价过程中一方面要特别分析机场建设区域内主要鸟类的迁徙时间、飞行高度、飞行速度等;另一方面要对机场飞机航行轨迹进行明确说明。由此分析飞机航迹对鸟类的影响。

飞机航迹主要沿跑道向两个方向起降。飞机与鸟类发生撞击主要在低空和超低空飞行,以及起降过程中,90%发生在高度小于 600 m。除候鸟迁徙外超过 50%的鸟类都在大于 150 m 的高度范围内活动,9%的鸟类在 500~1 500 m 高度飞行,少于 4%的鸟类在 1 500 m 飞行。

5.1.1.4　生态保护

(1)机场建设工程生态保护措施

可以根据工期提出不同阶段的生态保护措施,如施工前期、施工期、营运期。尤其是大型机场建设项目,施工前期的环境保护措施是很重要的,做好施工前期的环境保护,可以避免或明显减少施工期、营运期的不利环境影响或其他问题。

机场类项目的生态保护措施一般有生态补偿措施、水土保持措施(工程措施、生物措施、管理措施)、各分项目建设布局措施、绿化措施、保护应该保护的生物生产性土地(尤其是自然植被)的措施。

(2)鸟类保护措施

应严格控制飞行区域,在飞行程序制定过程中应对鸟类的影响予以考虑。在鸟类活动频繁的区域应适当调整飞机航行时间,与鸟类活动时间避开;机场管理部门必须高度重视驱鸟、护鸟工作,以保护飞机起降安全、保护珍稀鸟类为原则。要组建专业驱鸟队,配备相应的人员和先进的驱鸟设备。特别是在飞机起降时,如果机场区域出现大体形鸟类,应提前及时驱逐,但不得捕杀;在有条件的区域可通过采取异地招引措施调整鸟类的生境,以避开飞机航行区域;采取生态控制措施,将机场区域营造为不适合鸟类活动的生境,比如刈割草坪的高度在 10 cm以下、制造各种鸟类不欢迎的声音等。

5.1.2　公路、铁路及城市轨道交通建设工程

(由于铁路工程建设有内容与公路工程相似,公路工程与铁路工程环境影响评价的内容可以互相参考。在实际工作中须关注相关技术导则的规定,如将来有可能出台的《环境影响评价技术导则　铁路》、《环境影响评价技术导则　公路》等,并参考其他生态类项目及公路项目验收规范的要求。此外,城市轨道交通(如地铁)也往往涉及对城市生态的影响,应予以关注。)

公路、铁路项目生态评价特点:

① 分段描述生态现状,分期分段进行影响评价,并分期分段提出生态环境保

护措施。即"分期分段"评价是此类项目生态影响评价最明显的特点。

② 现状评价要突出沿线区域环境特征。

③ 生态环境保护措施要按不同环境区段特征及工程对环境的影响方式与程度，提出具有可操作性的保护措施。

④ 线型建设项目的生态影响评价要注意"三类通道"：

A. 建设项目穿越牧场的畜牧转场通道；

B. 跨越河流、沟渠的水流通道；

C. 穿越野生动物活动区的动物迁移通道。

关注生物阻隔影响与生物通道建设。随着高速公路的发展，如果野生动物通道未设置或设置不当，野生动物很容易被快速行驶的车辆撞死。2008年9月新疆卡拉麦里山自然保护区曾发生两起过路饮用水的野驴在通过国道216线时被车辆撞死的惨祸。设置生物通道要首先通过现场调查，了解动物的迁移路线，动物一般具有较为固定的迁移通道，因此，通道的设置须符合动物活动规律。当高路堤路段处于动物通道处时，除在路基填筑前预设通道外，不得破坏通道周边的自然环境，必要时应在通道外营造有利于动物通过的环境；当深路堑路段处于动物通道处时，应首先考虑能否以隧道代替，其次才考虑在路堑上部人工构筑"天桥"式平台，使动物能够通过。

⑤ 对生境的分割与对动物迁移的阻隔影响，是此类工程关注的重点。

⑥ 注意土石方平衡与调运。在实际环评工作中，完全没有必要将工程设计中的土石方表照搬到环评报告中去，因为那是一个数据量大、篇幅长的内容，原样搬到环评报告书中，不合适，也没什么意义。一般应给出土石方平衡与调运关系图。

⑦ 若建设项目处于"三区"（山区、丘陵区、风沙区），则必须有水土流失与水土保持专门章节（主要内容应来自于专业单位编制的"水土保持方案"）。

5.1.2.1 工程分析

公路、铁路项目工程分析中应说明其主体工程、附属工程、临时工程和占地等内容。

① 主体工程，包括路基工程、交叉工程、桥涵、隧道工程等。

A. 路基工程。必须交代路基长度、宽度、坡度、高度等基本情况，说清挖方路段、填方路段、挖方路段的路堑坡度、填方路段的路堤高度等。示例见表5-3。

表 5-3　拟建公路路基情况

序号	起讫桩号	路段长度/km	基本情况	路基形式
1	K0+000～K21+100（路段的起讫桩号）	21（路基长度）	路基宽 28 m，坡度 1∶1.5，路基高 2 m	填方路段
2	K21+000～K39+000	18	路基宽 42 m，坡度 1∶1.5，路基高度－2 m（负数代表路堑段）	挖方路段
…	…	…	…	…

　　B．互通式立交桥。互通式立交的交叉形式、被交道路、交叉桩号、立交名称、占地面积、占地类型等，示例见表 5-4。

表 5-4　互通式立体交叉一览

序号	名称	交叉桩号	占地面积/亩	占地类型	交叉形式	被交道 名称	被交道 等级
1	**互通	K33+832	132	农田	菱形	大峡谷旅游路	三级公路
2	**互通	K54+020	125	荒地	菱形+半定向匝道	**线岔路	三级公路
…	…	…	…	…	…	…	…

　　C．桥涵，特别是特大桥、大中桥。大桥、特大桥的位置，结构、长度、水中墩数量、施工工艺等基本特征列表说明。由于大桥、特大桥所跨越的水体有功能保护的要求，也是容易发生水环境风险的路段，因此，是工程分析的重点段，见表 5-5。

表 5-5　大桥示例

序号	中心桩号	河流名称或桥名	最大桥下净高/m	孔/跨径/m	全长/m	上部结构	下部结构 墩	下部结构 台	基础	护栏形式
1	K2+510	大东沟	6.8	6/30.0	190.4	部分预应力混凝土箱梁	柱式	柱式	桩基	外侧钢筋混凝土
…	…	…	…	…	…	…	…	…	…	…

　　D．通道。需给出数量、位置、类型、结构及形式等，以表格形式给出，示例见表 5-6。

表 5-6　通道示例

序号	中心桩号	结构类型	交角/（°）	孔-径（孔-m）	通道全长/m
1	K3879+073	钢筋混凝土盖板明涵	90	1-4.0×3.0	28.00
2	K3908+040	钢筋混凝土盖板明涵	90	1-4.0×3.0	28.00
…	…	…	…	…	…

E．隧道工程。隧道位置、隧道构型、长度、水文地质状况、水道出渣量、隧道周边环境特征等。

②附属工程，主要指管理处（站）、收费站、服务区和车站等，工程分析中需给出数量、位置（桩号）、占地类型、占地面积等。一般列表给出，示例见表5-7。

表 5-7　附属工程示例

工程内容	单位	数量（桩号）	占用面积/亩*	占地类型
收费站	处	1（K29+350）	56	农田
服务区	处	1（K29+283.5）	92	草地

* 实际工作中应折算为公顷：1 亩=0.067 hm^2。

③临时工程。公路项目临时工程主要包括取弃土场、砂石料场、运输便道、施工营地、拌合站等，是公路项目生态评价需要重点关注的内容。

A．取、弃土场。取、弃土场在公路沿线的布局情况（数量、位置-桩号、位置、距离公路的直线距离、可取（弃）土石方量、取（弃）土深度、取弃土面积、占地类型、有无既有道路可以利用、是否需要新开运输便道、地表植被情况、周围环境等。一般应以表格形式给出，并附照片。示例见表5-8。

表 5-8　取弃土场布局示例

序号	上路桩号	位置/m		数量/m^3		占用土地/亩	临时工程	备注
		左	右	取土	弃土	荒地	便道/km	
1	K2+500		600	480 351	861	180.1	0.6	平均取土深度 4 m，少量废方弃于该段取土坑
2	K8+100		600	376 769	940	141.3	0.6	平均取土深度 4 m，少量废方弃于该段取土坑
…	…	…	…	…	…	…	…	…

B．砂石料场。基本内容与取、弃土场相似。以表格形式给出，并附照片。

C．运输便道。如果利用既有道路，一般应给出在公路沿线区域的走向图，工程利用路段长度、道路结构，附照片。如果需要新开便道，则应给出计划路线、便道宽度、占地类型、沿线环境现状，并附照片。示例见表 5-9。

表 5-9　运输便道示例

序号	起讫桩号	长度/m	工程名称	所有者	土地类别及数量/亩	
					荒地	老路
1	K0+000～K3+000	3 000	便道	**	59.73	13.42
2	K3+000～YK63+000	3 000	便道	**	86.04	18.53
…	…	…	…	…	…	…

D．施工营地。是否新建临时施工营地、新建营地位置、占地面积、占地类型。可否租用民房或有关单位的房屋。示例见表 5-10。

表 5-10　施工营地示例

序号	桩号	位置	占地面积/亩	占地类型	性质
1	K2+300	路左 50 m	0.8	荒地	新建
2	K12+700	路右 40 m	0.7	荒地	新建
…	…	…	…	…	…

E．拌合站及物料堆放场。主要是沥青拌合站、物料拌合站、水稳站，有的工程将其合在一处，有的则是分开的。需给出数量、位置、占地面积和占地类型，并附现状照片。示例见表 5-11。

表 5-11　拌合站示例

序号	桩号	位置/m	工程名称	占地面积/hm²	占地类型
1	K4414+500	左 500	沥青、水稳拌合站	1	荒地
2	K4433+000	右 20	沥青、水稳拌合站	1	荒地
…	…	…	…	…	…

总之，以上各类临时工程是施工期生态影响的主要方面，进行选址的合理性分析，包括选址、占地、保护目标的距离、方位均是可以调整、优化的，这是生态影响评价中专家们比较关注的，而且这些临时用地的现场照片是不可缺失的。

此类项目工程分析时应紧紧抓住重点工程（重大工程及涉及对敏感保护目标影响的工程，一般有大桥、特大桥、长大隧道、高填方（路堤）路段、深挖方（路堑）路段、公路的互通式立交、站场-列车车站、公路服务区等），然后针对重点工程的占地及施工方式、营运方案可能涉及的不利生态影响（特别是生态敏感保护目标）进行识别（可以给出影响识别表或流程，可参考第 3 章"表 3-1"），并确定其主要影响，然后再在专题评价中进行深入的预测分析或评价。

对于城市轨道交通，虽然重点应关注噪声振动的影响，但对城市生态的影响也不应忽视，而且也可能会涉及城市或城郊或城市间的敏感生态保护目标。在工程分析时，除说明线路走向及主要控制点外，如果是地面线，则其工程分析与铁路基本相似，对于地下线（地铁）在进行工程分析时，对施工场地和土石方量及地面站场应重点说明。

5.1.2.2 生态现状评价

（1）公路、铁路工程的现状调查与评价的主要特点

该类工程的生态现状评价既要从"中尺度"上评价项目所在区域的生态现状，又要在"小尺度"上评价公路沿线两侧 300～500 m 的生态现状，而且重点落在这个"小尺度"上的生态分段评价。

中尺度上的区域生态现状评价简要交代清楚即可。可从自然环境（地理、地形地貌、水文、气象、河流水系、土壤及土地利用、植被及野生动物、地质矿产、自然灾害等）和社会环境两个方面着手，主要是让人对公路沿线区域的环境特征，特别是生态状况及社会经济发展水平、人文景观等有一个总体的了解。

小尺度的评价见如下内容。

（2）调查评价内容

线性工程生态现状评价需调查项目所在区域生态功能区划、项目所穿越的生态区段、沿线动植物资源、生态敏感区状况、土地利用情况和水土流失情况等。

① 生态功能区划。需要给出项目所在区域的生态区划，说明项目所处的生态区以及该生态区所存在的主要生态服务功能、生态环境问题、主要保护目标和所采取的措施等。

② 分段描述生态现状。不同路段的生态环境特征不同，这是线性工程的特点，所以要分段评价。因此，现状调查时应分段进行，首先根据工程沿线地形地貌、植被情况划分不同生态区段；对不同的生态区段，可以根据实际情况（即涉及的内容，平原草地、平原林地、丘陵灌丛、山地森林、漫岗旱地，平原水田，城郊人工林及农田等）采取不同的调查方法进行调查。某工程生态功能区段划分如表5-12 所示。

表 5-12　某公路工程生态区段划分

生态功能区划	区段	现状生态环境特征简要描述
荒漠草场	K5+000~K14+000	此段植被生长稀疏、种类单一，河流稀少，一般为季节性冲蚀沟，偶有的浅塘洼地处植被长势良好。主要植物为梭梭、驼绒黎、芨芨草及杂草等呈星点状分布，地势低洼处有芦苇、红柳、沙枣树，偶见杨树、榆树
戈壁生态景观区	K14+000~K65+000	植被覆盖率极低，几乎寸草不生，沿线人烟稀少，地势平坦广阔，偶有加油站、临时门市房或废弃的门市房
农田绿洲与人工开发景观区	K65+000~K94+000	某城镇附近绿洲农业区及某油气田区。该段沿线为某镇城镇区，分布着许多村镇居民点，人口相对较稠密，农业经济较发达

③ 敏感生态目标。如果有生态敏感目标，必须说清与线路的位置关系（方位、距离）。敏感目标分布在不同区段，则结合该区段的生态调查与评价，对敏感目标进行现状评价。当然也可以设置专题对敏感目标进行现状评价。这要看建设项目与敏感目标的关系：

A. 建设项目不征占敏感目标的用地、但敏感目标在项目的影响范围内。对敏感目标的生态现状进行专项评价，说清建设项目与其相对位置及距离，并说清生态敏感目标的生态环境现状及存在的问题，主要保护对象的生态特征，如果主要保护对象是野生动物，要交代其生理特征、生态习性或规律等。

B. 建设项目征占敏感目标的用地。一般按"五段论模式"（见"3.4.2.2 生态敏感保护目标影响评价"）进行评价。必要时（根据其上级主管部门的要求，或今后评估、审查、审批有关文件或技术导则等的要求，如生态导则 HJ 19—2011 对征占自然保护区此类特殊生态敏感区时）单独编制专题报告书进行评价。

C. 敏感目标在建设项目的影响范围之外。一般不进行评价，但需要说明不在影响范围之内。

④ 动植物资源。需要给出沿线主要动植物名录，明确是否有国家重点保护野生动植物资源和珍稀濒危物种，并明确其与工程的位置关系。并需要调查珍稀濒危野生动物的迁徙通道和活动线路等。

⑤ 土地利用情况。需要给出评价范围内的土地利用情况，包括各种土地利用类型及占地面积；同时要给出项目占地情况，可列表给出，并给出土地利用现状图。示例如表 5-13 所示。

表 5-13　土地利用现状示例

单位：hm^2

项目	耕地面积	林地面积	荒漠草地	戈壁面积	建设用地	未利用地
评价区土地利用现状	2.76	—	2.50	54.06	0.75	39.93
工程占地区土地利用现状	0.76	—	1.2	23.6	0.1	25.2

⑥ 水土流失情况。需要给出工程所在区域水土保持区划情况和工程沿线的水土流失现状情况，给出土壤侵蚀图。

⑦ 给出生态环境现状评价结论。此类工程跨越长度大，往往涉及不同的行政区。生态现状结论应简明给出区域生态状况，重点结合现状评价说明沿线的土地利用类型、植被类型或生态系统类型、生态演替趋势、生态环境问题及原因，野生动物情况，生态保护目标。最后给出现状生态环境质量水平。

（3）城市轨道交通的城市生态调查与评价

对于城市轨道交通，重点是对城市生态系统中的城市绿地、水域、可能涉及的自然保护区、饮用水水源地、风景名胜区、野生动物园和文物古迹的生态现状应进行调查和评价。

5.1.2.3　生态影响评价

（1）施工期生态影响

① 工程占地对生态的影响。

A．永久占地对生态环境的影响。按不同生态区段，分析评价工程在不同生态区段占用不同类型的植被或用地造成的生态影响。包括造成的土地利用格局的影响、土壤影响、植被损失、生态效益损失、农业生产损失、野生动物影响、区域生态系统结构与功能的影响、景观影响等，特别是对生态敏感保护目标的影响。

根据工程情况，占地造成的生物量损失与生态效益的损失往往是生态影响评价的重要内容。根据有关研究成果，结合样方调查或实测情况，分析工程占用不同类型的植被所造成的生物量损失，给出生物量损失表，并定性分析生态效益的损失。实际工作中需要给出工程占地情况，列出工程占地情况一览表（不同工程内容占用的不同类型、面积的土地），根据工程占地情况核算生物损失量和农业损失量。工程占地示例见表 5-14，生物损失量示例见表 5-15。

表 5-14　占地情况示例

序号	起讫桩号	土地类别及数量/亩								
		山地	荒地	耕地	果园	林地	宅基地	老路	河沟	葡萄园
1	K0+000～K3+000			21.10		—	—	—		20.26
2	K3+000～K6+000	33.68	28.89	2.69	44.22	—	—	24.76	1.12	61.42
…	…	…	…	…	…	…	…	…	…	…

表 5-15　工程占地生物量损失情况

类别	区段或占地名称	荒漠草场		旱地		葡萄地		果园	
		面积/亩	生物量/T	面积/亩	生物量/T	面积/亩	生物量/T	面积/亩	生物量/T
永久占地	K785+000～K879+000	…	…	…	…	…	…	…	…
	合计	…							

B．临时占地对生态环境的影响。临时占地评价为公路项目生态影响评价的重点，主要评价取弃土场的数量、位置、占地面积、占地类型、挖深是否合理；预制厂、拌合站设置占地类型、占地面积是否合理；施工便道的利用与建设是否合理等内容，并根据评价结果给出各种临时占地的优化建议，从而减少对沿线生态环境的扰动。取弃土场合理性、预制厂合理性示例见表 5-16 和表 5-17。

表 5-16　工程取土场合理性分析示例

编号	取土坑位置	距离/m	取深/m	地表情况	取土量/万 m³	便道/km	合理性分析
1	K87+280	左 1 200	3.0	荒地	37.5	现有	占用的是荒地,距离公路的长度及取土深度均适当,合理
2	K91+100	左 118	6.0	农田	6.0	现有	距离公路太近,取土太深,占用农田,不合理
…	…	…	…	…	…	…	…

表 5-17　预制厂合理性分析示例

序号	料场位置或名称	上路桩号	料场合理性分析
1	中、小桥构件预制场	K27+200	位于路线左侧,为戈壁地貌,无植被覆盖,设置合理
2	中、小桥构件预制场	K72+000	位于路线右侧,为戈壁地貌,无植被覆盖,设置合理
…	…	…	…

② 工程建设对土地利用格局的影响。

A．特别是基本农田的改变，是重点需要评价的内容。

B．占用农田、林地、草地，使农用地转变为建设用地。再加上对土地的分割，对土地利用格局的影响是存在的。

C．关键是要分析这种影响会不会影响当地的农业生产、是否会影响当地农民的收入、是否会造成农业生产的不方便。

③ 分别评价不同生态区段的工程对不同生态系统的影响。如一条公路或铁路在穿越不同生态区域时，应分别评价工程对不同生态区段的影响。

工程在不同生态区段的内容也是不同的，如在该类生态区段可能有互通式立交，而在另一类生态区段中就没有；在一类生态区段中需要设置较多的取弃土场，而在另一类生态区段中就可能很少或不设；在此类生态区段中有跨河特大桥，而在彼类生态区段中就只有小桥或涵洞。工程内容不同，影响方式和程度就有很大的差别。

示例：某公路按生态区段划分的评价内容。

（1）荒漠草场段（K785+000～K799+000）

尽管该段总体上植被稀少，植物种类比较单一，荒漠土壤分布较广，局部地段植被较密集。施工中对植被会造成一定的破坏，对植被稀少而又十分脆弱的荒漠生态环境而言，将造成较为不利的影响。

（2）戈壁段（K799+000～K850+000）

在戈壁滩由于植被极为稀少，也没有什么动物生存，施工对生态环境的影响很小。但应注意维护公路两侧的景观，取弃土场至少应离公路400 m以外，太近将影响自然景观。

（3）农田绿洲与油气田开发段（K850+000～K878+149）

施工期对该段的生态影响主要是占用农田、林地、草地、果园等，这是本项目生态环境影响最明显、也是最应该受到关注的区域。本项目在某城镇段占用较多的农田绿洲，对生态的影响十分明显。主要有以下4个方面：

① 占地造成生物量损失和经济损失，而且损失是长久的。

② 造成生态效益的损失，而且损失是长久的，难以补偿的。

③ 本工程在城镇段（K851+520～K879+000）需砍伐10～20 cm的材树1 961株，大于20 cm的材树1 330株，幼果树9 950株，占用葡萄地225亩，耕地218.18亩，果园187.4亩，将造成一定的农业损失。

④ 在K875+200～K878+950段分布有大片的人工滴灌植被，主要是当地用土

著植物种进行的人工绿化工程，主要植物为柽柳、禾禾柴、沙枣树等。地面铺设了较多的输水管，水管在经过树干基部时可通过小孔滴水对树木进行灌溉。工程在经过该区域时不仅破坏了树木，而且将破坏这些用于滴灌的输水管，造成灌溉中断。

④ 对生态敏感保护目标的影响。

一方面要分析工程占地，包括永久占地和临时占地对敏感区的影响。特别是临时占地选择的合理性，与敏感区的位置关系（方位、距离），如果处于敏感区保护范围内，则需明确占地位于哪个功能区内，占用的面积，距离重要保护对象的距离，可能对敏感区造成的影响等，需给出位置关系图。

另一方面要分析评价由于施工活动对生态保护目标的影响。由于施工过程中施工人员较为集中，以及人员的活动（有时可能会深入到保护区进行活动）；运输车辆的行驶、施工机械的噪声，各类站场的作业等，其产生的污水、噪声、扬尘、废气对敏感区的影响。

⑤ 施工活动对生态环境的影响，主要评价施工人员及施工车辆运输、施工机械运行对生态环境的影响。

如果不对施工人员加强管理，他们很有可能对一些敏感生态保护目标造成不利影响，捕获野生动物、挖取野生药材、砍伐树木等。

施工车辆不按规定线路行走，对植被造成辗压、破坏，一些施工机械设置在植被丰富区、水源区，对植被的破坏和对水源的污染等。

因此，对于一些重大项目和环境敏感区的项目，实施施工生态监理往往是很有必要的。

⑥ 土石方平衡问题。线性工程项目往往土石方量较大，将根据土石方的平衡情况来确定工程的取土和弃土的数量，也将直接决定取弃土场的数量和规模，因此在生态评价过程中要进行土石方平衡分析。一般应给出土石方平衡调运图（示例见图 5-1）。

示例：某工程土石方平衡分析。

（1）工程土石方总量约为 4 011 845 m³。其中，填方 3 555 925 m³，挖方 455 920 m³。

（2）挖方 455 920 m³ 中被利用量为 438 767 m³，尚有约 17 153 m³ 的弃方；填方中除利用挖方 438 767 m³ 外，尚需从取土场借方 3 117 158 m³。

（3）工程沿线设有 16 处取土场，可提供土石方量约 13 018 000 m³，能够满足工程借方的需要。

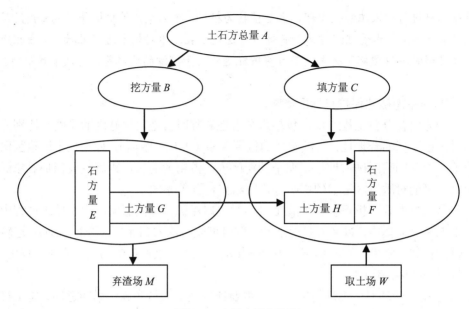

图 5-1　土石方平衡调运

注：$A=B+C$，$B=E+G+M$，$C=H+F+W$。E、G 可以"移挖作填"，即转为填方（F、H）用于工程建设；E、G 工程用不了或不能用的可以弃入弃土场；H、F 在移挖作填不够用时，则从取土场采取。

⑦ 隧道工程评价，应主要分析、评价以下内容：

根据地下水埋藏深度、流向、补给等情况，分析隧道施工及营运后对地下水的影响。

根据植被类型，特别是其根系分布，并结合隧道洞顶土层厚度，土壤水分来源、地表与地下的补给情况，分析隧道对洞顶植被的影响。可以通过该区域已运行多年的其他隧道工程进行类比分析。

隧道施工弃渣尽可能被工程利用。如弃，则需分析弃渣场选址的合理性（选在河道、山丘坡脚、排洪沟）造成的对河道阻塞、影响洪水宣泄的影响等，分析占地对植被破坏及可能造成的水土流失。

（2）营运期生态影响

营运期的分割影响是该类工程评价的重要内容。

① 线形工程的分割影响（分割效应）：

A. 生态完整性的分割，对农田、灌渠及水系、地表径流、植被等的分割影响，一般是线形项目生态影响评价的重点。

B. 道路将动物栖息地分割为破碎的斑块状，甚至直接占据了动物的生存空间，造成动物栖息地面积的缩减。

C．严重的破碎化将导致野生动物的灭绝。岛屿效应，即支持某一最小活力种群的栖息地面积不能无限最小，当面积减小到一定程度时，由于种质交流困难，气候、食物、捕食、疾病等导致的种群数量下降等原因，会造成局域种群的灭绝。缩小了的生境会影响种群的大小和灭绝的速率。这在区域开发建设项目对野生动物生境累积影响评价中具有重要意义。

在不连续的片段中，物种散布和迁移的速率受到很大的影响。

D．公路在建设和营运中的生态效应都与环境的破碎化有着直接或间接的关系。一方面在修建过程中将直接破坏动物生境或使生境破碎化，迫使野生动物被动迁移或丧失。此外，由于公路的开通而带来栖息地环境质量的下降、外来物种入侵、人为干扰增加及交通事故对野生动物造成直接的生命损失。另一方面，营运期将对动物活动形成了一道屏障，使得动物的活动范围受到限制，对其觅食、迁徙、交偶的潜在影响是明显的。需要分析桥涵，特别是专用通道设置的合理性，能否满足需求。

② 次生生态影响（诱导效应）：

A．公路容易诱导沿线村庄的扩张和城镇化的加速发展，加快区域开发，对城镇附近尤为明显，一些工业企业、社会服务业，甚至工业区、开发区等往往选择在靠近公路的区域，土地利用格局发生变化、农用地很快就会被转化为建设用地，从而对公路沿线区域的生态造成进一步的破坏。

B．公路建设进一步增强了城市之间、城乡之间的人流和物流，扩大了人们的活动范围，如果公路沿线有一些自然或人文景观，人们会通过公路比较容易地接近这些景观，去观赏、浏览，甚至自然保护区也不能幸免，增加了对这些敏感保护目标的影响。一些自然资源更容易被人们开发利用，如果不能采取有效的保护措施，沿线区域的生态很快就会受到破坏。这是公路迫近效应的具体表现。

③ 对生态敏感保护目标的影响：如果公路建设时沿线区域就有自然保护区、风景名胜区或饮用水水源地、湿地等生态敏感保护目标。不但施工期对其有影响，营运期仍对其有不利影响。

由于公路的修建，一方面可能破坏了风景名胜区的景观，使风景名胜区的自然风貌受到影响；另一方面，会加剧风景名胜区的接待压力，游人及车辆产生的污染物对景区环境质量造成污染和破坏。对此，必要时需要从美学角度，应用美学评价方法，进一步分析评价公路修建对风景名胜区的影响。

④ 生态完整性及其结构与功能的影响：

A．通过分析公路走向，分析公路建设对生态系统的分割影响，拟建公路与已建公路的关系，特别是对敏感生态保护目标的影响，如野生动物活动规律及对生境面积的要求，分析对野生动物类保护区完整性的影响；结合地表水系阻隔及地表径流汇集、水土流失等，分析对野生植物类保护区完整性的影响。

　　B. 应用景观优势度原理，分析评价公路建设前和建设后评价区域的景观优势度变化情况，通过模地景观优势度值的变化，从生态系统结构与功能关系，看是否导致生态完整性的重大变化。如果生态系统的结构发生重大变化，功能也将相应地发生变化。建设前后景观模地未发生变化，可能确定生态系统的结构得到维持而没有发生明显的变化，系统的功能也就得到相应的维护。

　　示例：某工程生态完整性评价。

　　根据现场调查并结合卫星遥感资料，通过分析、解译，其建设前后景观拼块优势度值计算结果见表 5-18 和表 5-19。

表 5-18　某公路改建前景观优势度值示例

拼块类型	R_d	R_f	L_p	D_o
林地	10.5	18.39	16.74	15.59
农田	15.8	2.3	2.0	5.52
草地	9.2	2.75	2.21	4.09
水域	7.9	0.2	0.09	2.07
城乡建设用地	39.5	3.9	3.75	12.72
公路占地	1.3	4.6	0.1	1.52
荒漠沙地戈壁	15.8	75.9	75.1	60.48

表 5-19　某公路改建后景观优势度值比较示例

拼块类型	R_d	R_f	L_p	D_o
林地	10.5	18.36	16.72	15.58
农田	15.8	2.3	2.0	5.52
草地	9.2	2.74	2.18	4.08
水域	7.9	0.2	0.09	2.07
城乡建设用地	39.5	3.9	3.75	12.72
公路占地	1.3	4.6	0.35	1.65
荒漠沙地戈壁	15.8	75.6	74.9	60.3

　　从表 5-18 可以看出，在评价范围内各景观拼块类型中，城乡建设用地的密度在公路沿线占优势（39.5%），公路占地的密度较低（1.3%）。景观比例荒漠沙地

戈壁达 75.1%，林地和草地合计约 17.95%，说明公路沿线荒漠沙地戈壁面积占较高优势，而且连通程度好；样方出现频率达 75.9%，说明其在评价区内分布比较均匀。综合来看，荒漠沙地戈壁优势度值达 60.48%，是评价区的模地。而在生态系统中具有标志性意义的林地优势度为 15.59%，农田优势度为 5.52%，草地优势度为 4.09%，水域优势度为 2.07%，均不占优势。说明公路沿线区域生态系统是典型的荒漠戈壁生态环境，生态环境较为恶劣，生态系统结构简单且稳定性较差，生态系统服务功能水平较低。

从表 5-19 并与表 5-18 对比可以看出，公路改建后，荒漠沙地戈壁仍然是公路所在区域的模地，其优势度在公路改建前后几乎没有变化；公路占地的优势度虽然改建后有所增加，但仅增加 0.13%远远达不到景观优势；其他缀块的优势度也基本没有变化。可见，公路改建后对现状生态系统的完整性及其结构与功能基本无影响。

⑤ 对生态稳定性的影响：

A．从阻抗稳定性和恢复稳定性两个方面进行分析评价。

阻抗稳定性是生态受到影响时的抵抗能力，恢复稳定性是受到影响后的自我恢复能力或在人工干预下的可恢复性。

B．阻抗稳定性也可能通过工程建设前后对各类缀块及模地景观优势度的变化情况来说明，也可以通过植被的生产力变化与否、变化大小等来说明。

C．恢复稳定性则要分析评价工程对植被生长的基本条件的影响来说明，如土壤、水系、种源等。

⑥ 对种源的稳定性可获得性的影响：

A．尽管在生态影响评价中应用的并不多，但这却是生态影响比较关注的内容。如果由于工程建设生物种源受到影响，则生态很快将退化。

B．这是在生态现状调查基础上的分析评价，特别是对珍稀物种。要分析公路建设是否会影响两侧物种的交流，珍稀物种会不会受到灭顶之灾。

⑦ 对移民安置区生态环境的影响，主要针对集中移民安置对安置地的生态影响。从土地、生态环境，特别是资源承载力方面进行分析、评价。

⑧ 生态评价结论。通过以上分析与评价，最后给出生态影响的综合结论。

（3）城市轨道交通的生态影响

对于城市轨道交通，重点评价工程建设征占城市绿地、水域或对特殊和重要生态保护目标可能造成的不利影响，包括占地造成的生物量损失和生态效益的损失，特别是对城市中的天然绿地、既有生态保护带或屏障的不利影响。同时关注对城市景观生态的影响。

5.1.2.4 生态保护

（1）原则

一种是按工程的不同作业阶段，分施工期和营运期提出针对相关不利影响的保护措施。也就是说，保护措施与影响是相对应的。不能在影响评价章节中说存在不利影响，而保护措施章节中却没有相应的措施。

① 施工期主要是针对各类临时占地和施工活动、人员等提出有关的环境保护要求，针对生态影响评价中分析评价的生态影响提出相应的减缓或避免措施。

② 营运期也是针对影响提措施，但要注意道路的红线。红线是公路用地范围，为公路路堤两侧排水沟外边缘（无排水沟时为路堤或护坡道坡脚）以外不小于 1 m 的范围；高速公路、一级公路不小于 3 m、二级公路不小于 2 m 的范围。因为，建设单位受征地影响，一般只能在征地的红线范围内进行相关的工程，相应的措施也只能落实在红线内。红线外一般应从规划方面提出要求。

注意不要遗忘水土保持措施。

（2）优化临时用地

尽可能选择在无植被或植被稀少的地区，远离敏感生态保护目标；同时，要远离社会关注区，如集中的居民区、学校、医院等。

通过工程土石方调运分析，对取、弃土场进行优化是应予以关注的。如果分析认为原设计中取土场太多，应提出减少取土场数量，给出可以取消的取土场位置；如果取土场不够，一般不提出新增取土场，而是提出取土深度、面积上的增加问题，当然也可以提出增加取土场（借方不够时），并给出选址要求。

（3）临时占地的生态恢复

在公路项目中，生态保护措施主要为临时占地的生态恢复措施，包括取弃土场、预制厂、拌合站、施工营地、便道等。

对于取弃土场可根据当地的自然环境因地制宜地进行生态恢复，位于农田区的可以进行复垦，附近水资源丰富的也可以开发为鱼塘，位于南方地区的可以进行绿化，位于荒漠地带的可整理边坡。切忌提出不可操作的恢复措施。

对于预制厂、拌合站通常采取复垦、绿化、平整场地等措施进行恢复。

施工营地可尽量租用民房，减少临时占地。如不能租用民房的可设置简易房，施工结束后平整场地，根据当地自然环境进行生态恢复。

施工便道可以利用为乡村道路或高速公路伴行辅路。

通过采取上述生态恢复措施要达到使临时占地区域逐步向周边环境转化这样一种趋势，使被破坏区域尽量恢复原貌。

（4）农田土壤利用与保护

① 要尽可能绕避，不占农田，特别是基本农田。

② 凡占用基本农田的，应履行审批手续，并提出相应的补偿方案。

③ 采取减量化措施，严格控制占用农田的面积。

④ 占用农田的，要在农田区划定作业带或规定作业范围。

⑤ 保护土壤层。分层取土，表土层堆存保护，用于营运期工程绿化或周边区域农田改良、城镇绿化。

⑥ 合理选择弃土场。从农田区挖除而不能利用的土方，要弃入规定的地方或选择合适的地方，不得弃入河道、沟渠等堵塞水流的地方。

⑦ 对弃土场要采取防治水土流失的工程措施和生物措施。

⑧ 工程临时占地，尽可能避免占用农田。

⑨ 要提出耕地的补偿方案。

（5）植物物种的保护

主要针对国家和地方的重点保护野生植物和狭域物种。主要措施包括避让、迁地保护、人工增殖。

① 避让，对重点保护野生植物和狭域物种的集中分布地，影响较重的应考虑尽可能避让。包括选线和临时占地。临时占地应避免占用重要保护野生植物和狭域物种的分布地。

② 迁地保护，对不能避让而直接影响的重点保护野生植物和狭域物种的植株，应进行迁地保护。迁地保护的地点应考虑生境的相似性。

③ 人工增殖，对种群数量较少，影响较为严重的重点保护植物和狭域物种应进行人工增殖（人工采育种植），扩大其种群数量。种植的地点应考虑生境的相似性。如在保护区的外围通过人工生态恢复，不断扩大其生境。

（6）动物物种的保护

特别是重要经济动物、野生动物保护区的珍稀动物种。动物的保护措施主要包括避让、施工活动控制等。

① 避让，如涉及动物的重要栖息地（繁殖地、越冬地、集中觅食地、集中夜栖地、重要迁徙通道等），影响较重的应考虑尽可能避让。包括选线和临时占地。能够避让是最有效的保护措施。

② 迁地保护，如果调查发现要保护的动物在该地十分罕见，种群数量稀少，该地也不适合其生存，那就可以迁地保护。

③ 生境补偿，如果工程确实不能避开野生动物的某类生境，如觅食、活动地，可以在该生境的附近，人工建立类似的生境，补偿被工程占用的生境。

④ 人工养殖，某些动物可以通过人工养殖实现种群数量的增加。

⑤ 施工活动的控制，应从保护对象的生理生态学特征（如觅食、饮水），合理安排施工时间，控制施工人员的行为、施工噪声、灯光等。

⑥ 设置野生动物通道。这在线形工程中对陆生野生动物（两栖类、爬行类、哺乳类）的保护是非常重要的，在设计与环评中必须予以充分重视，特别是对珍稀、濒危的野生动物。但需论证通道设置的合理性。

A．野生动物通道的设计原则：

◆对项目所在区域进行详尽的生态现状调查，尤其对当地野生动物及其栖息地进行深入调查和研究，根据沿线野生动物种群的分布特征、数量、种群交换情况、栖息地、繁殖地、季节性迁移习性等状况，明确保护对象，并结合环境特征初步确定建立通道区段和通道的形式。

◆考虑动物的生理学特征、行为特点和迁移活动路线，在与野生动物迁移路线交叉处定位通道的准确位置。

◆两栖类、爬行类通道主要考虑设置桥梁和涵洞。

◆哺乳类通道主要考虑设置高架桥、桥梁和涵洞，大型哺乳动物的通道以隧道和桥梁为宜，桥梁应考虑净空高度。

◆考虑尽可能多的动物种类的需求。

◆工程技术指标与动物需求相结合。

◆以车辆和动物安全的原则设置安全防护和引导措施。

◆考虑项目施工、运营方式、时序等因素。

B．野生动物通道系统监测：

加强对野生动物通道系统的监测，根据监测结果和动物行为特点对通道进行优化和改选。监测技术主要是定点观测（包括其足迹、粪便等），或采用夜视仪、摄影摄像仪进行观测记录等。

通过不断完善，才能建成最合理、最有效、最经济的野生动物通道。

（7）隧道弃渣的综合利用与弃置处理

隧道出渣应充分利用，尽可能减少废弃量。如用作工程路基或边坡防护的砌石等，或用于其他工程建设。

对于确实不能用于工程建设而不得不抛弃的，应合理选择弃渣场，并做好修筑挡墙、排水沟、表层覆土等防止水土流失和塌方的措施。不得选择在河道、坡脚等易受水蚀、风蚀的地方。

（8）城市生态的保护

景观设计的协调性应重点考虑。轨道交通地面工程与地面其他建筑的有机结合，或成为街头小景。

加强地铁站场周边区域的绿化，与周边绿地协调或设置必要的绿化隔离带。

对于涉及城郊自然保护区、风景名胜区、森林公园、饮用水水源地等的，应按照法律法规的要求，尽量采取绕避措施，如不能绕避，则在分析影响可以接受的情况下，采取进一步的减缓或补偿措施。总之，要依法予以保护。

5.1.3　独立桥梁项目

5.1.3.1　工程分析

（1）工程分析

工程分析需关注的工程内容包括：

① 注意主桥与引桥。主桥长度、桥面面积、桥墩类型及个数，引桥形式及其占地类型与面积、植被情况。示例见表 5-20。

表 5-20　独立桥梁示例

序号	中心桩号	河流/桥梁名称	交角/（°）	桥梁孔径（孔-m）	桥梁全长/m	结构类型			
						上部结构	下部结构		基础
							墩	台	
1	K3+955	黄河桥	90	8×40+60+5×90+60+34×40	2 258	引桥预应力混凝土小箱梁，主跨预应力混凝土连续梁	引桥柱式墩，主桥箱形墩	肋式桥台	桩基础
…	…	…	…	…	…	…	…	…	…

② 施工工艺或方式，特别是桥墩的灌桩方式。分析施工工艺的先进性，从而确定对河流水环境的影响方式与程度。

③ 桥位河道两岸的护砌工程。

④ 陆生生态影响主要是引桥占地，或者与其他有关工程的连接。

（2）项目特点

这类项目主要表现为施工期对水环境及水生生态的影响，特别是桥墩施工时钻渣、泥浆对水环境的污染，其影响轻重与所采取的工艺有直接关系。一些大江大河往往生长有国家或地方保护珍稀水生生物，也是洄游通道，桥墩施工（水质污染与噪声、振动）对这些水生生物是有影响的。此外，跨河桥梁需要修建较长的引桥，占地面积较大，对河岸陆生生态有不良影响。

因此，该类项目工程分析及环境影响的生态影响因素识别，就可以根据工程对陆生生态和水生生态两个方面的影响进行识别，确定对陆生生态和水生生态影响的性质、范围、程度等。在专题评价中，根据影响识别情况，深入进行影响预测评价（包括施工期的生态影响，以及运输危险品车辆通过发生事故可能导致的水污染风险）。

5.1.3.2 现状评价

（1）调查评价内容

独立桥梁项目引线及引桥建设生态现状评价内容可参考公路、铁路建设工程。主桥建设生态现状评价需调查的水生生态内容，包括水生生物和水产资源。

（2）方法应用

主要用资料收集法收集所跨水体内的水生生物和水产资源，必要时可采用取样法或捕捞法调查或监测水生生物状况。

（3）特点

既有线形工程特点又涉及水生生态问题。

5.1.3.3 影响评价

（1）陆生生态或近岸生态影响

① 主要是引桥占地的生态影响。从占地类型及其植被类型、面积，造成的损失，包括水土流失等方面进行评价。

② 施工期对陆地植被及近岸湿生生态系统的影响。根据施工方式，评价施工活动对植被及近岸湿地生态系统的影响，包括植被生长条件的破坏、植被生态效益的损失、湿地水力条件是否受到影响。

③ 对河流两岸景观生态的影响。首先说清景观的现状情况，然后分析桥梁建设与景观的协调性，是否会影响景观的观瞻。

陆生生态部分与公路项目类似，详可参考公路项目评价内容。

（2）水生生态影响

① 施工期影响主要是水中墩建设对水环境的影响。大桥施工时，直接在水库挖泥或进行其他施工以及建筑材料冲洗等引起水质浑浊，影响河流水质。目前来看，对水环境保护比较好的工艺是双钢围堰施工工艺。施工结束后将钻渣及泥浆及时运出河道，填埋后复垦处理。

② 营运期桥面污水对水环境及水生生态的影响。降雨形成的桥面径流对桥下河流的污染，运输危险品车辆在桥位处发生事故，危险品泄入江中对水质的污染及对水生生物的影响。保护措施主要是桥面引流，即桥面径流不直接入江入河，而是引入陆地蓄水池。

③ 对重要鱼类等水生生物的洄游与生存、活动影响。如施工噪声及振动对声

敏感水生生物的影响。需要做认真的现场调查，避开洄游期施工，采用低噪声低振动的先进工艺。

5.1.3.4　生态保护

（1）对比选方案进行分析

一般独立桥梁项目基本没有比选方案，因为修建该桥是有前提条件的，如已有道路存在，只是需要建一座桥来跨河。

但是，有的独立桥梁项目也是有比选方案的，如欲在河流两侧城镇中修建高速公路或其他专用道路；或随着社会经济或城市发展，需要修建一条跨河桥梁。

（2）尽可能避开敏感生态保护目标

如有的河流段及河岸洪水泛滥区已被划分为湿地自然保护区、水鸟栖息地或集中活动区、当地居民集中游泳区，这样的地区在选址时就要尽可能避开。

（3）尽可能避开集中式生活饮用水水源地上游

如果建在水源地上游，需进行风险评价，进而提出严格的防护措施。对于北方地区，由于冬季结冰的"壅高作用"，使下游的冰面比上游的冰面高，下游排污口的污水会向上游区域延伸，如果上游有取水口则会对饮用水产生污染影响。其影响程度与取水口与排污口间的距离、排污量、冰冻时间等因素有关。

5.1.4　管线工程

与公路、铁路项目在环境影响评价方面有很多相似之处，可以互相借鉴。

5.1.4.1　工程分析

目前我国常见的管线工程主要是输油输气管线、供（引）水管线、通信光缆埋设、城镇排污管线等。

① 工程分析要说明工程建设性质、规模、挖掘土石方量，管线路径、长度、内径，管沟挖深与挖宽；附属或配套工程，如维修站、检查站等。

② 施工方式，施工队伍与人员数量，施工营地位置与相关补给点。明确哪些地段为大开挖式施工，哪些地段为盾构式施工等。

③ 对生态影响的主要工程内容是管线施工过程与站场占地。生态影响源主要是管线穿越不同生态区段所占不同类型植被或土地利用类型的面积、相关配套工程占地类型与面积、工程土石方量、施工方式等。

管线工程属于线性工程，其环境影响识别及主要环境影响（包括生态影响识别及影响评价）可参考公路、铁路工程技术要点。

5.1.4.2　生态现状评价

对环境的影响与其沿线经过的生态环境类型与现状有关。该类项目也需要根据沿线的生态系统类型进行生态区段（结合地形地貌与土壤、植被情况划分，或其中的一个因子）的划分。

分区段描述沿线生态环境现状（地形地貌、土壤、水系、植被类型及其覆盖率、野生动植物及其优势种情况、珍稀保护物种、水土流失现状等），指出主要环境问题及其原因。

（1）按植被类型划分

① 森林生态区：

人工林：主要树种及其胸径。

天然林：林分结构、优势种、林下植物、成层现象等。

② 灌木林生态区：主要灌木类型、高度、丛型或株型、密度、分布。

③ 草原生态区：草原类型与结构、主要草种、草种长势、等级、土壤等。

④ 农田生态区：水田、旱田，是否为基本农田；主要农作物种类、产量、土壤肥力，是否为坡耕地等。

⑤ 湿地生态区：类型、补给来源、水体水面动态变化、水生生物等。

⑥ 荒漠生态区：气候特征、土壤类型、植被类型与结构、主要植物种、脆弱性、稳定性等。

⑦ 沙漠区：固定沙丘、流动沙丘，沙丘形状。

注意区分沙漠与沙地。沙漠一般是由不能生长植物的沙丘构成，而沙地则往往是既有沙丘又有草甸，还有林地、灌木等。

⑧ 戈壁区。砾幕。

（目前说法各异，还需进一步深入研究。）

（2）按地形因子划分

① 平原区。平原天然林、平原人工林、平原灌丛、平原农田、平原天然草地、平原人工草地、平原湿地、平原河流等。

② 台地区。台地森林、台地草地、台地。

③ 丘陵。丘陵林地、丘陵灌丛、丘陵草地-草坡、丘陵河流等。

④ 沟壑区。沟壑林地、沟壑草地、沟壑农田、沟壑。

⑤ 沙丘区。固定沙丘及植物、流动沙丘、沙丘形态等。

（目前说法各异，还需进一步深入研究。）

当然，可以将地形因子与植被类型相结合进行划分，如丘陵森林生态区、平原草地生态区、平原人工林生态区、平原湿地区等。

此外，当管线经过村镇人居村落时，应该增加城镇区或村落区。

5.1.4.3 生态影响评价

（1）施工期

是生态影响评价的重点，生态影响主要表现为对地表植被的破坏。

该类项目的生态影响评价与公路、铁路项目有相似之处。但该类项目由于管线处于地下，营运期地表生态得到一定程度的恢复，对生态影响不明显；而施工期由于施工挖沟埋管作业以及车辆、人员活动等对沿线植被会造成一定的破坏。因此，生态影响主要是在施工期。

工程经过不同的生态区段，对生态的影响是有区别的。需分别进行评价。这是生态影响评价的重要内容。

管线穿越重要河流时，除评价施工对河流水质的污染影响外，还需评价施工对水生生态的影响；穿越森林、湿地，造成生物天然栖息地整体环境的分割，破坏生物的迁移通道，会引起物种多样的改变，甚至会威胁到一些珍稀物种。

施工期需要评价各类临时占地对生态的影响。该类项目的临时占地主要是施工营地（有些工程不设置施工营地，施工营地就设置在附近村镇内或租用民房），机械维修点，补给站（供水、供油、提供生产生活用品等）。

（2）营运期

如果是地下管线工程，如果施工期生态保护工作做得好，营运期生态影响则很不明显。

如果是挖明渠、明管类型的管线工程，虽然维护存在便利之处，但对景观生态是有影响的。

对于输气输油管线，营运期最大的不利影响是泄漏影响，特别是泄漏的风险影响。事故情况下，输送油气的管线泄漏或着火爆炸，除直接伤害邻近地区的居民及生物外，还会造成局部范围生物栖息地的破坏和引起生物种群结构的急剧变化。

5.1.4.4 生态保护

（1）土壤保护

生态保护要注意土壤层的保护，分层取土，分层回填，施工时要对表层土壤层单独堆放，严格保护，待施工结束后将原地表土壤层覆盖在最上层，并根据情况进行绿化、恢复植被（即"三分一恢复"措施），或压实、覆盖砾石（如新疆的戈壁、荒漠地区）等。

（2）绿化

南方地区相对较为容易绿化，半干旱地区根据实际情况实施，干旱区可不提倡人工绿化，尽可能自然恢复。

（3）水土保持

管线经过山区、丘陵区、风沙区，必须有相应的水土保持措施。

（4）风险防范

特别是输油输气管线工程的阀门等的泄漏会造成一定的风险影响，需要关注。

5.2 矿产资源开采（采掘类）项目

5.2.1 固体矿（煤炭、金属等）开采项目

5.2.1.1 工程分析

此类项目工程分析要点主要有以下几个方面：

（1）明确矿山建设规模、开采方式及工艺

露天开采：需要说明开采境界、采区划分及开采顺序、开采进度计划、排土场及排弃计划、开采工艺、开采方法与开采参数、矿石运输、地下水控制等内容。

地下开采：需要说明井田开拓方案与工艺，埋深、运输方式、矿井设计服务年限等内容。

（2）煤矿开采须明确煤矿是否在国家规划的大型煤炭基地和规划矿区内。对处于不同区带（东部调入区带、中部调出区带、西部后备区带）的煤矿，应关注该区带常见的生态影响方式。例如东部调入区带的重点煤炭开发区大部分位于冲积平原区，煤炭开采会造成农田耕地的丧失，影响农业生产；中部调出区带位于水资源严重缺乏的晋陕蒙地区，煤炭开采造成的突出问题是地下水位下降，加剧水土流失和土地荒漠化程度加重；西部后备区带煤炭基地多位于荒漠草原地区，煤炭开采带来的主要环境问题是地下水资源的破坏，加剧水土流失和土地沙化。

（3）明确矿山企业的"三率"

《矿山生态环境保护与污染防治技术政策》中提出应将采矿回采率、贫化率、选矿回收率（简称为"三率"）等矿山资源综合开发利用指标作为完善矿山生态环境保护的考核指标。

① 开采回采率：是指采矿区域内矿石采出量与消耗工业储量的百分比。开采回采率越大，越趋近于 1（最佳值一般为 98%），说明矿石采出量大、资源利用率高，反之则利用率低。

② 采矿贫化率：是指采矿区域内采出矿石品位降低的百分率。采矿贫化率越小，说明采出矿石的品位高。科学地设立贫化率指标，可提高资源的合理利用和经济效益。

③ 选矿回收率：指选出矿产品中有用成分重量与入选原矿中有用成分重量的百分比。选矿回收率值越大，则说明选出有用矿物多，利用资源的技术水平高。

"三率"是体现矿山企业资源利用水平的最重要指标，资源利用水平越高，则矿山废物排放越少，生态环境受损越小。

（4）几点说明

① 说明选煤厂工业场地和矸石场选址、占地情况。

② 说明尾矿库、废石场选址、占地情况，以及尾矿输送与回水管线选线情况。

可见，此类项目工程分析的内容较为复杂，对各环境因素的影响也各异，对生态的影响也因工程内容及其施工和营运方式的不同，差别较大。如露天矿主要生态影响除地面相关建设工程的影响外，主要是大面积剥离地表造成的生态影响，与井工开采更突出的是由于塌陷而引起的生态影响。

此类项目在影响识别时就至少分三个不同阶段，即施工期、营运期、闭矿期（井工开采也可称为闭井期，露天开采也可以称为闭坑期），大型矿藏开采可考虑"施工前期"。根据工程建设内容、分期，再结合环境特征，全面进行包括生态影响在内的工程环境影响识别，给出识别表（可参考第 3 章的"表 3-1"），以利于各专题影响进行深入评价。

（1）煤炭采选工程

① 工程组成。煤炭建设项目工程组成一般包括主体工程、辅助工程、公用工程、储运工程几个部分，详见表 5-21。

表 5-21　煤炭建设项目工程组成

工程组成	建设内容
主体工程	矿井或露天矿、选煤厂等
配套工程	排矸场、矿井水处理站、生活污水处理站、机修车间、材料库、坑木房、消防池等
公用工程	采暖供热工程、供排水工程、供电工程、行政福利设施等
储运工程	储煤场（仓）、装车站、铁路、公路、输煤栈桥、运输皮带、运矸线路等

② 开采方式。

A. 地下开采，又可称为井工开采，其主要生产系统包括采矿系统、提升系统、运输系统、排水系统、通风系统、供电系统及矸石处置系统。

a. 采矿系统：指从矿体中开采矿石进行准备、切割和回采的工作系统。根据矿床地质条件，不同矿床需要选择不同的开采工艺，不同的开采工艺对环境的影响也会有所差异。我国常用的主要采煤方法（徐永圻，2003）见表 5-22。

表 5-22　煤矿地下开采主要工艺

序号	采煤方法	体系	整层与分层	推进方向	采空区处理	采煤工艺	适应煤层基本条件
1	单一走向长壁采煤法	壁式	整层	走向	垮落	综、普、炮采	薄及中厚煤层为主
2	单一倾斜长壁采煤法	壁式	整层	倾斜	垮落	综、普、炮采	缓斜薄及中厚煤层
3	刀柱式采煤法	壁式	整层	走向或倾斜	刀柱	普、炮采	同上，顶板坚硬
4	大采高一次采全厚采煤法	壁式	整层	走向或倾斜	垮落	综采	缓斜厚煤层（<5m）
5	放顶煤采煤法	壁式	整层	走向	垮落	综采	缓斜厚煤层（>5m）
6	倾斜分层长壁采煤法	壁式	分层	走向为主	垮落为主	综、普、炮采	缓斜、倾斜厚及特厚煤层为主
7	水平分层、斜切分层下行垮落采煤法	壁式	分层	走向	垮落	炮采	急斜厚煤层
8	水平分段放顶煤采煤法	壁式	分段	走向	垮落	综采为主	急斜特厚煤层
9	掩护支架采煤法	壁式	整层	走向	垮落	炮采	急斜厚煤层为主
10	水力采煤法	柱式	整层	走向或倾斜	垮落	水采	不稳定煤层急斜煤层
11	柱式体系采煤法（传统的）	柱式	整层		垮落	炮采	非正规条件回收煤柱

b. 提升系统：指将煤炭由井下提升到地面的系统。一般主井用箕斗，副井用单层或双层罐笼。

c. 运输系统：将煤炭由采煤工作面运输到井底煤仓的系统。根据运输环节，一般有刮板运输机、皮带运输机、电机车运输等。

d. 排水系统：指将井下涌水排到地面矿井水处理站的系统。根据矿井开采深度，有单级排水或多级排水、集中排水或分区排水等系统。

e. 通风系统：指由进风井将新鲜空气送入井下，经过井下巷道及工作面后，乏风由回风井排出地面的系统。通风方式有压入式和抽出式两种，均为机械强制通风。一般均配备两个通风机，一用一备。

f. 供电系统：指为井下生产、照明提供电力能源的系统。

g. 矸石处置系统：包括综合利用和堆存两种方式。综合利用可采用回填采空区或用于生产建筑材料等方式；而堆存则需要选择专用的场地将矸石进行堆置。

B. 露天开采。

a. 开采境界：一般是指采矿权确定的面积由国土资源部门审批确定。开采境界的大小决定着露天矿的剥离岩量、生产能力、开采矿量、开采年限等指标，影响矿床的开拓及总图运输。

b. 开采工艺。

间断式开采工艺：此开采工艺的采装、运输和排土作业等主要生产环节是间断进行的。

连续式开采工艺：在此开采工艺的采装、运输和排卸主要生产环节中，物料输送是连续的。

半连续式开采工艺：整个生产工艺中，一部分生产环节是间断式的，另一部分生产环节是连续式的。

c. 主要生产环节。

煤岩预先松碎：软岩可直接采掘，中硬以上煤岩必须进行预先松碎后方能采掘。

采装：利用采掘设备将工作面煤岩铲挖出来，并装入运输设备（汽车、输送机等）的过程。

运输：将煤运至卸煤站或选煤厂，土、岩运往指定的排土（石）场。

排土和卸煤：土、岩按一定程序有计划地排弃在规定的排土（石）场内，煤被卸至选煤厂或卸煤站。

d. 辅助环节，包括：动力供应，疏干及防排水，设备维修，线路修筑、移设和维修，滑坡清理及防治等。

e. 开采秩序：确定井田开采面积后，一般也是划分成不同的区块，开采区块渐次开采。也有的矿井未分区块开采。

③ 选煤厂，一般由筛分破碎车间、主厂房、浓缩、压滤车间、输煤栈桥、产品仓、矸石仓等组成。

（2）金属矿采选工程

金属矿包括黑色金属与有色金属。

工程内容：

A. 采矿。

a. 地下开采，主要生产系统有矿床开拓系统、采矿系统、运输提升系统、通风防尘系统、排水系统、废石处置系统等。

◆ 矿床开拓系统：从地表向地下开掘一系列通达矿体的通道，使地表与矿体间形成提升、运输、通风、排水等供地下矿生产的完整系统称为矿床开拓系统。地下矿床开拓方式有平硐、斜井、竖井及斜坡道等四种基本开拓方式。

◆ 采矿系统：从矿体中开采矿石进行准备、切割和回采的工作系统称为采矿系统。一般分为空场采矿法、充填采矿法、崩落采矿法三大类。

◆ 运输提升系统：将采出的矿石、废石经各转运点和主要巷道运送到地面，以及对人员、设备器材的运送系统称运输提升系统。常用的为有轨机车运输、无轨运输和带式输送机运输。

◆ 通风防尘系统：是矿井通风网路、通风动力及控制、防尘系统的总称。通风系统的类型通常按集中与分区、进回风井（巷）布置和通风方式划分。

◆ 排水系统：分集中排水、分区排水、一段排水和分段排水等系统。

◆ 废石处置系统：废石的处置有综合利用和堆存两种方式。在采用充填采矿法的矿山，可将废石作为充填料充填采空区；废石也可破碎后作为建筑材料。大多数矿山的废石堆置在废石堆场内。

b. 露天开采：露天矿的主要生产系统有开拓运输系统、穿孔爆破系统、采装系统、排土系统、防水和排水系统、通风防尘系统、土地复垦及植被恢复等。

◆ 开拓运输系统。通常露天矿的开拓运输方式有：铁路开拓运输、公路开拓运输、平硐溜井开拓运输、带式输送机开拓运输、斜坡提升开拓运输、联合开拓运输等。

◆ 穿孔爆破系统。穿孔工作是露天开采的第一个工序。露天矿的穿孔设备主要有：牙轮钻、潜孔钻、冲击钻及凿岩台车（浅孔设备）。

露天矿爆破一般有深孔爆破和大爆破。深孔爆破量大、效率高、成本低，是露天矿主要生产工序之一。露天矿大爆破多用于山区矿山，是加快基建进度的有效方法之一。

◆ 采装系统。露天矿采剥方法分为缓帮开采和陡帮开采两种。缓帮开采是按水平分层依次延深、逐层推进至分期开采境界或最终境界的开采工艺。陡帮开采是以扩帮宽度配置工作面，采剥独立作业，并依采矿空间发展的需要按组合台阶形式进行扩帮作业的开采工艺。

◆ 排土系统，是露天矿重要的生产工序之一。排土工艺根据运输方式和排土机械的不同可分为：汽车运输-推土机排土、铁路运输排土、胶带排土机排土。

◆ 防水和排水系统：主要解决采场的地表水和地下水的防水、排水问题，以保证正常生产作业。

◆ 通风防尘系统：露天矿通风方法有井巷通风、管道通风、自然气流通风等多种方法。按照通风方式的不同，分抽出式和压入式两种。

露天矿在开采过程中的穿孔、爆破工序可采用湿式、干式及干湿结合除尘三种除尘方法。装载运输和排土工序采用喷雾洒水的降尘方式。

◆ 土地复垦及植被恢复：露天采场、排土场所占用的土地面积较大，对生态环境的破坏亦大。因此，必须进行土地复垦及植被恢复。

B．选矿。

a．工业场地，主要包括破碎、筛分、磨矿、浮选、重选、磁选、脱水等工艺车间。其对生态环境的影响主要表现在占地影响，需明确占用土地的面积和类型。

b．尾矿设施：选矿产出的尾矿需设置专门的场地进行堆置。尾矿设施主要包括初期坝、尾矿堆积坝、排水构筑物、存矿设施，以及尾矿输送与回水设施。

尾矿输送的基本方式有自流输送、压力输送和将两种基本方式组合而成的混合输送方式；对于压缩后的干排尾矿，可采取胶带或汽车等运输方式输送。在选矿厂生产工艺许可的条件下，应尽量回收尾矿水，减少向下游的排放量。因此，需设置尾矿回水管线。进行工程分析时，需明确选矿厂与尾矿库之间各种管线的路由、占地面积和占地类型，以及土石方工程量等。

5.2.1.2 生态现状调查

不论是煤炭采选项目，还是金属矿采选项目，对生态环境现状的调查评价均需围绕着矿山开采可能带来的环境影响状况。矿山开采中比较突出的生态影响问题常表现为地表沉陷（露天矿主要是挖损）、地下水资源破坏、废石（煤矸石）堆存占地等。因此，在调查分析区域及评价区基本生态特征（包括占地类型、生物多样性、生态功能、生态系统类型及组成、景观特征等）的基础上，还要重点描述以下方面的内容：

① 调查项目周边分布的环境敏感点或敏感区情况，如自然保护区、水源保护区、基本农田保护区、重要湿地、文物古迹，以及重点保护野生动植物、珍稀动植物种等。明确各敏感点或敏感区与项目采矿场或采空区的位置关系。

② 调查现有工程或者评价区内既有矿山开采后产生的地质灾害（地面塌陷、地表裂缝、滑坡、泥石流等）发生的范围、程度及影响等。

③ 由于采矿生产会引起地下水疏干，从而对疏干范围内的湿地、植被、动物等分布产生影响。因此，需要调查当地水文地质条件、各含水单元的水力联系；通过资料收集或现场调查的方式了解当地主要植被的生长与地下水的依存关系等。

④ 调查矿区水土流失、土地荒漠化现状情况。

⑤调查矿区周围农业生产现状、农作物种类及产量、灌溉方式与灌溉量等。

⑥调查矿区周围的土壤类型、分布及质量情况。

5.2.1.3 生态影响评价

（1）生态影响评价特点

①矿山开采项目的生态影响贯穿其建设、生产及退役的全过程。因此，需根据矿山建设、采剥工作进度计划，分期（一般分为建设期、营运期及退役期）或分阶段开展评价。尤其对于服务年限较长的矿山项目，在投产后，可分几个时段开展评价。例如程经权（2006 年）提出，矿井生态评价可分投产后 5 年、20 年两个时段进行详细评价，后续的评价可结合前期评价，以及实际生产中取得的实测数据继续开展。

②分不同生态区块分析工程产生的影响及其程度，即生态破坏程度、造成的生物量与生态效益损失。

③关注地质灾害（地面塌陷、地表裂缝、地下水位下降及其引发的地表生态问题、滑坡、泥石流等）的影响分析。

④矿山区域城镇化引发的生态环境问题。我国由于矿山企业建设而发展起来的城镇是比较常见的，一个大企业带动一个城市的发展是正常的，但城镇化的发展必然引发环境问题。这个问题在环境影响评价阶段应该引起重视，相关内容要强调严格规划，首先做好规划的环境影响评价工作。

⑤移民安置生态影响。矿山企业一般规模都比较大，往往涉及移民安置。移民安置对生态环境的影响主要是要分析对安置地的环境影响。

⑥伴生矿的放射性问题。一般而言，这类问题在地质勘探工作中是比较多被关注的。如果是放射性矿，则按照国家有关规定，进行管理与勘探，需进行辐射方面的专项评价。某些矿藏在开采过程中，由于伴生矿中有放射性元素，存在一定的辐射，其辐射问题需要引起关注，环境影响评价应根据放射性监测结果，实事求是地进行评价，并提出相应的措施。

（2）生态影响评价内容

矿山地下开采破坏和损害土地资源，废石（矸石）堆放压占土地、破坏生态、污染环境并影响景观，开采导致的地表沉陷和地下水漏失会相应地引发生态问题，这种影响尤其表现在对水资源的影响上。地表沉陷往往造成采区建（构）筑物出现裂缝和变形，在我国东部地区沉陷会形成地表积水，在西南山区和西北黄土高原则会引发山体滑坡和岩体崩塌。露天开采则以直接挖损和外排土场压占产生的影响为主。不论是露天开采，还是地下开采，均需关注水土流失问题。

①地下开采项目。

　　A．地表沉陷问题：实质上是一个地质环境问题及其引发的生态环境问题，如对地表生态敏感目标的影响，由于地面沉陷造成地表文物的损坏；由于地表沉陷造成滑坡、泥石流等相关地质灾害。

　　B．地下水资源受破坏问题：主要是采掘中的矿井疏干水问题。一方面是对疏干矿井水的利用；另一方面是疏干矿井水后对地下水资源的影响，地下水的水文特征、水系循环都会随之受到影响。

　　② 露天开采项目。

　　A．土地的占用：采矿场地、废石（矸石场）以及地面附属设施等的建设均需要占用一定面积的土地，影响了原有土地的使用功能。

　　B．对水资源的影响：采矿使地下水形成疏干漏斗，对区内的地下水资源会产生一定的影响。

　　C．对植被的破坏：以直接挖损和外排土场占地生态影响为主。露天开采占地面积大，对植被的破坏最严重，这是地表生态破坏最突出的问题，也是生态评价的重要内容。

　　在生态环境现状评价和工程分析的基础上，认真评价工程建设对以植被为主的生态环境造成的影响，分析工程造成植被破坏的面积，损失的生物量及其生态效益。

　　此外，需要重点关注工程建设是否对占地区，以及地下水疏干范围内的国家和地方重点保护野生植物种、珍稀野生植物种生长产生影响。

　　D．对河流水系的破坏与污染，主要影响注意两个方面：一是对河道的影响，二是对流域汇水区的影响。有的露天开采项目可能涉及河流改道，有的则可能影响流域汇水、河流水质与水量。

　　E．边坡稳定性：外排土场边坡如果不稳定，容易产生滑坡，造成较大的生态影响。

　　③ 尾矿库环境风险。金属矿采选均有尾矿，并有尾矿库贮存，这样就存在尾矿库风险——垮坝，虽然主要是安全问题，但对环境的破坏或污染往往也很突出。2008 年 8 月 1 日及 9 月 8 日，山西娄烦县与襄汾县相继发生了铁矿企业排土场与尾矿库的溃坝事件，造成了下游居民生命财产的重大损失。因此，对于矿山企业尾矿库及排土场的环境风险需要重点关注。

　　首先，要分析尾矿库的选址问题，注意尾矿库下游有无敏感保护目标。如城镇、村庄、学校、医院、工厂等。

　　其次，要弄清尾矿坝的类型与结构，简要分析其溃坝的可能性。

　　最后，还需要分析尾矿库的地质结构、地质岩性、土体类型及厚度、渗透性，地下水埋深、流向、补给特性，是否涉及饮用水水源等。

④ 固废堆放影响问题。废石（煤矸石）堆放会占用土地资源，破坏植被，污染土壤，容易引发崩塌、滑坡、泥石流等灾害。煤矸石堆存不当，还存在自燃和粉尘污染问题。

露天矿开采，会产生大量的排土地，外排土石方不仅大量压占土地，破坏植被，也存在安全与环境问题。

5.2.1.4 生态保护

加强矿山生态环境管理，加快推进矿山环境治理和生态恢复责任机制建立，规范矿产资源开发过程中的生态环境保护与恢复治理工作，指导和规范各地《矿山生态环境保护与恢复治理方案》编制。2012 年 12 月 24 日，环境保护部发布了《矿山生态环境保护与恢复治理方案编制导则》（环办[2012]154 号），对于新建和已投产的矿山的生态保护与恢复，首先应考虑编制生态保护与恢复治理方案。

（1）地下开采

① 废石的利用，包括综合利用方式、途径，利用程度和经济效益。

如煤矸石可以用于建筑、交通工程的填方（铺垫路基）、采空区或沟谷的充填、制作建筑材料、矸石电厂发电等。

其中，采空区回填非常重要，一方面减少煤矸石或废石的露天堆放，减轻对生态、景观及环境质量的影响；另一方面有利于防止采区地表塌陷。根据沉陷程度的不同采空沉陷区，分别采取不同的恢复与利用措施：轻度破坏的农田可进行简单的平整即可恢复耕种；中度破坏的农田需进行复垦以恢复其生产能力；对于重度破坏的耕地和林地无法复垦的，应按国家政策对受损农民直接进行补偿，保证其生活水平不降低。

沉陷较深的区域一般不能用作鱼塘；如果填平复田，因为可能会漏水漏肥，所以一般不用于耕作；一般也不填平后用于厂矿企业及居民楼建设。但如果经过一段时间的观察，回填区很稳定，不存在漏水漏肥，则可以恢复耕种，也可以考虑用作建设（回填区用作城镇建设用地也是有先例的）。

② 对地表建筑的保护。煤柱的保留，包括防水煤柱、保安煤柱、防护带煤柱等。

特别是涉及地表敏感保护目标（文物、公路、铁路、重要工程、城乡建筑）时，留设保安煤柱是必要的措施。

为防止河水进入矿井，或为防止地下水突水，留设防水煤柱是必需的。

对于不良地质地带，需要保留防护带煤柱。

③ 对文物的保护，一般分地上保护与地下保护两个方面：地下保护主要是留

设保护煤柱；地上保护则不得在文物保护范围内搞建设或设置各类临时用地，也不得盗掘。

（2）露天开采

主要是生态恢复问题。

① 采坑回填。采坑变水库，搞渔业养殖，从事水上观光和垂钓等旅游服务，也可以根据情况发展水田、搞水稻种植。但需注意采坑周边是否还有别的采掘作业，以防突水。

对因采掘作业征用的土地，进行异地补偿。对被破坏的土地进行土地复垦或补偿（按照占多少，垦多少，等质等量的原则执行）。

占用基本农田的补偿一般按照国家规定需要严格进行论证，必要时还需要听证，其补偿方式国家有严格规定，至少需要建设单位、地方政府、农民这三方充分协商，达成一致后经上级审查、审批。

② 生态重建。

自然恢复：采矿对某些区域的生态系统破坏极为严重，属于人类对自然的严重干扰行为。生态恢复过程是一个缓慢的"原生演替"过程（即严重干扰之后移走或掩埋了生态系统中的大多数有机物，很少甚至根本不留下任何有机质或生物繁殖体，使其演替由原生状态起步）。有些矿地会由于自然演替使得某些耐性物种侵入而实现植物定居，但是，由于恶劣的环境及基质缺少植物繁殖体，自然恢复往往需要数十年甚至上百年的时间。自然恢复矿区，不论植物处于哪个阶段，和正常土壤上的植被相比，往往都会形成独特的植被，特别是那些年代久远、植被恢复较好的矿区更是如此。

人工恢复：开采过程中的分区块开采，分区块回填，恢复表土层，进行人工绿化恢复，提倡采用采（选）矿—排土（尾）—造地—复垦一体化技术。

（3）尾矿区生态恢复与管理

① 尾矿坝的绿化与水土保持。坝面绿化与两侧的拦洪坝、导洪渠或排洪沟。

② 尾矿库区服务期满后的生态恢复。尾矿库服务期满后，库面需根据尾矿区域的环境特征与尾矿性质，制定科学的恢复措施。这方面的研究报道较多，可以查阅、参考利用。

③ 严格的管理制度。建立严格的管理制度是落实生态保护措施的重要保障。在生态影响评价中要对企业提出生态保护管理方面的严格要求，必须"建章立制"。

（注：有关煤炭开采生态影响与保护方面更多的内容，可以在各类有关环境影响评价书籍见到。如原国家环境保护总局环境影响评价管理司编，《煤炭开发建设项目生态环境保护研究与实践》，中国环境科学出版社，2006。）

5.2.2 油气田开采项目

5.2.2.1 工程分析

（1）工程内容

主要说明以下内容：

① 工程名称、性质、建设规模等。

② 工程的项目组成及布局。油气田工程一般由主体工程、公用与辅助工程等组成。主体工程包括勘探、钻井（油井、注水井）、开采、站场（输油站、联合站）、集输管线、掺水和注水管线等；公用与辅助工程包括道路、供电、通信、生活基地、环保设施、供排水等。某油田某区油田开发工程的主要项目组成示例见表 5-23。

表 5-23　某油田某区油田开发工程项目组成

项目	工程内容		数量	备注
主体工程	钻井井场工程	···	···	···
	站场	···	···	···
	集输管线	···	···	···
		···	···	···
	天然气系统	···	···	···
		···	···	···
公用与辅助工程	道路	主干路	···	···
		支干路	···	···
		井场路	···	···

③ 油田开发方案。

◆ 说明油藏开发范围、开发设计、开发层系、开发方式等。

◆ 说明钻井工程方案，钻井工艺主要有竖井、斜井、水平井、丛式井等；说明井型、井身等参数，钻井数量及位置等；说明井下作业方式，以及油气拆除方式。

◆ 说明地面工程建设方案，包括站场布设规模、数量、占地面积等；集输管网输送方式、布设规模等。

◆ 说明辅助工程规模，包括道路、供配电、防洪、防腐等工程规模等。

④ 工程占地情况。占地是与生态影响直接相关的因素，需说明工程永久占地和临时占地的规模与类型，某油田工程占地情况示例见表 5-24。

表 5-24　某油田开发项目占地情况

序号	建设项目	占地面积/万 m²		备注
		永久性	临时性	
主体工程	钻井工程	…	…	…
	管线敷设	…	…	…
	站场建设	…	…	…
辅助工程	道路建设	…	…	…

⑤ 工程土石方平衡情况，包括挖方、填方，借方、弃方，土方、石方数量；设置的取弃土场位置。

（2）油气田开采项目工程分析特点

① 油气田开采项目实际上也属于采掘类项目，但又不同于煤矿、金属矿开采项目，其独特性主要表现在：工程的复杂性；开采工艺的特殊性；滚动开发特性，一般是分区块渐次开发；生态影响与污染影响都比较明显。

② 在工程分析中需要明确工程内容。油气田项目工程组成较为复杂，包括采、集、输等主体工程，以及道路、供电、通信、供排水、生活基地等公用和辅助工程，因此，要做到工程组成分析完整。

③ 滚动开发油气田应说明已经进行的开发活动，回顾已建工程的环境影响，以及已采取的环保措施（施工期取弃土处置去向、集输站污水和油泥处理措施）与效果分析。

④ 在采油、集输、储运等方面都有新技术、新工艺不断改进，在环境影响评价中要关注这些新工艺的应用。

⑤ 根据规划设定禁止开采的范围（如自然保护区、水源保护区等敏感区），确需开采的需进行调整或采取特殊工艺。

⑥ 油气田项目的环境影响一般主要来自勘探开发期、生产运营期及退役（闭井）期三个阶段，工程分析需基于此三个阶段进行。

由以上工程分析可见，此类项目的生态影响，既有"点"上的（各个井场），也有"线"上的（管线及道路），还有"面"上的（从矿区或其各个区块开发的角度来看）。在工程分析环境影响识别中有必要对工程进行有针对性的分解（但切忌不能漏项），分别识别其不同方面的生态影响以及生态影响的源强，主要是对不同类型土地的占用以及施工和营运方案。

5.2.2.2 生态现状调查

（1）调查评价内容

对于油气田项目的生态环境现状，在调查分析区域及评价区基本生态特征（包括占地类型、生物多样性、生态功能、生态系统类型及组成、景观特征等）的基础上，还要重点描述以下方面的内容：

① 调查项目周边分布的自然保护区、水源保护区、基本农田保护区、重要湿地、文物古迹，以及重点保护野生动植物、珍稀动植物种等环境敏感点或敏感区情况。明确各敏感点或敏感区与钻井、站场、集输管线及道路等位置关系。

② 调查矿区周围土壤类型、分布及质量情况。开采过程中产生的废水、落地油、废弃钻井泥浆等会对土壤环境造成一定影响，因此，需摸清土壤背景质量情况。

③ 调查评价区内土壤侵蚀类型、分布和强度情况。

④ 分析评价区存在的主要生态环境问题。针对现状存在的问题，分析产生原因，根据工程内容分析是否存在可能导致生态问题加重或减缓的原因，以便于针对产生问题的原因提出本工程应该采取的措施。

（2）主要特点

① 对于滚动开发油气田，需调查已经进行的开发活动所造成的生态环境影响。

② 需要关注集输管线沿线区生态现状。

5.2.2.3 生态影响评价

（1）生态影响评价内容

油气田开发建设包括开发建设期（钻井、完井及地面站场建设）和运营期两个阶段，建设期对生态环境的影响较大，而运行期生态影响相对较小。

① 土地占用。油气田开采项目钻井、地面站场、输油管线、道路等会永久或临时占用土地，改变原有土地利用类型，造成区域土地利用格局发生变化。

② 对土壤环境的影响，主要表现在两方面：

第一，工程排放的污染物对土壤质地、理化性质的影响。钻井过程中钻井废水、废弃泥浆和落地油，因产生量大且含有多种污染物，若处置不当，会对土壤环境产生较大的影响，其中，钻井废水主要包括机械冷却废水、冲洗废水、钻井液废水等，包含悬浮物、石油类、COD 等污染物，pH 值较高；废弃泥浆为产生于钻井和完井过程中的钻井液，含油，pH 值较高；落地油为未进入集输管线而散落在地面的原油。

第二，建设期钻井占地、管线敷设和地面工程建设的开外、填埋行为对土壤结构的破坏。挖掘、碾压、践踏、堆积物品等均会造成土壤结构破坏、土壤生产力下降。

③ 对植被的影响主要表现在：

◆ 工程占地扰动土壤、破坏植被，造成植物生物量损失和多样性水平的降低；

◆ 突发性事故导致的油、水泄漏，将会使受影响的植被枯萎或死亡；

◆ 油田开发注水等利用地下水资源，在过量开采的情况下，会造成区域农业用水和生态用水的减少，从而对植被的生长产生影响。

④ 对动物的影响。钻井和采油噪声会对周围 100～200 m 的动物产生一定程度的惊扰。同时，由于评价区内人类活动频繁，会对动物正常的活动产生干扰。

⑤ 生态景观影响。油气田项目的开采使区域景观异质化程度进一步提高，引起局部生态景观的变化。道路、管线的敷设会对地表产生分割效应。

⑥ 非正常工况（环境风险）。在项目生产过程中，由于自然灾害、腐蚀、误操作、设备缺陷、设计以及人为破坏等原因，可能会造成钻井、原油集输管线以及站场等工艺环节的事故风险。造成的事故类型主要为：

◆ 集输管线破裂导致泄漏；

◆ 钻井作业发生井喷，或者卡钻、井壁坍塌及油井报废等；

◆ 站场工艺设施破裂引起原油泄漏，引发火灾事故等。

事故状态下造成的影响有：烃类大量挥发造成空气污染，需要利用事故模型预测对人员造成伤害、财产造成损失的影响范围；原油泄漏污染水体和土壤，危及人群健康和生命，若引发火灾事故，将对空气、人群、生态环境造成严重危害；特别是管线跨越饮用水水源地时，破裂泄漏对水环境的污染。

（2）生态影响评价特点

① 分勘探开发期、生产运营期及退役（闭井）期三个阶段进行生态影响评价。

② 关注事故状态下，如井喷、爆管泄渗致使原油散落地面，以及运营期间试井、洗井、采油作业时，机械设备故障出现的跑、冒、漏油等对土壤、植被等外环境造成的影响。

5.2.2.4 生态保护

① 先进采油科学技术的应用。当前国际先进的采油技术使油井占地面积进一步缩小，而可采油面积和采出量却明显增多。由于占地面积的减少，对生态环境的影响明显减小。

② 生态保护一般以预防为主，各种地面建设活动，包括站场、钻井井场、管线等选址过程中应尽可能避开敏感区（包括农田、林地、文物古迹、地表水等）；管沟施工应分层取土、分层回填，保存好表层土；严格控制施工车辆、机械及施

工人员活动范围，尽可能缩小施工作业宽度，以减少对地表的碾压；切实做好泥浆池的防漏防渗处理，以防污染土壤和地下水环境。

③涉及须严格保护的生态敏感区（如自然保护区、风景名胜区等）采油时，应提出避开方案，采用水平井、丛式井等先进的钻井技术，在保护目标区外围钻井采油。

丛式井：丛式井是指在一个井场或平台上，钻出若干口甚至上百口井，各井的井口相距不到数米，各井井底则伸向不同方位。丛式井主要有以下优点：可满足钻井工程上某些特殊需要，如制服井喷的抢险井；可加快油田勘探开发速度，节约钻井成本；便于完井后油井的集中管理，减少集输流程，节省人、财、物的投资。

水平井：一般的油井是垂直或倾斜贯穿油层，通过油层的井段比较短。而水平井是在垂直或倾斜地钻达油层后，井筒转达接近于水平，以与油层保持平行，得以长井段在油层中钻进直到完井。这样的油井穿过油层井段上百米至 2 000 余米，有利于多采油，油层中流体流入井中的流动阻力减小，生产能力比普通直井、斜井生产能力提高几倍，是近年发展起来的最新采油工艺之一。

④在勘探开发过程中，应当充分利用现有地形和原有道路，尽量避免修建新的道路，以减少对表层土壤和植被的破坏，以及土壤侵蚀。

⑤钻井、井下作业、管线敷设、道路建设等过程中，确定施工作业线后不宜随意改线。运送设备、物料的车辆应严格在设计道路上行驶。

⑥注意在管线等建设施工过程中地貌的恢复，使之尽量恢复原状。

⑦钻井污水、废弃泥浆、污油等妥善收集，防止随意乱丢乱放。

⑧管理理念与制度的创新。循环经济、创建环境友好型企业、节能减排理念的深入，严格的环境管理制度和规范化、精细化的管理等。

⑨服务期满生态保护措施：对废弃油气井，应封堵内外井眼，拆除井口装置；清除固体废物，清理平整场地，恢复地貌；保留各类绿化、防洪工程及生态保护设施。

附件：

2012 年 3 月 7 日环境保护部发布了《石油天然气开采污染防治技术政策》，在环境影响评价中应予贯彻。内容如下。

石油天然气开采业污染防治技术政策

（公告　2012 年　第 18 号　2012-03-07 实施）

一、总则

（一）为贯彻《中华人民共和国环境保护法》等法律法规，合理开发石油天然气资源，防止环境污染和生态破坏，加强环境风险防范，促进石油天然气开采业技术进步，制定本技术政策。

（二）本技术政策为指导性文件，供各有关单位在管理、设计、建设、生产、科研等工作中参照采用；本技术政策适用于陆域石油天然气开采行业。

（三）到 2015 年末，行业新、改、扩建项目均采用清洁生产工艺和技术，工业废水回用率达到 90%以上，工业固体废物资源化及无害化处理处置率达到100%。要遏制重大、杜绝特别重大环境污染和生态破坏事故的发生。要逐步实现对行业排放的石油类污染物进行总量控制。

（四）石油天然气开采要坚持油气开发与环境保护并举，油气田整体开发与优化布局相结合，污染防治与生态保护并重。大力推行清洁生产，发展循环经济，强化末端治理，注重环境风险防范，因地制宜进行生态恢复与建设，实现绿色发展。

（五）在环境敏感区进行石油天然气勘探、开采的，要在开发前对生态、环境影响进行充分论证，并严格执行环境影响评价文件的要求，积极采取缓解生态、环境破坏的措施。

二、清洁生产

（一）油气田建设应总体规划，优化布局，整体开发，减少占地和油气损失，实现油气和废物的集中收集、处理处置。

（二）油气田开发不得使用含有国际公约禁用化学物质的油气田化学剂，逐步淘汰微毒及以上油气田化学剂，鼓励使用无毒油气田化学剂。

（三）在勘探开发过程中，应防止产生落地原油。其中井下作业过程中应配备泄油器、刮油器等。落地原油应及时回收，落地原油回收率应达到 100%。

（四）在油气勘探过程中，宜使用环保型炸药和可控震源，应采取防渗等措施预防燃料泄漏对环境的污染。

（五）在钻井过程中，鼓励采用环境友好的钻井液体系；配备完善的固控设备，钻井液循环率达到95%以上；钻井过程产生的废水应回用。

（六）在井下作业过程中，酸化液和压裂液宜集中配制，酸化残液、压裂残液和返排液应回收利用或进行无害化处置，压裂放喷返排入罐率应达到100%。

酸化、压裂作业和试油（气）过程应采取防喷、地面管线防刺、防漏、防溢等措施。

（七）在开发过程中，适宜注水开采的油气田，应将采出水处理满足标准后回注；对于稠油注汽开采，鼓励采出水处理后回用于注汽锅炉。

（八）在油气集输过程中，应采用密闭流程，减少烃类气体排放。新建3 000 m³ 及以上原油储罐应采用浮顶型式，新、改、扩建油气储罐应安装泄漏报警系统。

新、改、扩建油气田油气集输损耗率不高于0.5%，2010 年12 月31 日前建设的油气田油气集输损耗率不高于0.8%。

（九）在天然气净化过程中，应采用两级及以上克劳斯或其他实用高效的硫回收技术，在回收硫资源的同时，控制二氧化硫排放。

三、生态保护

（一）油气田建设宜布置丛式井组，采用多分支井、水平井、小孔钻井、空气钻井等钻井技术，以减少废物产生和占地。

（二）在油气勘探过程中，应根据工区测线布设，合理规划行车线路和爆炸点，避让环境敏感区和环境敏感时间。对爆点地表应立即进行恢复。

（三）在测井过程中，鼓励应用核磁共振测井技术，减少生态破坏；运输测井放射源车辆应加装定位系统。

（四）在开发过程中，伴生气应回收利用，减少温室气体排放，不具备回收利用条件的，应充分燃烧，伴生气回收利用率应达到80%以上；站场放空天然气应充分燃烧。燃烧放空设施应避开鸟类迁徙通道。

（五）在油气开发过程中，应采取措施减轻生态影响并及时用适地植物进行植被恢复。井场周围应设置围堤或井界沟。应设立地下水水质监测井，加强对油气田地下水水质的监控，防止回注过程对地下水造成污染。

（六）位于湿地自然保护区和鸟类迁徙通道上的油田、油井，若有较大的生态影响，应将电线、采油管线地下敷设。在油田作业区，应采取措施，保护零散自然湿地。

（七）油气田退役前应进行环境影响后评价，油气田企业应按照后评价要求进行生态恢复。

四、污染治理

（一）在钻井和井下作业过程中，鼓励污油、污水进入生产流程循环利用，未进入生产流程的污油、污水应采用固液分离、废水处理一体化装置等处理后达标外排。

在油气开发过程中，未回注的油气田采出水宜采用混凝气浮和生化处理相结合的方式。

（二）在天然气净化过程中，鼓励采用二氧化硫尾气处理技术，提高去除效率。

（三）固体废物收集、贮存、处理处置设施应按照标准要求采取防渗措施。试油（气）后应立即封闭废弃钻井液贮池。

（四）应回收落地原油，以及原油处理、废水处理产生的油泥（砂）等中的油类物质，含油污泥资源化利用率应达到90%以上，残余固体废物应按照《国家危险废物名录》和危险废物鉴别标准识别，根据识别结果资源化利用或无害化处置。

（五）对受到油污染的土壤宜采取生物或物化方法进行修复。

五、鼓励研发的新技术

鼓励研究、开发、推广以下技术：

（一）环境友好的油田化学剂、酸化液、压裂液、钻井液，酸化、压裂替代技术，钻井废物的随钻处理技术，提高天然气净化厂硫回收率技术。

（二）二氧化碳驱采油技术，低渗透地层的注水处理技术。

（三）废弃钻井液、井下作业废液及含油污泥资源化利用和无害化处置技术，石油污染物的快速降解技术，受污染土壤、地下水的修复技术。

六、运行管理与风险防范

（一）油气田企业应制定环境保护管理规定，建立并运行健康、安全与环境管理体系。

（二）加强油气田建设、勘探开发过程的环境监督管理。油气田建设过程应开展工程环境监理。

（三）在开发过程中，企业应加强油气井套管的检测和维护，防止油气泄漏污染地下水。

（四）油气田企业应建立环境保护人员培训制度，环境监测人员、统计人员、污染治理设施操作人员应经培训合格后上岗。

（五）油气田企业应对勘探开发过程进行环境风险因素识别，制定突发环境事件应急预案并定期进行演练。应开展特征污染物监测工作，采取环境风险防范和应急措施，防止发生由突发性油气泄漏产生的环境事故。

5.3 水电水利类项目

5.3.1 水力发电

5.3.1.1 工程分析

水电工程主要分为两大部分：水库建设和电站建设。

具体可分为：挡水建筑物（坝）、泄洪建筑物（溢洪道或闸）、引水建筑物（引水渠或隧洞，包括调压井）及电站厂房（包括尾水渠、升压站）部分。

工程分析的主要内容：工程分析应着重于工程活动与环境因子、环境因子之间关系的阐述，指明各影响源产生影响的过程、时限和范围，梯级建设的水电站应关注规划环评和建设时序的问题。

在分析时段上，突出施工期和运行期的工程活动及其影响特点。因为移民安置是水利水电工程较突出的环境问题，可将其作为一个特殊的实施阶段单独分析。大型水利水电工程由于施工前期往往需做较多的工作，必要时需考虑施工前期。

在分析流程上，先分析工程的项目组成，再分析各工程活动所产生的直接影响的方向、空间、范围和时限，之后分析次生影响的影响空间、范围和时限。

在分析区域上，运行期应分析库区、库周、脱水段、工程下游，施工期分析工程永久占地区、临时占地区及公路沿线，移民安置阶段分析土地开垦区、建房安置区及其他安置区。

水电项目的环境影响，与其水库的调节方式有很大的关系。水库的调节方式主要有：

① 日调节：昼夜内进行径流的重新分配。

② 周调节：调节时间为一周。

③ 年调节：对径流在一年内重新分配。当洪水到来发生弃水，仅能存蓄洪水期的部分多余水量称为不完全年调节；能将年内来水完全按用水要求重新分配而不弃水的调节称为完全年调节。当水库容量足够大，可把多年的多余水量存在水库中，分配在若干枯水年才用的年调节称为多年调节。

④ 无调节电站：即径流式电站（无调节水库的电站）。此种水电站按照河道多年平均流量及可能获得的水头进行装机容量选择。全年不满负荷运行，保证率为80%，一般仅能达到180天左右的正常运行；枯水期发电量急剧下降，小于50%，有时甚至发不出电。既受河道天然流量的制约，而丰水期又有大量的弃水。

按发电厂与大坝的关系，常见的水电站可分为：

① 引水式电站：一般是利用河道绕山的地形特点，将水由穿山隧洞从河道中引出，形成一个较高的水头，利用水流的落差发电（水的势能转变为冲击水轮机的动能，带动发电机发电）。由于山势不同，引水式电站的布局及隧洞洞式布局和坝下脱水情况差别很大。

② 坝后式电站：大坝与发电厂一体化或发电厂紧靠着大坝。

③ 抽水蓄能电站：一般为调峰电站，由上、下两个水库组成。夜间利用电网多余的电能将下水库的水抽回上水库蓄存；昼间上水库放水发电补充到电网中去，而尾水则进入下水库蓄存，待夜间再抽回上水库。

可见，水电项目工程十分复杂，特别是大型水电站及水利工程，对水生生态和陆生生态均有突出的不利影响，生态影响评价等级较高，新建工程多为一、二级评价，其生态影响评价范围在《环境影响评价技术导则　水利水电工程》（HJ/T 88 —2003）中只有文字说明，并未给出明确的数字指标范围，一般影响范围均达数十平方公里（影响河流水文情势变化的长度甚至影响到入海口），而且工程环境影响识别难度大。因此，水电建设项目一般均在流域开发规划和规划环评完成之后，在各水电站建设前再分别进行环境影响评价，而且大中型水电站建设，一般均需在施工前期，即"三通一平"期就需单独编制"三通一平"的环境影响评价报告书。在其生态影响专题评价前，此类项目工程分析中的生态影响源及强度的识别就更为重要。生态影响源，涉及对水生生态和陆生生态两个方面，水生生态不仅包括水生生物，更重要的是其引起的水文情势变化而产生的对水生生物的不利影响；其强度除了占地（包括水域）面积、施工方式与营运方案外，重要的是水文情势变化幅度。

5.3.1.2　生态现状调查

生态现状调查主要包括陆生生态和水生生态两部分。

（1）陆生生态

陆生生态环境现状调查内容主要包括动物、植物的组成、数量，分布特征，有无珍稀保护物种，有无自然保护区、风景名胜区、森林公园、重要湿地等需特别保护的敏感区域。同时在现状调查的基础上，对区域生态系统的完整性进行评价。

（2）水生生态

水生生态的现状调查主要包括对水生植物、水生动物的调查。水生动物包括浮游动物、底栖动物及鱼类。

对鱼类的调查主要应包括以下内容：

① 区系组成；

② 生态类群及其对环境的适应;

③ 工程河段鱼类种类及分布;

④ 珍稀保护鱼类;

⑤ 鱼类的"三场",即产卵场、索饵场和越冬场。(淡水鱼类多数产黏着性卵,卵分别黏着于植物、砾石或沙上;少数鱼则在流水中产半浮性卵。海水鱼类多数产分离浮性卵,卵通常具油球;少数鱼也产沉黏性卵或缠络性卵。通常产黏着性卵的鱼类多适应于在静水中产卵,产浮性卵、半浮性卵的鱼类则适应于在流水中产卵,或非有一定的流速不产卵,如大黄鱼与少数鲤科鱼类。)

5.3.1.3 生态影响评价

生态影响评价方式可以按工程类型分别进行评价,也可以分施工期、营运期两大部分进行(若施工前期将发生较大的土方作业等活动,如"三通一平",即通水、通电、通路、平整场地,则应评价施工前期的生态影响,或对"三通一平"进行专项环境影响评价),贯彻"在保护生态基础上有序开发水电"的要求。重点应包括以下 4 部分内容:

(1)水库淹没导致的生态损失与影响

① 库区淹没区生态系统的重大改变,由原来的岸缘陆生生态系统变化为水域生态系统;

② 植物和动物均受到严重影响;

③ 大量的生物量损失;

④ 淹没区如果不经清理,还会导致库区水质的污染;

⑤ 原陆生生态系统功能与效益的损失;

⑥ 容易发生次生盐碱化问题。

(2)大坝建设引发的水文情势变化与生态影响

① 河流生态影响。将河流分割,切断了河流的连通性,使坝上和坝下河道水生生物不能进行交流(包括洄游性鱼类及其他底栖和无脊椎动物、有机质)。如果是梯级开发,且联合调度工作不协调,则更加使河道片断化。因此,必须合理确定河流生态流量,保障最小下泄生态流量。

② 低温水影响。具有年调节的高坝大库会产生低温水,因此,需考虑评价低温水对下游的影响,如影响鱼类产卵,影响鱼类的育肥;影响农业灌溉,低温水灌溉会导致粮食减产。

③ 对洄游性鱼类的影响。减小大坝阻隔鱼类洄游通道的影响,使洄游或半洄游性鱼类的"三场"发生变化,鱼类生态习性发生变化,会使某些鱼类在该河段不能生活,减少或绝迹。

（3）水库建设的生态影响

① 陆生生态。生态用水不足对陆生生态的影响主要表现在对河道两岸部分区域内植被的影响。水电站建设将改变河流两岸水文情势的时空变化，尤其是引水式电站的开发，将出现下游部分河段脱水或严重减水的情况。河水是河岸区域植被的主要补水来源，如果补水量达不到植被需水的下限，将会造成植被物种的改变，由喜水植物向旱作植物转变。

除对植被会造成不利影响外，对野生动物也会造成不利影响。上游水库淹没区野生动物会发生迁逃，下游由于水量减少，一些野生动物会进入河道及两岸区域活动。

库坝建设还容易导致下游地区鼠类增加，暴发鼠害。一方面，下游水位降低，鼠类活动范围增大，枯水期繁殖期延长，鼠类种群数量大增；另一方面，大坝放水，又会导致下游水位上涨，鼠类被逼到高处，发生鼠类迁移。

② 水生生态。大坝的建设改变了原河道的生态环境，使部分鱼种（如半洄游性鱼类中的"四大家鱼"——鳙鱼、鲢鱼、草鱼、青鱼）可能迁徙到上游或其他适合其生存的溪河流中，生存空间被不断压缩，最终可能导致物种灭绝。

引水式与混合式水电开发方式影响河流的流量、流速、水深等，导致河流水文情势发生较大变化，坝下部分河段发生相当程度的减脱水情况。

鱼类生存空间大幅度减小，对鱼类种群和数量影响较大。

某些河流的支流作为生态用水的来源，也可能因小水电的开发而逐步失去补充干流生态用水的功能。

③ 坝上环境影响。由于水坝截流蓄水，库区水位提高、水流上溯，原库区淹没区如果清理工作做得不好，库区集水中含有较多的土壤腐殖质、微生物、枯枝落叶等，会释放出较多的有机污染物，使库区水质变差。如果库区上游有饮用水水源取水口、排污口或农灌，则由于库区污水上溯，饮用水水源取水口水质变差，影响居民饮用；排污口有可能由于污水上溯的顶托作用不能排污而发生污水倒灌。在农业灌溉方面，由于库区低温及受污染的水体上溯而影响农作物生长。所以，水库的上游和下游区域均需认真调查，对上游区的影响与上游有关设施的位置、距离有很大的关系。

如果库区清理得好，水库运行一段时间后，由于库区水量大，水环境容量大，稀释自净能力增强。至于是否纳污，则需考虑库区水体是否有供水功能，除地表径流外，需慎重考虑接纳污水的类型和数量等。

消落带（区）的形成及其生态问题。水库放水蓄洪，水位下降，库周呈现陆面区域，而蓄水后又将被淹没，这个反复出现淹没和显露的区域，即为消落带（区）。

其生态问题主要是出现生物多样性锐减，呈现星散稀疏的"似荒漠化"，旅游资源恶化，水土流失加剧，生态缓冲带功能减弱，严重威胁库区的生态景观和生态环境安全。

④坝下工农业生产和生活用水的影响。引水或混合式电站，闸和厂址间将出现不同程度的减脱水现象，原河段两岸居民的生活用水或者灌溉用水需求将受到影响。引水式或混合式发电也可能引起河段两岸地下水位和井水水位的下降，对居民用水造成影响。

⑤景观影响。如果水电站的设计对景观考虑不足，特别是引水式和混合式开发主要考虑发电效益，未考虑下泄生态景观用水流量，使下游河段水文情势发生较大的变化，甚至出现枯水期断流现象，河床底部乱石裸露，影响了河道与河谷自然景观的协调。

⑥低温水下泄的影响。水库水体中热能分布的变化对环境、生态及人类生产活动都会产生广泛而深刻的影响。高坝深库的底孔低温水下泄造成下游河道的水温结构发生变化，这种变化将影响到生态系统与人类的生产活动。大坝下泄水温变化对水库下游河道的影响主要表现在以下三个方面。

A. 对鱼类的影响。

a. 容易导致鱼类减少：河道减水段造成鱼类资源量减少，高水头挑流消能造成水体气体过饱和，进而造成部分鱼类死亡。

b. 生物群落变异：大坝阻碍坝上和坝下鱼类种质交流、减水段水生生境改变导致原有物种消失。

c. 生态系统完整性受到破坏：水生生境片断化、水文情势变化造成原有水生生境的改变甚至消失。

d. 一般河道中鱼类的产卵期为 4—8 月，鱼类产卵所耐受的最低温度一般为 18℃，库中低温水的下泄将导致河道中鱼类产卵期推迟，影响鱼类的发育。很多水库建成后下游鱼类常出现个体偏小的趋势。

e. 低温水下泄造成鱼类的产卵场被迫向下游迁移，建坝前存在的一些产卵场所部分会消失，部分会减小。而离坝较远的河道下游，产卵场地可能相对扩大。总体来讲，鱼类产卵场所将会减少。

就大坝阻隔对鱼类的影响而言，主要表现在：

a. 大坝的建设阻断了河道，使得某些洄游鱼类的洄游通道被切断，无法上溯到产卵场繁殖；由于流量被控制，流速减缓，某些中下层鱼类受精卵下沉水底，被淤泥覆盖而停止发育；在大坝上游孵化的鱼苗随着水流卷进水轮机或溢洪道，因受到强大的水压力冲击而大量死亡。

b. 由于大坝阻隔，坝上区域水流变缓，原来喜欢在急流环境下生活的鱼类，不能在缓流的环境条件下生活，而发生迁移，使鱼类种群结构发生变化。

c. 由于建坝严重影响鱼类的生存和繁殖，使得鱼类资源衰退，产量急剧下降。一些在河口繁殖的鱼类（半洄游性鱼类）等水生生物种群也会因水温、盐度和水文情势的变化而改变其原来的结构与繁殖模式，甚至不能生存。

B．对农作物的影响。

如果水库下游有水稻种植，在水稻生长期内，引水库低温水进行灌溉，将会对水稻产生明显影响，造成农作物减产。

我国长江流域中下游的双季稻种植区，如果采用大坝下泄的低温水进行灌溉，会对水稻生长和产量产生不利影响；在北方，水稻种植区的气温比较低，如果取用下泄低温水进行灌溉，则对水稻生长的危害更为严重。

利用水库表层温水灌溉早稻比用水库底层冷水灌溉可提高产量 5%～15%，在东北地区可增产 30% 以上。

C．对水质的影响。

水体置换期较长的高坝大库的水温分层会引起深水层水质恶化。深水层中温度低，溶解氧含量低，CO_2 浓度增加，形成还原环境，引起底部沉积物分解出 Mn、Fe，还常含有高浓度的磷酸盐、硅及二价钙盐、碳酸盐，同时水体内有机物质发生厌氧分解、释放出 CH_4、H_2S、NH_3 等物质。

由于水库的温度分层、化学分层使水库从不同高程出流的水质有很大的差别。夏季从分层水库表层下泄的水中 DO、水温较高，水质较好，但营养贫乏；从深水层下泄的水多为含有大量离子成分、DO 偏低的低温水，使下游水质变坏，过多的营养物质可使下游富营养化。

（4）电站建设影响

电站建设由于电站位置的不同而异，有的电站处于山体内，或大坝内，或大坝下游某处，因而其生态影响需根据实际情况进行深入的调查、分析。

电站营运期的环境影响主要表现为污染影响，一般为以油类、COD、BOD_5 为特征污染物的轻度影响。

5.3.1.4　生态保护

水利水电开发生态保护措施，根据不同地区、河流、开发规模、开发形式、生态环境敏感性或脆弱性、保护目标而定，应分期提出保护措施。

（1）施工期

① 优化施工方案，施工场地布局科学、合理，尽可能减少临时占地；

② 取弃土场、砂石料场的生态恢复；

③ 临时运输道路的生态恢复；

④ 施工营地的生态恢复；

⑤ 有洄游性鱼类的河流需考虑设置过鱼设施；

⑥ 结合水土保持，对所有的施工迹地进行生态恢复。

（2）营运期

① 对存在下泄低温水的项目，为减轻水库低温水对下游河道造成的不利影响，保护下游生态系统的良性循环，水库取水建筑物在设计中应考虑采取分层取水措施。这是目前解决水库低温水问题的唯一有效方法。

② 对下游河道存在减（脱）水的项目，应有最小下泄生态基流的工程保障措施和管理措施；水利灌溉项目关注退水、回水的污染防治措施。

③ 应充分考虑"消落带（区）"，根据实际情况，进行必要的土地整理和生态修复。近年来有研究采用耐水淹植物进行生态修复，并取得初步成果。

水利水电工程，在施工期及营运期，甚至在设计期就需要特别关注以下生态保护措施：

A. 鱼类保护措施

a. 设置鱼道措施。对于条件具备的水库，如坝高较低、有场地布置鱼道的，应采取设置鱼道措施。鱼道是在闸坝或天然障碍处（或外）为沟通鱼类洄游通道而设置的过鱼建筑物。目前，鱼道主要有三种型式：池堰式、丹尼尔式、竖缝式。

必须高度重视过鱼设施（鱼道）的建设，鱼道的建设不仅是为了保护鱼类，更是为了保持河道水域的连通性，是对大坝阻隔带来的负面影响的一种重要补偿措施。特别是涉及洄游性鱼类保护时，应首先考虑采取该措施的可行性。

b. 其他过鱼措施。不具备建鱼道条件的，可采用其他措施：在珍稀保护、特有、具有重要经济价值的水生生物洄游通道建闸、筑坝，须采取过鱼设施；对于拦河闸和水头较低的大坝，宜修建鱼道、鱼梯、鱼闸等永久性的过鱼建筑物；对于高坝水库，宜设升鱼机，配备鱼泵、过鱼船以及人工网捕过坝措施。

c. 人工增殖放流。工程建成运行造成鱼类资源量减少，应实施人工增殖放流措施。对于大中型水利水电工程，应在工程管理区范围内建立鱼类增殖站，长期运行，由工程业主承担费用、负责管理；对于流域梯级开发项目，可统筹考虑几个相互联系紧密的梯级联合修建一座增殖站，其规模应满足几个梯级的增殖保护要求。

d. 营造人工产卵场、栖息地。工程建设使鱼类"三场"和重要栖息地遭到破坏和消失，应尽量选择合适的河段人工营造相应的水生生境。

e．建立鱼类保护区和禁渔区。工程建设造成珍稀保护、特有鱼类资源量下降，影响鱼类种群稳定，除采取人工增殖措施外，可在自然条件适宜的河段设立鱼类保护区和禁渔区。

B．厂区绿化

a．制定绿化规划。

b．绿化的重点区域是库区外围（为保持库区外围良好的生态环境，需要有持续绿化的规划或方案）、厂区内处、道路两侧、生活区等。

（注：有关水电开发项目生态影响与保护方面更多的内容，可参阅由中国环境科学出版社 2006 年出版、原国家环境保护总局环境影响评价管理司编的《水利水电开发项目生态环境保护研究与实践》；环境保护部环境工程评估中心编的《建设项目环境影响评价鱼类保护（鱼道专题）技术研究与实践》、《环境影响评价技术导则　水利水电工程》（HJ/T 88—2003）及其他书籍和资料。）

5.3.2　跨流域调水工程

跨流域调水工程是指在两个或两个以上流域系统之间，为了调剂水量余缺所进行的水资源开发利用的人造事物（指跨流域调水工程设施）的过程。

虽然跨流域调水工程有很大一部分工程是管线工程，但它的工程内容比一般的管线工程要复杂得多。此类工程环境影响因素多、影响关系复杂、影响程度大。评价关注的内容主要有四部分：调水区、受水区、蓄水区和调水沿线。

5.3.2.1　工程分析

跨流域调水工程并不是单纯的线型工程，而是在调入区和调出区都有相关的工程建设内容，并且在从调出区到调入区的主管线沿线还有较多的支管线，将水量分配给沿线的各用水区域。

工程分析包括调水区、受水区、调水沿线三个主要组成部分。

（1）调水区

工程建设内容包括调水库区、水质处理、工程建设的各项设施，一般为一个限定的区域。但环境影响评价却需要从调出区的流域来考虑，影响范围是比较大的。

（2）管线沿线区

除管线外，还包括各类泵站、分水站、分支管线等。因此管线沿线区虽是一个网状的结构，从大处来看也是一个"区域"，需要根据实际情况，确定评价范围。

对于沿线的敏感保护目标，首先考虑能否绕避敏感保护目标；不能绕避时，经过不同类型的敏感目标或穿越交通、水运工程时，往往有不同的施工工艺与方式，如隧道方式、顶管方式、上跨架空方式、大开挖方式等，其影响也各有差别，需要分析采用何种方式更为有效且对环境的不利影响最小。

（3）受水区

调入的水要进入储水库（大中型水库）并有众多的相应设施需要建设。由于用水区不止一个区域，所以调入区除终点这个区域（一般是"主区域"，即主要供水区域）外，还有较多的"支区域"。

此类项目一般有比选方案，工程分析时要关注比选方案。若工程设计没有提出比选方案，线路在经过敏感区时，环境影响评价应根据实际情况提出比选方案，并进行比选方案的环境影响分析，从而提出更有利于保护环境的方案供建设单位、环境影响评价审批部门参考。

此类工程往往是分期进行的，研究报告或设计报告也往往是分期进行设计的，环评报告也应根据建设单位委托及工程情况分期单独作评价报告。

要注意识别出工程建设的各类环境影响的环节、方式、程度、污染源强等。

5.3.2.2 生态现状调查

① 根据工程分析情况，按前述"三个主要组成部分"分别进行调查和评价，最后给出总体现状调查结论。

② 注意调出区和调入区的区域性生态现状评价与输水管线沿线区域在生态功能及评价对象、技术方面是有区别的。

③ 现状生态评价，要注意调出区和调入区的水生生态及流域生态的评价。

作为一级评价，生态现状要进行土壤调查，植物要做样方调查、生物量调查或实测、植被类型调查、优势种调查及其重要值评价，群落组成、结构调查及演替趋势分析，国家或地方保护野生动植物要重点调查，生态系统类型调查，对古树名木需调查到详细的数量与分布，还需对文物古迹进行调查，等等。

④ 关注敏感保护目标。根据敏感目标的类型，按照一般原则进行现状调查与评价，对其重点保护对象及要求要给予明确。

⑤ 从大区域、流域和项目建设区三个方面进行现状评价，流域生态环境和项目占地区生态环境是现状评价的重点，大区域作概括性阐述即可。

⑥ 注意调入区、调出区、管线沿线区域属于不同的行政区管辖，对生态保护往往有不同的要求（注意地方有关法规或规范性文件、标准等的要求）。

⑦ 指出各评价区域的生态环境特征、存在的问题，并认真分析产生这些生态环境问题的原因。

⑧ 对工程设计提供的比选方案，一般应进行同等深度的评价。

⑨ 移民安置区调查，主要调查移民安置区土地利用现状、自然环境概况等

内容。

5.3.2.3　生态影响评价

一般来说，跨流域调水方式能够迅速改变受水区（调入区）缺水局面，改善受水区地质环境，促进社会经济发展。但是跨流域调水给调水区和受水区等各自区域的环境影响却是缓慢的、长期的，而且调水的距离越长、规模越大，其影响越大，影响因素越复杂化和综合化。因此，在进行生态影响评价时论证要充分、全面。

对于跨流域调水工程，施工期和营运期均是评价重点，而且陆生生态和水生生态均需进行评价。

（1）施工期生态环境影响

① 占地，影响主要包括工程占地、弃土占地、料场占地、工程管理占地、建筑物占地和施工占地等影响，可分为永久占地和临时性占地。

② 移民安置。根据工程性质，调水工程绝大多数移民为农业户口，移民安置规划以农业安置为主，因此这部分内容应重点分析毁林、垦荒、水土流失、后续就业及人口压力等对生态环境产生的影响。

③ 水土流失。工程在建设过程中的河道开挖、筑堤、弃土堆置、施工道路修筑、施工企业建设等活动，将占压破坏地表植被、扰动表层土壤结构、改变现状地形，在重力作用下极易引发新增水土流失。

（2）运营期生态环境影响

跨流域调水工程涉及范围广、环境影响复杂，在进行营运期生态影响预测评价时应该同时阐明利弊，全面论证分析。

① 主要正面影响。跨流域调水使得水资源得到综合开发利用，能够使地区生态环境功能得到有效改善（华用生，等，1994 年），有利影响主要表现在以下方面：

◆ 对水量输出区具有明显的防洪效益；

◆ 输水工程有利于改善两岸沿线气候、环境，尤其有利于沿线地下水的补充；

◆ 使缺水地区增加水域，改善受水区气象条件，缓解生态缺水问题；

◆ 补偿调节江湖水量，保护濒危野生动植物；

◆ 改善生活生存环境；

◆ 有利于引水地区地下水位恢复稳定，可控制和防止地面沉降。

② 主要负面影响。实施跨流域调水工程后，由于流域间水资源分布发生改变，对各流域生态环境将产生深远的影响，主要表现在以下方面：

A．调出区。

a. 对调出区流域下游水文条件的影响。例如实施南水北调工程使汉江中下游径流量减少，水流变缓，水位稳定，汉江中下游水体对沿岸城镇等排放污染物的自净能力下降（王婷婷，等，2007）。

b. 可能引起调水区生态环境用水不足。如南水北调中线工程的源头汉江丹江口水库，虽然已经取得了重大经济效益，但近年来每年枯水期汉江中下游水质均有发生异常情况，先后发生过3次较严重的"水华"泛滥。

c. 对调出区流域下游水生生态的影响。实施调水后，由于调出区流域下游水环境状况发生了改变，会直接对下游鱼类、藻类等水生生物产生影响。例如水位的变化对水生维管束植物的生长发育产生影响，作为一些水生生物的饵料或栖息场所，水生维管束植物的变化又会直接影响到水生生物（周万平，等，1994）。

d. 河口咸水入侵。在水量调出区的下游及河口地区，因下泄流量减少，如调度不当，将引起河口咸水倒灌，水质恶化，破坏下游及河口区的生态环境（华用生，等，1994）。

e. 可能造成河道过流条件恶化。从河流调水，必须增加河流的流量和流速，势必会引起河床不稳定，使调水河道过流条件恶化。

B．输水沿线。

a. 水土流失。输水工程最大的特点是输水线路较长，无论是地下隧洞、地下埋管，还是开挖明渠都会大量破坏地貌，占用大量土地资源，导致水土流失。

b. 对输水工程沿线的洼淀和湖库蓄水造成不利影响。调水沿线常有多处洼淀和湖库调蓄，使原来的自然生态环境中增添了庞大水域，这对于河流水文特征、库区水状态、水生生物、岸边植物、水体水质、气温、降水、鱼类生活条件等生态环境均可能造成不利影响。

C．输入区。

a. 水体二次污染。调水区工程范围内的污染源会对调入区造成水污染。南水北调中线工程源头为汉江，汉江是长江最大的支流，原是我国最洁净的一条江，但由于山西旬阳境内沿岸的重金属工业向汉江排放废污水，污染物严重超标，使中线工程源头水质受到污染威胁，从而会对受水区水质造成不利影响。

b. 疾病传播。在调水过程中某些有害物质和元素，在不同地域因冲而减或因淤而增，长期饮用这种水有引发各种疾病的可能。

（3）淹没区和移民区影响

实施跨流域调水将产生较大范围的淹没，淹没地区人民的房屋、土地、财产遭受损失，被迫搬迁。移民迁入地区将增加土地负担，处理不当将造成毁林、水土流失、恶化地区生态环境并影响社会稳定。

5.3.2.4 生态保护

有针对性地分别指出调出区、调入区、管线沿线应采取的生态保护与建设、恢复措施，既要关注施工前期的"三通一平"等活动应采取的生态保护措施，也要关注施工期和营运期的生态保护，特别是针对敏感生态保护目标应采取的措施，应尽可能具体，并有可操作性。

① 调出区，由于一般需在调出河流筑坝，其环境影响与建设引水式电站基本相似，因此，生态保护也应参照水电站工程采取相应的保护措施。

② 管线沿线生态保护措施，与输油、输气管线交通类项目一样，注意管沟施工期的"三分一恢复"措施的落实。

③ 调入区，如果是调入另一河流，并且对调入河流鱼类的"三场"造成不利影响，则需要对调入河流鱼类"三场"采取保护措施；有的需要在调入区修建水库（也有的是调入既有水库），一是注意对修建水库造成的不利生态影响采取措施，二是对移民安置区采取必要生态保护措施，与水环境或水生生态有关的涉及人群健康的生态保护措施也是需要考虑的。

（注：这类项目公众十分关注，在公众参与调查中，注意听取居民、有关组织、单位或专家的意见，可以将公众提出的有益建议或有效的措施吸收到报告书中。）

5.4 工业类项目

新建工业类项目工程的生态影响评价主要包括两个方面，一是建设期由于占地、施工造成的生态影响；二是营运期的污染生态影响。改扩建工业类项目生态影响评价可视情况简化（根据 HJ 19—2011 位于原厂界或永久用地范围内的工业类改扩建项目上，可做生态影响"分析"，这个分析就是简化的意思）。

工业类项目的生态影响评价，除以占地导致的生态影响外，还需要考虑排放污染物所产生的生态影响，其主要指导学科是污染生态学。

实际评价过程中，首先需要分析工业建设项目选址的环境合理性。

一般对于工业项目而言，评价中往往侧重水环境、空气环境、噪声影响，以及工业废渣的影响。由于在水污染和大气污染有关方面予以特别关注，容易忽视其生态环境方面的影响，尤其是忽视从生态影响方面来分析其选址的合理性。但是事实上，工业类项目由于选址不当，或施工及生产营运排放污染物等处理处置不当，对生态环境的影响往往也是很明显和突出的，特别是在涉及敏感保护目标的情况下。因此，以污染为主的工业类建设项目，也需要认真分析项目与敏感生态保护目标的位置关系，关注项目选址的合理性，以及相关线形工程的生态影响。

其次，工业类项目一般还应关注污染物所导致的生态风险（例如突发性化学品大量释放）。

最后，对土壤的污染及保护是这类项目需要特别关注的内容。由于污染物的排放，特别是重金属污染物的排放而导致土壤污染，进而影响农作物或牧草地，随食物链进入动物及人体，会导致十分严重的危害。

5.4.1 生态现状评价

工业类建设项目的生态现状评价，要求对项目区生态环境现状进行认真调查和评价，给出明确的评价结论。生态环境现状评价中，要明确工程占地类型，弄清周边生态环境特征；弄清项目影响范围内是否有自然保护区、风景名胜区、基本农田保护区等生态敏感保护目标（特别是蔬菜、重要农产品基地等，以及现状灌溉条件）。

工业类项目的生态环境现状评价，应在现状监测时，对项目所在区域的地表水、地下水、环境空气质量、噪声、土壤等均进行监测，这些也是与生态影响有直接关系的监测指标。

5.4.2 生态影响评价

① 分析评价工程占地所造成的生态影响，主要是造成植被生物量损失与生态效益的损失。

② 工业类项目还应当预测评价污染物排放对生态的影响。一般不可缺少对土壤生态的影响评价，特别是蔬菜等重要农产品基地须严格防止受到工业厂的污染。

③ 分析、评价工程建设对周边区域生态的影响。这个区域根据工程规模及影响程度、现场调查实际情况，其范围可以进一步延伸，不必拘泥于导则规定的评价范围。

④ 分析、评价管线建设对沿线生态的影响。一般这类管线较短，沿线涉及敏感目标时可重点评价，否则简要评价即可。

⑤ 工业类项目的生态影响评价施工建设期和生产营运期，都是评价的重点阶段，应以污染生态学为指导，重点分析、评价生产运营期排放的"三废"对生态环境的影响。特别是对作为人类食物的蔬菜、瓜果等农作物的生态毒理方面的影响。

⑥ 工业项目必须预测其污染物排放对生态敏感区环境质量的影响，如与建设项目相距一定距离有一保护区，环评时就应该预测建设项目污染物排放对保护区大气环境质量的影响；如果建设项目的污水排放需进入保护区内的河流中，则应

预测对保护区段河流水质与功能的影响；如果保护区为野生动物类保护区，则需预测项目建设对保护区鸟类或兽类产生的影响。

5.4.3 生态保护

① 通过生态影响评价提出优化的、最佳的工程建设方案，避免或减缓工程建设的不利影响。

② 根据施工期可能造成的生态影响性质、方式、程度，提出施工期生态影响的减缓措施（主要是与水土保持相结合的绿化措施）。

③ 提出生产营运期生态环境的恢复措施。

④ 突出重要生态保护目标的保护措施，提出针对生态敏感区影响的补偿措施。

⑤ 若有可能对农田土壤造成污染，则需提出土壤污染防治措施。

⑥ 提出建设项目环境管理的措施。

⑦ 落实风险防范措施，提出风险应急预案。

5.5 社会区域类项目

社会区域类项目，也可称为社会事业类项目。在环保部《建设项目环境影响评价分类管理名录》中，此类项目众多，本身又分为很多类别，包括房地产开发、医疗卫生、旅游及文化体育、园林绿化、污水处理、垃圾及其他固体废物处理处置项目、娱乐、商业、餐饮等社会服务、市政工程（如供排水、城市道路）、开发区建设、城市新区建设和旧区改造，甚至各类规划的环境影响评价，等等。因此，社会区域类项目中的一些类别常常会由于审批要求或根据其影响情况被调整为其他审批类别。

本书以房地产和旅游开发项目为主，简要说明其生态影响评价特点。

5.5.1 房地产开发项目

房地产开发类项目归为社会区域类项目。此类项目较多，且多属于地方审批的项目。房地产开发项目多关注施工期噪声、扬尘和固体废物影响。大中城市由于土地面积缺乏，多建高楼大厦，还需考虑光污染与高楼风，以及景观影响问题。此类项目在其主要环境影响环节，要特别关注其附属设施的环境影响问题，如停车场（或地下车库）、锅炉房、宾馆饭店或超市产生的废气、固体废物、噪声等环境影响问题，有些甚至涉及地下水问题。

生态影响主要针对那些成片开发，或在环境相对较为复杂或比较敏感区域的较大规模房地产开发建设项目，本节就其生态影响如何评价进行讨论。

5.5.1.1 工程分析

一般小型房地产开发建设项目生态影响不明显，特别是旧区改造，危房拆除新建项目，对生态基本没有影响。但新区建设，特别是大面积新区房地产开发建设项目，或处于生态敏感区附近的房地产开发建设项目，生态影响是比较明显的。

① 项目位置、建筑结构、建筑效果图、工程数量（取弃土量、砂石用量、水泥及砖的用量、用水量及来源等）、施工方式、施工时间、进度安排、施工人员、施工条件、工程投资等。

② 供电、供气、供热、排水、通信等。

③ 工程地质与水文地质。

④ 配套工程，如地下车库、商场、体育或游乐设施。

⑤ 道路交通设施（可依托的既有道路、需新建的道路）。

⑥ 拟建项目周边环境，如其他居民住宅区分布情况，学校、医院等公共设施情况，特别是有无工业污染源等。

⑦ 工程建设用地。

⑧ 绿化用地。

5.5.1.2 生态环境现状评价

（1）概括项目所在地的生态现状

可以借鉴当地生态现状调查报告、生态功能区划报告、森林分类经营报告、水土保持区划报告、生态市（县、区）建设规划报告等，以及有关科研人员对当地生态方面的研究材料。

① 自然环境概况的主要内容应包括：地形地貌、土壤类型、气候特征、河流水系、土地利用、野生植物、野生动物、矿产资源、自然灾害等。

② 生态功能区划（说明所在区域的生态功能属性、生态问题、生态功能保护措施、发展方向等）。

（2）重点分析项目建设区生态环境现状

① 地形地貌（这里主要需要说明的是项目评价范围内的地形地貌情况，需要给出遥感影像图）。

② 土壤及土地利用（说明项目影响区土壤类型，最好给出土壤类型分布图）。

③ 土地利用（详细说明土地利用现状，尽可能列出土地利用现状表，且必须给出土地利用现状图）。

④ 河流（重点评价项目评价范围内的主要河流情况，包括其河长、流域面积、水文特征、水质状况，河流功能及开发利用情况，给出水系图）。

（3）生物多样性

① 植物多样性。说明项目区主要植物类型分布及植物种类，优势种或建群种有哪些，是否存在保护植物种，主要保护植物种的生态特征。

一般需要给出主要植物种类清单（包括科属分类及其拉丁学名）、植被分布图。

② 动物多样性。项目影响范围内主要野生动物情况，是否存在珍稀野生动物，珍稀动物种的生态特征。

一般需要给出主要野生动物清单（包括科属分类及其拉丁学名）。

如果能给出主要保护动物分布图，尽可能给出。

③ 群落及生态系统多样性。群落类型、结构及组成、分布、植物优势种，保护物种及其生境。判别项目影响区生态系统类型（如农田生态系统、森林生态系统、草地生态系统、村落生态系统、城镇生态系统、河流湿地生态系统、海岸生态系统等），分布范围、面积，生态系统的结构与功能、生态完整性、稳定性。此外还应分析群落或生态系统演替趋势。

一般而言，此类项目所在区域往往是一个"自然-社会-经济"复合生态系统。

（4）项目区景观生态

主要通过遥感图像的解译来识别，并获得数据。

（5）项目区生态现状问题

现状生态问题及原因，特别是由于既有工程的存在所导致的生态问题是否存在。

（6）生态保护目标

① 自然保护区简介（如果房地产开发区所在区域有此类敏感生态保护目标，特别是在评价范围内或距离评价范围较近者）。

② 主要保护对象生态特征。

③ 植物或动物，附照片或资料图。

④ 存在的生态环境问题。

⑤ 生态敏感目标与建设项目的位置关系（附位置关系图，这张图是不能少的）。

（7）水土流失现状及原因

说明项目影响区在当地水土保持区划中的类型，强度，分析造成水土流失的原因（如果有水土保持方案报告书，就从水土保持方案报告书中摘取）。

必须给出水土流失现状图。

5.5.1.3　生态影响评价

可以按设计期（房地产开发建设项目一般是不进行可行性研究的，大多数房地产开发建设项目在开展环评时已经完成设计）、施工期、营运期分章节进行影响评价，当然其生态影响重点还是在施工期。一般按分期进行影响评价为佳，也可以按工程建设内容进行影响评价。

①　分析评价是否符合区域生态功能区划：分析建设项目与生态功能区划、生态建设规划、当地环境保护部门制订的环境保护规划或计划、开发区建设规划等的符合性。

②　对敏感生态保护目标的影响：明确建设项目与敏感目标的位置关系，是否占用其土地，是否需要调整（调整文件），工程对其影响的方式、程度，短期影响，还是长期影响，能否通过采取相关措施得以避免，影响可否接受。

重点分析、评价对主要保护对象的影响。

③　分析评价工程占地导致的土地利用方式改变情况。

④　工程占地导致的生物量损失与生态效益损失。

⑤　次生生态影响：一方面，主要分析项目建成以后，是否会引发相关产业在该区域的发展，进而引发更为严重的生态问题；另一方面，房地产项目本身是其他类型建设项目的敏感目标，需根据其选址确定与其他建设项目的最近距离要求。

⑥　生态影响评价结论：根据预测分析、评价结果，给出生态影响结论。

5.5.1.4　生态保护

生态环境保护措施是针对生态影响提出的，所提出的环保措施与对策应与生态影响相对应。以下针对建设项目的不同时期，分阶段考虑房地产开发项目的生态环境保护措施。

（1）设计期

①　在设计期应从设计中避免不利生态影响的产生；对无法避免的生态影响，提出将影响降至最低的措施，将不利影响消除或减至最小。

②　体现如何维护生态系统的完整性和服务功能。

③　考虑如何优化设计方案，特别是临时用地。

④　尽可能减少占地，保护自然植被（保护种质资源）。

⑤　景观协调（建筑高度、外立面色调）。

⑥　将生态保护措施落实在设计或施工图上。

（2）施工期

①　重点解决如何减缓不利生态影响问题。

②　尽可能避免或减缓施工活动对保护区及保护区主要保护对象的影响。

③　规范施工方案。

④　施工布局合理。

⑤ 协调土石方调运，尽可能减少填挖方作业。

⑥ 保护自然植被。

⑦ 保护工程未占地区的土壤层。

⑧ 充分利用工程占地区的土壤层。

（3）营运期

① 重点解决如何改善生态问题，促进生态良性发展。

② 加强生态建设，指出主要建设内容，必要时应给出生态建设的方案。生态建设包括绿化、生态整治、有利于改善生态的工程建设内容、供水和土壤保护、生物多样性保护等。

③ 绿化方案或措施的落实，预期达到的效果（如绿当量）。本地物种的选择。绿化区鼠害及病虫害的防治。

④ 水土保持措施（可结合项目的"水土保持方案"提出）。

5.5.2　旅游开发项目

5.5.2.1　工程分析

（1）旅游开发建设项目分类

旅游开发建设项目可分为 4 大类，即新开旅游景区（点）、既有景区建设旅游设施、景区扩大、在某类工程基础上增加旅游功能。

① 新开旅游景区（点）。一般有旅游规划或建设可研报告等，据此进行环境影响评价。由于很多旅游项目为植被丰富区、生态良好区。因此，这类项目的生态影响评价是重中之重。

② 在既有景区建设一些旅游设施。在既有规划内的设施或一般小规模的旅游设施，往往不做环境影响评价（或只需填写环境影响登记表）。但是，投资多、规模大、占地面积大，特别是建在重要景区的设施则需要做环境影响评价。

景区规划及建设完成后，随着旅游事业的发展，在不同的时期会增建一些设施。这些设施可能是景区规划时就有的内容，也可能不是原景区规划的内容。

③ 景区扩大。景区建设以后，随着景区旅游事业的发展，需要进一步扩大景区影响，增加景区景点。同时，为适应旅游人数增加的需要、维护游人安全等，需要在新增景区建设一些设施。

④ 在某类工程已建的基础上增加旅游功能进而需要建设旅游设施。此种情况在水电类项目中表现尤为明显，因为库区往往是很好的旅游景区。

（2）生态影响评价特点

旅游开发类建设项目类型多，各项目涉及的侧重点不同，具有不同的特征。

如索道建设，主要影响是施工期，而施工期的生态影响主要表现在上站和下站及沿线的若干支架，虽然有景观方面的影响，但只要适当控制上站和下站的建筑体量并注意与周边景观及历史文化的协调性，景观影响并不突出。不同类型的景区环境特征各异，景区建设内容不同，生态影响方式、内容、程度也不同，生态影响评价的内容、重点、技术方法也不尽相同，抓住景区的特征就抓住了评价的关键。

我国的风景名胜区按照主要内涵和景观特征，分为 12 类，见表 5-25。

表 5-25　风景名胜区类别

类别代码	类别名称		类别特征
	中文名称	英文名称	
FJ1	圣地类	Sacred Places	指中华文明始祖集中或重要活动的区域，以及与中华文明形成和发展关系密切的风景名胜区。不包括一般的名人或宗教胜迹
FJ2	山岳类	Lofty Mountains	以山岳地貌为主要特征的风景名胜区。此类风景名胜区具有较高生态价值和观赏价值。包括一般的人文胜迹
FJ3	河流类	Rivers	以天然河道为主要特征的风景名胜区。包括季节性河流及峡谷
FJ4	湖泊类	Lakes	以宽阔水面为主要特征的风景名胜区。包括天然或人工形成的水面
FJ5	洞穴类	Caves	以岩石洞穴为主要特征的风景名胜区。包括溶蚀、侵蚀、塌陷等成因形成的岩石洞穴
FJ6	海滨海岛类	Seashores	以滨海地貌为主要特征的风景名胜区。包括海滨基岩、沙滩、滩涂、潟湖和岬角、海岛岩礁等
FJ7	特殊地貌类	Specified Landforms	以典型、特殊地貌为主要特征的风景名胜区。包括火山熔岩、热田汽泉、沙漠碛滩、蚀余景观、地质遗迹等
FJ8	园林类	Landscape Architectures	以人工造园的手法改造、完善自然环境而形成的偏重休憩、娱乐功能的风景名胜区
FJ9	壁画石窟类	Grottos and Murals	以古代石窟造像、壁画、岩画为主要特征的风景名胜区
FJ10	战争类	War and Battle Fields	以战争、战役的遗址、遗迹为主要特征的风景名胜区。包括其地形地貌、历史特征和设施遗存
FJ11	陵寝类	Emperor and Notable Tombs	以帝王、名人陵寝为主要内容的风景名胜区。包括陵区的地上、地下文物和文化遗存，以及陵区的环境
FJ12	名人民俗类	Famous Persons and Folkways	以名人胜迹、民俗风情、特色物产为主要内容的风景名胜区

（3）旅游开发类项目工程分析

① 建设内容。风景区开发会修建一些设施，如围墙、道路、索（缆）道、人造景物、建筑，甚至宾馆、游客接待中心、停车站、旅游商品区等服务设施。有的集中若干关联度比较密切的项目进行环评，有的单独就某个项目进行环评。大体量或大型项目（如游客接待中心）也可以按主体工程、附属工程及配套工程等分类说明。

② 建设性质及规模。新建，还是改建、扩建；建设项目的规模多大，建筑面积、投资等。

③ 建设项目征占土地类型及面积。建在地表的要弄清占用的是林地、草地、河道，还是其他；建在空中的，如索道，要分析两端的占地情况。

④ 建设项目可能产生的主要污染物。工程建设环境影响因素识别及其产污环节（点）分析，主要污染物类型、排放量等。

（4）旅游开发建设项目与旅游或景区规划

风景名胜区在开发建设前一般均会编制景区规划或旅游规划，有的是总体规划，也有的是控制性详细规划。景区需要建设的各类项目一般均会纳入规划中。所以，风景名胜区进行规划环境影响评价也是其各类开发建设项目环境影响评价的重要基础或前提，在工程分析或与相关规划符合性分析中，就应说明工程建设与景区规划或控制性详细规划的符合性。按照《规划环境影响评价条例》，完成规划环境影响评价的开发建设项目的环境影响评价可以适当简化。而景区的建设项目一般多为非污染生态影响型项目，生态影响评价是其主要方面。

5.5.2.2　生态现状评价

旅游开发类项目在进行生态现状调查与评价工作中，重点分析所在风景名胜区的功能及现状，分述如下：

（1）风景名胜区概况

① 风景名胜区类型（见"表 5-25"风景名胜区类别）。

② 风景名胜区功能：一般而言，风景名胜区要进行功能区划，因此，环境影响评价报告须交代不同区块的名称与功能，并附功能区划图。

③ 主要景点分布：重要景点是理所当然的保护对象，必须给出分布点位、景点特征、防护距离、观赏位置等。

（2）风景名胜区现状水平

主要以风景名胜区的规划研究为依据，分析风景名胜区的特点、特殊性，在国内外的地位，人文特色，现状原始性，生物多样性，旅游开发的重大意义，风景名胜区的人为破坏情况及其可恢复性。

（3）景区规划关于环境保护的要求

风景名胜区一般均有现状调查报告与总体规划。要分析总体规划中环境保护的内容，明确规划的环境保护要求。

5.5.2.3　生态影响评价

（1）施工期生态影响

① 根据工程建设情况有针对性地进行分析，工程建设是否会影响景区的环境生态，影响方式和程度如何，从景区和生态方面来看可否接受，能否恢复。

② 重点放在工程建设的必要性及与景点的协调性方面。

③ 关注对重要景点的影响。这往往是评价的重点内容，需要交代建设项目与重要景点的位置关系，施工过程中可能造成的不利影响。可参考一般建设项目对自然保护区影响的"五段论模式"。

（2）营运期生态影响

① 施工期和营运期，由于人类干扰对自然和社会文化环境的破坏及对野生生物会产生的不利影响。特别是营运期，随着游人增加，会对景区生态和景物造成一定程度的破坏。

② 关注固体废物等"三废"排放对景区的污染及对景观的不利影响（包括污水排放对水环境及水生生态的不利影响）。

5.5.2.4　生态保护

① 认真贯彻《风景名胜区条例》，在报告中以具体的措施落实条例中的规定。一般应该对应"条例"的要求，结合本景区的实际予以具体落实。

② 如何最大限度地保护景区的自然风貌，是生态保护措施的基本落脚点。使项目建设符合总体规划，并落实总体规划中提出的环境保护要求。

③ 景区环境管理是重要内容。重点从机构建设、管理与技术人员落实、资金及健全的规章制度等方面提出详细的环境管理措施与对策。

5.6　海洋与海岸带项目

一般将海洋工程作为单独的一个类别，而将海岸带工程及围海造地、防波堤建设纳入社会区域类项目。

严格地说，"海洋与海岸带项目"并不是"一类项目"，而是指一些开发建设项目选址在海洋或海岸带区域，其影响范围涉及海洋或海岸带，或者其排放的污染物影响到海洋或海岸带环境。

海洋工程在选址方面应进行必要的分析、论证。按照《防止海岸工程建设项目污染损害海洋环境管理条例》规定，"海洋工程的选址和建设应当符合海洋功能区划、海洋环境保护规划和国家有关环境保护标准，不得影响海洋功能区的环境质量或者损害相邻海域的功能。"在环境影响报告书中需要有这方面的内容。

由于海洋与海岸带具有不同与陆地的特殊环境条件，随着气候变化影响，人类对海洋及海岸带开发力度的加大，海洋与海岸带的保护越来越重要。而人类对海洋生态系统变化的复杂性和尺度只有部分了解，包括生产力的季节性变化，区域性的诸如"厄尔尼诺"、"拉尼娜"或其他命名的海啸等现象，以及海洋盐度和温度的长期变化等。远离海洋及海岸带的人更不熟悉此类区域的环境。现场调查与影响评价不仅有自己的特点，而且有比陆地环境更大的难度。

由国家海洋局海洋环境保护研究所起草，经中华人民共和国国家质量监督检验检疫总局和中国国家标准化管理委员会发布的《海洋工程的环境影响评价技术导则》（GB/T 19485—2004），此导则为国家标准，其中也规定了海洋生态影响评价的技术方法等。

5.6.1　工程及环境特点

① 自然环境条件特殊，海洋或海岸与陆地环境有很大的差别，在内陆生活工作的环评技术人员对海洋环境并不十分熟悉，需要深入学习和研究。

② 建设项目一般是环境污染与生态影响并存，而且涉及的是海洋生态，与河流、湖泊淡水生态也有很大的不同。

③ 海岸带开发建设项目生态影响评价既涉及陆地生态，又涉及海洋生态，对两类生态系统采取的现状调查与评价方法均不同，影响评价也有很大的区别。

④ 海洋环境调查与监测要求有其特殊性。

⑤ 环境影响评价与陆地项目相比，有其特殊性，而且工作量较大。

⑥ 往往会出现特殊问题，如海啸、风暴对建设项目的影响，不利气象条件下的海水倒灌影响。

⑦ 海岸带是世界上最复杂和最不稳定的生态系统。

⑧ 项目建设需考虑对海洋或海岸生态的影响、海水水质的影响、海水养殖的影响，对海岸风光的影响。

5.6.2　海岸及海洋生态现状评价

① 海洋环境调查，比陆地环境调查难度大。看似一片汪洋，景观单一，但海水及水下中的生态状况不易掌握。

因此，海洋环境的调查须做深入的监测和认真、细致的调查。不仅要调查海洋生物多样性、水动力条件、冲淤环境、海洋地形地貌、海洋沉积物，还须监测海水和底质质量。

②海岸带生态调查也有一定的难度，既有海洋的特征，又有陆地的特征，但又不同于海洋与陆地。海岸带的生物、生态比较独特，生物种类多为狭域种类，尤其是在滩涂地带的物种。

③现状评价时也需要监测近岸海水水质与生物，还需调查海岸带生态，同时需要兼顾两个不同的时段，即涨潮与落潮。一般安排在春、秋两季分别调查，有特殊物种及特殊要求时可适当增加调查次数，在非生物成熟期时，应尽量收集主要调查对象的生物成熟期的历史资料给予补充。具体调查方法见《海洋调查规范》（GB/T 12763）的有关规定。

④明确海洋或海岸带生态功能，提出生态特征、存在的问题及原因等。

⑤识别敏感保护目标（海洋自然保护区、重要的产卵场、渔业资源分布区、海水养殖区）。目前，全国各级海洋自然保护区 149 个，保护面积为 37 584 km^2（含所涉及的海岸带面积），约占中国管理海域面积的 1.2%。沿海 11 个省（自治区、直辖市）均建有海洋自然保护区。中国海洋特别保护区建设也以较快的速度发展，截止到 2006 年年底，全国共建成 7 个海洋特别保护区，其中国家级海洋特别保护区 4 个。

5.6.3 工程分析要点

①海洋建设项目主要是海上石油开采、海底管线，涉及海岸的工程类型较多，有港口、码头、造船厂、修船厂、滨海火电站、核电站、岸边油库或后方罐区、滨海矿山、化工厂、造纸厂、钢铁企业、海滨垃圾场或工业废渣填埋场等。

②不同类型的海洋与海岸带开发建设项目，其工程组成差异明显，须有针对性地进行分析，找出有可能对环境造成不利影响的所有环节和方面。

③这些项目除对工程建设内容进行分析及生态影响源、污染物排放源及排放量的分析外，同时还需识别其对海洋及海岸带可能造成的不利影响。

④明确拟建工程与重要生态保护目标的位置关系，给出关键地理坐标（如工程与保护目标相向边缘拐点的坐标），附相对位置图。如果设置入海排污口，须标明排污口的位置并给出坐标，给出排污量及水质类别。

5.6.4 主要生态影响

①开采海洋资源造成对近岸海域的栖息环境的破坏、海洋水环境的污染、海洋水动力的影响，并对海洋生物及其生态造成不利影响。

②海岸带开发对海洋与海岸生态造成不利影响，特别是海岸带特殊的生态系统，如海洋中的珊瑚礁、处于海岸的自然保护区（如红树林及保护区）、重要水产养殖区等。对这些重要保护目标的影响可参考"四段论模式"进行，也可根据敏感保护目标的实际情况及管理部门的要求，编制专项报告书进行全面评价。

③在海岸区开发资源时，有的项目需要进行人工冲（充）沙造岛，在施工建造过程中会对近岸海域造成污染。

④对海洋渔业资源的影响，不只关注项目建设区的渔业资源，同时要关注对邻近区域渔业资源的影响。

⑤海洋及近岸景观影响，实质上是分析、评价建设项目与周围景观的协调性，是不会影响周边景观，特别是重要旅游景区。

⑥场站类项目对海岸带的影响，一方面表现为占地对海岸生态环境的影响；另一方面是排放污染物对近岸水质及水生生物的影响。港口、码头对海洋及海岸带的影响表现为施工期深水疏浚对水质、水生生物，特别是底栖动物的影响，

⑦大型海洋工程需评价对影响范围内水动力条件、冲淤环境、海洋地形地貌、海洋沉积物的影响。

⑧根据《海洋环境保护法》的要求，报告书应给出入海排污口的论证、审批过程，说明其环境可行性。

⑨环境风险评价（特别是海上油田的开发，港口、码头危险品储存、装卸、运输过程中的溢油事故可能导致的环境风险）。

5.6.5　海洋生态保护

①依照《海洋环境保护法》等法律法规的规定，制定相应的措施，将法律规定的原则具体化。

②关注海洋重要生态保护目标。对于重要生境，即使目前未建立"保护区"也需要认真保护，尽最大可能避开。

因为存在调查不到位或其他原因，可能忽略建立保护区或实施其他措施予以保护。因此，不能排除有关部门在适当的时机会将其设立为"保护区"。

③海水水质是海洋生态的关建生态因子。因此，海洋生态保护首先要考虑保护海水水质，同时，保护海洋生物生存所依赖的生境，如珊瑚礁、红树林、岛屿、入海河口、滨海湿地、海湾、海岸带等。不能仅考虑生态方面的，须同时考虑海水水质，二者是密不可分的。

海洋与海岸工程环境影响评价目前主要涉及的法律、法规：

①《中华人民共和国海洋环境保护法》（1982 年全国人大通过，1999 年 12

月修订）。

　　②《海洋石油勘探开发环境保护管理条例》（1983 年 12 月 29 日国务院发布并实施）。

　　③《中华人民共和国渔业法》（1986 年 1 月 20 日全国人大通过，2000 年 10 月修订）。

　　④《防止海岸工程建设项目污染损害海洋环境管理条例》（1990 年 6 月 25 日公布，同年 8 月 1 日起实施）。

　　⑤《防治海洋工程建设项目污染损害海洋环境管理条例》（国务院 475 号令，2006 年 11 月 1 日起施行）。

　　⑥报告编制的主要技术依据：《海洋工程影响评价技术导则》（GB/T 19485—2004）、《港口建设项目环境影响评价规范》（JTS 105-1—2011），以及各环境要素（大气、地表水、地下水、噪声、生态）评价技术规范、标准等。

　　⑦其他，如海域使用管理法方面的规定、防止船舶污染的管理规定等。

参考文献

[1]　国家环境保护总局环境工程评估中心. 建设项目环境影响评估技术指南（试行）[M]. 北京：中国环境科学出版社，2003.

[2]　毛文永. 生态影响评价概论[[M]. 北京：中国环境科学出版社，1998.

[3]　环境影响试评价技术导则　非污染生态影响（HJ/T 19—1997）.

[4]　环境影响评价技术导则　生态影响（HJ 19—2011）.

[5]　环境影响评价技术导则　总纲（HJ 616—2011）.

[6]　国家环境保护总局自然生态司. 非污染生态影响评价技术导则培训教材[M]. 北京：中国环境科学出版社，1999.

[7]　国家环境保护总局环境影响评价管理司. 煤炭开发建设项目生态环境保护研究与实践[M]. 北京：中国环境科学出版社，2006.

[8]　国家环境保护总局环境影响评价管理司. 水利水电开发项目生态环境保护研究与实践[M]. 北京：中国环境科学出版社，2006.

[9]　环境影响评价技术导则　陆地石油天然气开发建设项目（HJ/T 349—2007）.

[10]　规划环境影响评价技术导则（试行）（HJ/T 130—2003）.

[11]　开发区区域环境影响评价技术导则（HJ/T 131—2003）.

[12]　环境影响评价技术导则　民用机场建设工程（HJ/T 87—2002）.

[13]　环境影响评价技术导则　水利水电工程（HJ/T 88—2003）.

[14] 中国石油化工集团公司安全环保局. 石油石化环境保护技术[M]. 北京：中国石化出版社，2006.

[15] 环境影响评价技术导则　煤炭采选工程（HJ 619—2011）.

[16] 北京市环境保护科学研究院. 环境影响评价典型实例[M]. 北京：化学工业出版社，2002.

[17] 贾生元. 关于建设项目生态影响评价专题报告编写的思考[J]. 环境保护，2005（7）：36-38.

[18] 贾生元. 大中型宾馆饭店清洁生产探讨[J]. 环境导报，2001（6）：32-33.

[19] 贾生元. 暴雨洪水的生态影响分析[J]. 江苏环境科技，2003，16（2）：46-48.

[20] 赵红波，贾生元. 房地产开发建设项目环境影响分析[J]. 北方环境，2004，29（5）：68-70.

[21] 贾生元，任文. 黑河机场公路建设对生态环境的影响及其防治对策[J]. 中国环境管理干部学院学报，2002，12（4）：50-52.

[22] 贾生元. 景观生态学在公路建设项目环境影响评价中的应用[J]. 新疆环境保护，2004，26（4）：15-17.

[23] 贾生元. 景观生态学在河道整治工程环境影响评价中的应用[J]. 环境保护，2004（12）：46-48.

[24] 贾生元. 砂金采矿对生态环境的影响及防治对策[J]. 污染防治技术，1997，10（1）：54-55.

[25] 贾生元，王秀娟，沈庆海. 论实用性是开发建设项目环境影响评价的根本属性[J]. 环境科学与管理，2007，32（1）：172-175.

[26] 贾生元，李斌. 关于砂金矿露天开采项目环境影响评价的思考[J]. 内蒙古环境科学，2007，19（3）：48-53.

[27] 谭民强，梁学功. 水利水电建设中鱼类保护的有效措施[J]. 环境保护，2007（12B）：73-74.

[28] 乔润喜，贾生元. 噪光污染及防治[J]. 黑龙江环境通报，1997，21（1）：54-55.

[29] 吴娜伟，贾生元. 机场建设对鸟类的影响及机鸟相撞防范措施[J]. 四川环境，2009，28（3）：105-108.

[30] 贾生元，陶思明. 关于建设项目对自然保护区生态影响专题评价的思考[J]. 四川环境，2008，27（5）：50-54.

[31] 杨德国，危起伟，陈细华，等. 葛洲坝下游中华鲟产卵场的水文状况及其与繁殖活动的关系[J]. 生态学报，2007，27（3）：862-869.

[32] 纪伟涛，吴英豪，吴建东，等. 环鄱阳湖越冬水禽航空调查[J]. 江西林业科技，2006，3.

[33] 徐永圻. 采矿学[M]. 徐州：中国矿业大学出版社，2003.

[34] 环境保护部，国土资源部，卫生部. 矿山生态环境保护与污染防治技术政策[Z]. 2005-09-07.

[35] 程经权. 煤炭开发项目生态影响评价的回顾与思考. 煤炭开发建设项目生态环境保护研究与实践[M]. 北京：中国环境科学出版社，2006：158-165.

[36] 孙颉，王振英，郭新宇. 刍议水库工程建设的环境影响评价[J]. 黑龙江水利科技，2007，35（2）：129-130.

[37] 王金贵，肖秀芹，武立辉，等. 调水工程的生态环境效应[J]. 水利科技与经济，2008，14（1）：59-61.

[38] 陈运东. 对水利水电工程环境影响评价的思考[J]. 西部探矿工程，2002，75（2）：127，129.

[39] 常玉苗，赵敏. 跨流域调水对生态环境影响综合评价指标体系研究[J]. 水利经济，2007，25（2）：6-7，11.

[40] 郭潇，方国华，章哲恺. 跨流域调水生态环境影响评价指标体系研究[J]. 水利学报，2008，39（9）：1125-1130.

[41] 窦明，左其亭，胡彩虹. 南水北调工程的生态环境影响评价研究[J]. 郑州大学学报，2005，26（2）：63-66.

[42] 朱宏，郭守坤. 浅析引水工程对下游水生态环境影响因素[J]. 吉林水利，2007，4：13-14，33.

[43] 曹家新，伍开宝. 水电开发对生态环境的影响及防治对策[J]. 四川环境，2007，26（2）：113-117.

[44] 梁文斌. 水电开发对周围生态环境影响的探析[J]. 水库移民与环境评价，2008，2：66-67.

[45] 蒋鹏飞，谭善文. 水电能资源开发对生态环境的影响分析[J]. 黑龙江水利科技，2008，36（2）：118-119.

[46] 曹连栋，黄啼湛，张新华. 水利水电工程环境影响评价的探讨[J]. 山东水利，2007，4：61-62.

[47] 舒泽萍. 水利水电工程环境影响评价中的几个问题及建议[J]. 1998，14（4）：88-91.

[48] 张向晖. 民用机场突发事件环境应急对策[J]. 环境保护，2009（5B）：84-85.

[49] 环境保护部环境工程评估中心. 建设项目环境影响评价鱼类保护（鱼道专题）技术研究与实践 [M]. 北京：中国环境科学出版社，2012.

[50] 贾生元，詹存卫，吕巍. 轨道交通建设项目对城市生态影响评价的研究//环境保护部环境工程评估中心. 轨道交通行业环境影响评价技术研讨会论文集[M]. 北京：中国环境科学出版社，2011.

[51] 中华人民共和国国家质量监督检验检疫总局，中国国家标准化管理委员会. 海洋工程的环境影响评价技术导则（GB/T 19485—2004）[R]. 2004.

第 6 章 生态规划及规划环评的生态专题评价

6.1 生态规划

生态规划的产生源于地理学的区位理论，主要关注人类活动的分布及在空间的相互关系。工业化与城镇化的快速发展，迫使人们设法解决城镇无序蔓延带来的后果，城镇规划思想则成为生态规划的核心（曹凑贵，2002；赵景柱，1990）。

虽然目前生态规划尚未形成一个大家都能完全接受的定义，但其实质是运用生态学原理，特别是以宏观生态学的思维方式去综合地、长远地评价、规划和协调人与自然资源开发、利用和转化的关系，提高生态经济效率，促进社会经济的持续发展。生态规划强调的是与自然环境的和谐，体现的是一种"平衡"或"协调"型的规划思想（张洪军，等，2007）。

生态规划的目的是从自然要素的规律出发，分析其发展演变规律，在此基础上确定人类如何进行社会经济生产和生活，有效地开发、利用、保护这些自然要素，促进社会经济和生态环境的协调发展，最终使得整个区域和城市实现可持续发展（王祥荣，2002）。

近年来，生态规划的发展在理论上更多地吸收了现代生态学思想和可持续发展理论，从协调保护规划逐渐走向持续利用规划；在方法上广泛应用计算机技术、"3S"技术和数学模型，从定性分析走向定量模拟；在实践上，从单一对象和目标的规划走向多目标、区域整体发展规划，尤其是生态城市规划的兴起，更是使得生态规划成为保障区域、城市实现可持续发展的有力工具（黄肇义，2001）。

目前，包括印度、巴西、澳大利亚、新西兰、丹麦、美国在内的许多国家的城市正在按生态城市目标进行规划与建设。中国的海南、黑龙江、吉林、山东、浙江、安徽等省份编制了各自的"生态省建设发展规划"。上海市提出了在 2010 年建成生态城市基本框架，广州、深圳、厦门、长沙、贵阳、扬州、绍兴、宁波、常熟、海宁、常德等大中城市已经完成或正在编制各自的"生态市建设发展规划"。国家环境保护总局于 2002 年出台了《生态县、生态市、生态省建设指标（试行）》。

6.1.1 工作原则

生态规划的根本任务是正确处理人、地（包括地表的水、土、气、生物和人工构筑物）关系；重点在于运用生态规划修复发展过程中的生态失衡，使环境、经济、社会协调发展。通过生态辨析和系统规划，运用生态学原理、方法和系统科学的手段去辨识、模拟和设计人工生态系统的各种生态关系，探讨并改善生态系统的功能，研究促进人与环境可持续发展的、可行的调控方案。

生态规划的原则包括：

① 整体优化原则：生态规划从生态系统的原理和方法出发，强调生态规划的整体性与综合性，从而使得规划的目标与区域、系统的总体发展目标一致，追求生态环境、社会、经济、文化的整体最佳效益。

② 生态平衡原则：重视水资源、土地资源、生物资源、大气环境、人口容量、经济发展水平、园林绿地系统等各要素的综合平衡，合理规划城市人口、资源和环境、生态产业的空间结合和空间布局、城市园林绿地系统的结构和空间布局，以及城市生态功能分区与生态经济区划。

③ 生物多样性保护原则：避免对自然系统和景观的破坏，保留大的尚未分割的开敞空间，对特殊的生境条件加以保护；城市建设时尽量减少水泥、沥青封闭地面，保护城市鸟类等生物的生存栖息空间，如绿化、保留水塘等；开发建设活动中保护自然保护区及重要的自然景观。

④ 功能高效和谐原则：生态规划的目的是将规划区域建设成为一个功能高效和谐的自然-经济-社会复合生态系统，因此生态规划要考虑自然、经济、社会三要素，以自然为规划基础，以经济为发展目标，以人类社会为生态需求的出发点。

⑤ 协调共生原则：根据复合生态系统具有结构的多元化和组成的多样性特点，综合考虑区域规划、系统总体规划的要求以及城市现状，充分利用环境容量，使得各个层次及相应层次的生态因子相互协调，最终提高系统的资源利用率，使生态效益最大化。

⑥ 区域分异尺度性原则：生态规划强调生态系统的多样性、地域分异、尺度异质性，针对不同空间尺度的地区经济、社会、自然条件、历史文化和生态环境，指定不同阶段不同生态环境建设内容和生态规划实施方案与政府调控决策，对不同的资源采取相应的保护与利用对策。

⑦ 资源承载拓展、减物质化原则：在以环境容量、自然资源承载能力和生态适宜度分析结果为依据的条件下，积极寻求最佳的区域或系统生态位，不断地开拓和占领剩余生态位，充分发挥生态系统的潜力，强调人为控制系统的能力，促

进可持续发展的生态建设。将自然界生物对营养物质的富集、转化、分解和再生过程应用于工农业生产和生态建设及生态规划中。在生态系统价值与服务评估的基础上，进行科学核算，使自然资源（包括土地资源、水资源、林业资源、动植物资源、矿产资源及旅游资源）获得最佳利用，从而保护自然资源、保护人类健康居住环境、使废弃物对环境与人类的危害达到无毒化、无害化。

⑧ 可持续发展原则：生态规划遵循可持续发展原则，在规划中要突出可持续发展的核心思想"在不危及后代发展需求的基础上，满足当代人的需要"，合理利用不可再生的自然资源，开发利用新型可再生资源，保持人类社会持续发展。

6.1.2　总体设计

生态规划应充分考虑生态地理与资源空间分异，合理确定规划思路和技术路线，以免造成资源的浪费与增加区域调控管理的难度。生态规划一般流程见图 6-1。

6.1.2.1　总体目标

应突出规划区经济特色和环境资源特色，在发展中加强生态环境建设，经过规划期（一般为 5～10 年）的努力，将规划区建设成为空间布局合理、自然系统服务功能强大、生态经济发达、生态环境优美、生态人居和谐、生态文化繁荣，具备发达现代产业体系、高度现代化开放格局，适宜于创业发展和生活居住的现代化生态型区域。

6.1.2.2　阶段目标

启动阶段：一般为 1～2 年，以规划区建设标准为目标，以现存主要环境问题为重点，解决区域环境污染问题，改善城乡人居环境，区域环境质量明显优化；区域生态屏障雏形基本形成，自然系统服务功能进一步增强，初步形成生态经济发达、生态环境优美、人与自然和谐的发展框架。

推进阶段：一般为 3～4 年，在启动阶段建设基础上，生态环境质量进一步得到提高，生态产业体系进一步深化，资源高效利用和循环利用体系得到建立。区域生态屏障和城市景观格局生态服务功能得以充分发挥，和谐宜居新城特色得到充分彰显，人的素质得到全面提升，生态观念得到广泛普及。到规划期末，具备发达的现代产业体系，高度现代化开发格局，现代化生态城市基本建成。

6.1.2.3　指标体系

生态规划指标体系是一个生态系统可度量的参数，涉及自然、经济、社会、文化各个方面，用以描述系统的现状和发展趋势，是评价区域生态发展的基础，也是综合反映区域生态发展水平的依据。区域生态发展的终极目标是可持续性目标，但具体目标是多元的，既有经济、社会和环境目标，也有增长和结构优化目标，还有公平效率目标等。设计区域发展指标体系必须满足这些目标。

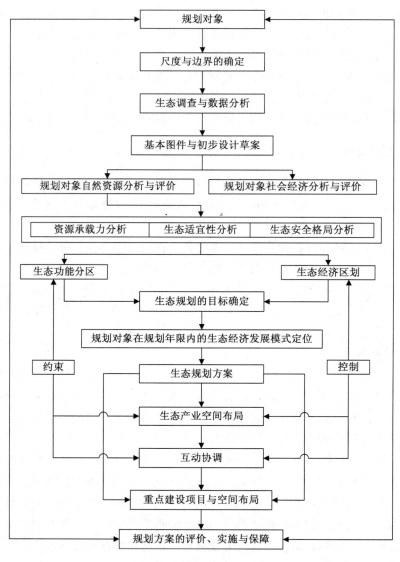

图6-1　生态规划的一般流程

　　根据区域复合系统理论，生态规划的关键是要塑造一个结构合理、功能高效和关系协调的复合生态系统，因此生态规划指标体系中社会、经济、环境三大系统是必须具备的三大要素。而在每一个系统中又有各自的指标，如社会指标下可分为人口指标、生活质量指标、社会福利指标等，经济指标下可分为国民经济指标、产业结构指标，环境指标下可分为土地利用指标、环境污染指标等。这些指标共同构成生态规划指标体系。

　　根据生态规划的基本内涵和设计原则，可从经济系统、社会系统、资源与环境系统、人口系统四方面选取反映生态规划特征的指标，较全面地反映其发展水平、发展效率、发展潜力、发展管理效率、发展压力度、发展协调度、发展开放度、发展调控度、发展均衡度等特征。不同区域在建立指标体系时可根据其实际情况筛选完善，但必须超越狭义的生态环境保护范畴，绝不能只停留在环境保护的层面上，而应在生态系统的深层次上进行建设。

　　借鉴国内外目前的可持续发展指标体系以及国家的生态城市指标体系，生态规划的指标体系框架结构可从 4 个方面考虑，见表 6-1。

表 6-1　生态规划指标体系一览

系统指标	二级系统指标	指标名称
生态环境指标	大气环境指标 水环境指标 声环境指标 废物处理指标 污水处理指标 绿化指标 ……	机动车尾气达标率，空气质量优良级的天数等； 饮用水达标率，污水处理率等； 噪声达标区覆盖率等； 生活垃圾无害化处理率，工业固体废物处置利用率等； 污水集中处理率，中水利用率，工业用水重复率等； 城镇绿地覆盖率，森林覆盖率，人均公共绿地； 水土流失治理率等； ……
生态经济指标	经济发展水平 产业结构 资源利用效率 ……	人均 GDP，GDP 增长率，城镇居民人均可支配收入，农民人均纯收入等； 三产比例，环保投资占 GDP 的比例等； 单位 GDP 能耗，单位 GDP 水耗等； ……
生态社会指标	人口指标 社会公平程度 生活质量 ……	人口出生率与死亡率；人口密度；劳动力文化指数等； 基尼系数，城市、农村保障覆盖率比例，失业率，高等教育入学率等； 恩格尔系数； ……
生态文化指标	宗教文化 民情风俗 文化艺术 大众传媒 ……	信仰人口数，空间范围等； 传承率，规模与效应指数等； 普及率等； 数量，类型等； ……

6.1.3 主要工作内容

6.1.3.1 规划区生态调查

生态调查是收集规划区域内的自然、社会、人口、经济等方面的资料和数据过程，并在资料统计和分析的基础上，通过数据库和图形显示的方式将区域社会、经济和生态环境各种要素空间分布直观地表达出来。

在进行现状生态评价时，可以利用国家环境保护总局颁发的《生态环境状况评价技术规范（试行）》（HJ/T 192—2006）的有关内容，或生态足迹分析法来分析、评价拟规划区域的生态现状。

《生态环境状况评价技术规范（试行）》适用范围为县级以上行政区域生态现状及动态趋势的年度综合评价，该规范不适合一般开发建设项目的生态现状评价（因为到目前为止，还没有见过哪一个开发建设项目的评价范围能够达到一个县的行政区面积），但是，这个规范却很适合编制区域生态建设规划时的生态现状评价，似乎是为生态县、生态市、生态省建设规划量身定做的一个规范。当然也可以应用于县级以上行政区的战略规划环境影响评价。

6.1.3.2 生态功能分区

生态功能分区是根据区域生态环境要素、生态环境敏感性与生态服务功能空间分异规律，将区域划分为不同生态功能区的过程。根据区域复合生态系统结构及其功能，对于涉及范围较大而又存在明显空间异质性的区域，要进行生态功能分区，将区域划分为不同的功能单元，研究其结构、特点、环境承载力等问题，为各区提供管理对策。区划时要综合考虑各区生态环境要素现状、问题、发展趋势及生态适宜度，提出合理的分区布局方案。以生态适宜度分析结果为基础，参照有关政策、法规及技术、经济可行性，划分出各类土地利用的范围、位置和面积。

2008 年 7 月，环境保护部和中国科学院发布了《全国生态功能区划》（未包括香港、澳门和台湾），对我国生态空间特征进行了全面分析，对生态敏感性、生态系统服务功能及其重要性进行了评价，确定了不同区域的生态功能，提出了全国生态功能区划方案。根据这一方案，全国被划分为 216 个生态功能区，其中具有生态调节功能的生态功能区 148 个，占国土面积的 78%；提供产品的生态功能区 46 个，占国土面积的 21%；人居保障功能区 22 个，占国土面积的 1%（全国50 个重要生态功能区域已在本书附件中给出）。

目前，全国和省级生态功能区划容易收集到，但比较粗，一些县（市）没有进行生态功能区划，但多数县市进行了生态功能区划，并经当地政府或人大机关批准。应该对其功能区划结果进行说明。省域生态功能区划往往是宏观的，落实到生态市、生态县、生态乡、生态村的建设时往往不具有针对性。因此，在编制生态市、县、乡、村生态规划时必须对所编制的行政区进行更具体的生态功能分区。

不同生态功能区的现状不同，存在的问题各异，其建设、保护目标也是不同的，只有诊断出生态问题，才能有针对性地进行生态规划。这个问题，不仅仅是指当前发生的问题，更重要的是还包括潜在的生态问题，特别是制约区域社会经济可持续发展，包括制约建设循环经济、资源节约型、环境友好型社会，社会主义新农村建设等可能出现的问题。

如果没有突出的生态问题，那么生态规划的编制主要应该突出对生态现状的保育、维护和可持续的开发利用。如果存在严重的生态问题，那就需要针对这些问题实施一定的措施，也就是通过实施相关的建设项目，来解决这些问题，达到生态建设目标。针对不同的生态问题，提出有针对性的生态建设项目，还必须分析、论证这些项目是否能够解决不同功能区所存在的生态问题。也就是说，实施了这些规划的项目后，是否就能够达到生态建设的目的、目标。

6.1.3.3 生态经济区划

结合规划区社会经济现状调查结果进行生态经济区划。生态经济区划是宏观管理区域社会经济发展的一种新模式，旨在协调区域经济发展与保护环境、利用自然资源的关系，实现区域社会经济的持续发展。生态经济区划是反映不同社会经济与生态环境相关性及其空间分异规律的基本空间单元，各区有其特定的自然、社会、经济组合形式，是进行生态恢复与重建的基础（张洪军，等，2007）。

结合规划范围内不同区域的实际情况，有针对性地开展生态保护和建设、经济持续发展的需求建设工作。从区域生态、社会经济功能分析入手，剖析自然生态地域结构和社会经济地域结构、科学总结自然、经济功能地域分异规律，划分融合生态和经济要素的地域单元，分阶段延伸生态经济产业链，实现基于自然资源、生态环境的社会与经济的持续、稳定发展（王传胜，等，2005），最大限度发挥资源优势，妥善安排整体与局部生态经济的空间布局关系，实现区域的整体最佳综合效益。

生态经济区划时需考虑如下原则：结构与功能优化原则、生态、经济与社会效益统一原则、区域差异性原则、区内相似性原则、行政区域完整性原则等。

6.1.4　技术方法

（1）系统分析法

生态规划面临的对象通常是一个整体区域，而区域是一个开放、复杂的系统，由许多组分组成，认识每一组分并完全清晰辨识是十分困难的，有时甚至是不可能的。采用系统论的分析方法，可以把区域看做是一个大的生态系统，从而有助于从总体上把握区域的发展方向、目标，充分考虑区域发展中面临的生态问题，探索解决区域自然-经济-社会复合生态系统发展中的生态规划途径，最终使各层面问题得到系统性的优化解决。

（2）理论与实践相结合方法

生态规划的理论源于生态学等多个学科，目前还不成熟，还有赖于其他学科的理论进一步发展。同时，生态规划的本身发展也有赖于与实践相结合，在实践中发现问题、解决问题，这样才会具有生命力。

（3）定性与定量相结合方法

定量化研究是科学研究深化的需要，也是科学研究不断发展的前提，生态规划面临的一个普遍问题就是可操作性比较差，许多规划完成后常常被束之高阁，一个重要原因就是规划中缺少定量化研究或定量化指标不够，操作起来难度较大，难以在实践中利用。因此，在定性描述的基础上进行定量化研究可以使生态规划在未来实践中具有可操作性的基础。目前，通过在生态脆弱性分析、生态承载力分析和生态适宜性分析等定量化研究的基础上进行的有关生态规划工作在实践中已取得了许多重要的成果。

（4）时空尺度-异质性比较法

在时间和空间两个尺度规模上进行比较。从时间尺度上比较，纵向沿袭历史轴线、对比古今，同时横向对比同一时期各学派理论侧重点、立足点和创新点；从空间尺度上比较，分析不同空间层次之间的调控方法和同一空间尺度下不同地域的生态特征。

6.1.5 生态规划的分类

尺度生态规划指的是在生态规划的具体要求下，针对不同规划对象的空间尺度与行政尺度，通过系统分析确定合理的分析方法，在生态功能分区与生态经济区划的基础上，合理进行重点建设项目的空间布局。

（1）乡村生态规划

①节约资源的生态规划设计：充分利用水资源，我国许多乡村在一定程度上都存在缺水情况，尤其是北方地区季节性缺水非常严重，可以根据当地自然气候条件适当设置集水设施；节约能源利用，部分安装绝热材料，避免能量不必要的损耗，尽最大限度利用太阳光能，合理规划村镇能源利用方式，如推广省柴灶、发展沼气、开发利用太阳能和风能等。

②垃圾处理、污水处理的生态规划设计：在合理选址和布点的前提下积极规划建设村镇垃圾卫生填埋场，配套搞好垃圾分类收集、堆肥以及沼气利用等相关的生态工程设计；在村镇内利用天然的芦苇床等土地处理系统处理污水。

③绿地系统生态设计：沿村镇上风向种植常绿林抵御冬季西北风，利用荒山、荒坡、洼地种植耐旱植被，调节村镇水文特点和大气质量，在垃圾卫生填埋地段实施绿化工程。

④村镇生态工业系统设计：提倡乡镇企业通过减少废物产生、循环利用废物、综合利用等手段实现生产过程的"废物最小化"。结合企业周围的农业生态环境，兴办饲养业、水产养殖业、农副产品加工业等，使工业与其他产业的企业之间形成资源循环利用的"工业生态链"。

⑤村镇建设规划的生态评价：建立村镇发展的生态评价指标体系、方法和制度，改变单一从经济指标衡量村镇发展水平的评价模式，形成政府部门对村镇进行定期的生态-经济-科技综合评估和发布制度。

（2）城镇生态规划

生态城镇的创建目标以生态环境、生态经济、生态社会、生态文化四个方面来确定。生态城镇强调城镇是全球或区域生态系统中的一个有机子系统，城镇活动必然受到系统各种生态因子的制约，因此系统的生态极限是城镇活动的限值，否则强度过高的城镇活动会对生态系统造成持续破坏。生态城镇同时把城镇置于生态系统之中，把人的活动看做是生态系统的一个环节，一个过程，强调自然界其他生物和各种生命支持系统对稳定生态系统的意义，把人类活动统一到生态系统的复杂循环之中。

在生态学原理的指导下，按照与城镇相关的生态系统的内容及相互关系，确定出两类生态功能区，包括人文生态区和自然生态区。其中，人文生态区包括四层结构：城镇人口密集区域、城镇人口网状区域、城镇人口星状区域、城镇人口核状区域；自然生态区包括三层结构：山陆结合地带、海涂与河涂地区。

（3）产业园区规划

生态产业园区，是指在确定的地理空间内，对一个具有确定边界的复合生态系统，遵循自然生态系统的调控规律，依据自然生态系统物质循环规律、生态系统工程优化原理、循环经济理论和产业生态学原理，进行资源的合理利用与空间配置，实现园区生态效益、经济效益与社会文化效益的协调可持续发展。

在进行生态产业园区生态环境建设与经济发展模式的互动关系中，要处理好以下 4 方面的问题：①生态环境建设与生态经济协调发展。对于园区这种新型的产业发展组织模式，在兼顾园区整体发展的同时，必须注重生态产业链的空间关系与布局，这样才能协调可持续发展园区生态经济。②园区子系统间协同共生。遵循循环经济的"3R"（reduce减量化、reuse再使用、recycle再循环）原则，在追求经济增长的同时，做到对资源利用的无毒化、无害化处理。③资源利用在时间与空间上的调配与管理。④园区内生性资源与外生性资源的整合。

园区产业的发展，往往依据本身的资源较少，过分依赖外部输入资源势必造成经济增长的不稳定性，如何兼顾发展、保持本身的资源优势，是园区可持续发展的一个战略目标。

（4）城市生态规划

现代城市是一个多元、多介质、多层次的人工复合生态系统，城市生态规划是一项综合性系统工程，涉及城市的各个方面。遵循生态学和城市规划学有关理论和方法，对城市生态系统的各项开发与建设作出科学合理的决策，从而调控城市居民与城市环境的关系。

城市生态规划的目标包括：

①城市人类与环境的协调。人口的数量和结构要与社会经济和自然环境相适应，抑制过猛的人口再增长，以减轻环境负荷；土地利用类型和强度要与区域环境条件相适应，并符合生态法则；城市人工化环境结构内部比例要协调。

②城市与区域发展的协调。城市生态环境问题的发生和发展、城市生态系统的调节、城市人工化环境与自然环境和谐结构的建立都需要一定的区域回旋空间；城市生态规划的目的是在一定的可接受的人类生存质量的前提下使城市的经济、社会系统在环境承载力允许的范围内得到不断的发展，因此城市生态规划应致力于城市人类与自然环境的和谐共处，建立城市人类与环境的协调有序结构；致力于城市与区域发展的同步化；致力于城市经济、社会、生态的可持续发展。

生态城市规划的内容主要包括经济总量的提高和生态经济的发展、城市人口的分布、自然生态环境的改善和环境质量的提高等。城市生态规划的基本内容主要包括城市生态调查、城市"生态和谐度"评价、区域整体生态规划、城市人口适宜容量规划、城市生态功能分区、城市园林绿地系统生态规划、城市资源利用和保护规划、环境污染防治与质量保护规划等。

（5）区域生态规划

区域生态规划是遵循系统整体优化原理与景观生态学原理，综合考虑规划区域内自然生态系统和人工复合生态系统的相互作用和动态过程，通过生态学与经济学的系统分析，进而提出资源合理开发利用、环境保护和生态建设的规划对策，对区域进行生态、经济、社会协调发展规划，把区域建成科学、高效、有序开放的最佳系统。

一个区域的生态规划可以包括许多子规划，如人口适宜容量规划、土地利用适宜度规划、环境污染防治规划、生物保护与绿化规划、资源利用规划等。大规模的经济活动还必须通过高效的社会组织与合理的社会政策方能取得相应的经济效果，有效地利用资源，合理配置生产力和社区居民点，使部门之间、企业之间、生产性建设与非生产性建设之间在地区分布上协调组合，提高社会经济效益，保持良好的生态环境，顺利地进行地域的开发和建设。

6.1.6 重点与难点

就当前我国生态规划开展的状况，可以说是进入了空前的发展时期。但是，无论从规划的理论认识、成果的科学性还是实施的有效性，生态规划在我国都还是差强人意。主要表现在：

① 生态规划的内容过于求精求深，误入专业规划的歧途，造成生态规划部分内容和现行专业规划的重复；

② 生态规划陷入"大而全"的泥潭，认为生态规划是一个大系统规划，社会、环境、经济无所不包，结果不仅造成规划编制过程漫长、任务繁重，而且规划的内容往往空泛且缺乏可操作性，极大地影响了生态规划的实施和管理效果；

③ 规划编制机构在学科背景和实践方面存在差异，造成规划的内容和水平参差不齐，且现阶段尚无生态规划技术导则指导编制实践，而不同区域、城市的生态规划实施部门或主管部门又不同，使得生态规划编制与实施脱节；

④ 有些生态规划主要强调某个地域提出的具体规划原则，虽然具备一定的可操作性，但无法系统地、全面地体现该区域或城市可持续发展目标；

⑤ 生态规划与现行规划体系的关系没有正确界定，当然无从将生态规划融入或通过现行规划的实施体现出来，最终导致很多生态规划通常只是一份厚重的档案，即使部分能够实施，也只限于有限的范围。

为有效避免出现上述问题，应把握生态规划中的重点和难点，包括：

① 生态功能分区与生态经济区划。生态规划的核心是通过人为调控空间要素的合理配置，充分体现资源的内在价值，进而完成对自然生态资源的规划管理与利用，制定相应的生态法律、生态税、生态补偿及控制指标，实现生态效益、经济效益和社会效益的和谐统一，即可持续发展。然而针对不同尺度规划对象的多目标性，实现区域可持续发展在不同地区有不同的途径。基于这一最终目的，生态规划中的生态功能分区与生态经济区划显得尤为重要，其在生态规划中的位置如图 6-2 所示。

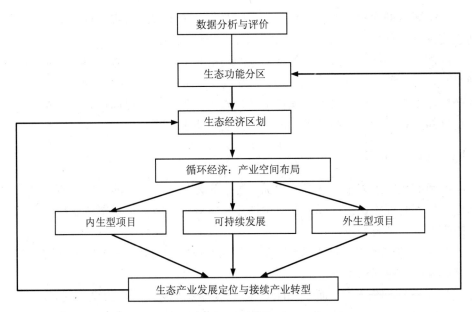

图 6-2　生态功能分区与生态经济区划在生态规划中的位置

②生态规划指标体系。指标体系是描述、评价事物的可度量参数，在生态规划中建立指标体系和规划目标是一项重要的工作，其内容包括社会、经济、环境三方面的内容，用以全面反映复合生态系统的特点、规划期内的发展状态和所要达到的目标。

指标体系需充分体现科学性、综合性、层次性、简洁完备性等特点，并应根据复合生态系统的特点，从协调社会经济发展与生态环境保护的关系出发来选择。完整的指标要素应包括：

A．分类指标：由多个单项指标构成的综合性指标；

B．单项指标：具体的、可明确度量的指标，用来描述和反映分类指标的状况；

C．参考标准：国家和地方法律规定的标准或国内外已成功应用的指标。

规划指标的选取要根据规划对象、范围、内容和要求来确定，在选取方法上常用的是专家咨询法、层次分析法等。

6.1.7　示例

以某市的一个行政区创建国家生态示范区规划为例。

（1）确定技术路线

确定技术路线如图 6-3 所示。

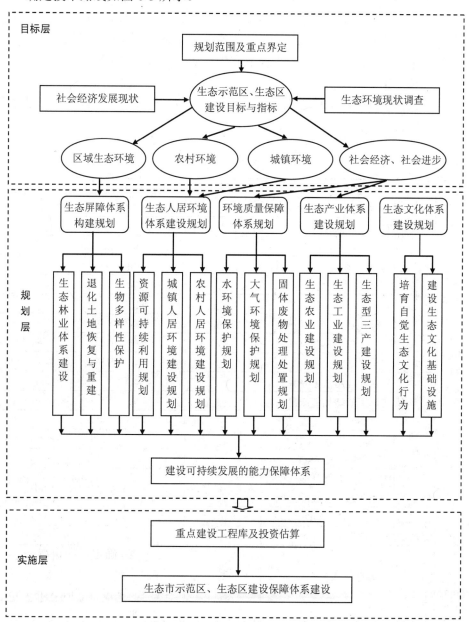

图 6-3　某城区创建国家生态示范区规划技术路线

（2）设定规划目标

突出区域经济特色和环境资源特色，在发展中加强生态环境建设，经过 5 年左右的努力，将该区建设成为空间布局合理，自然系统服务功能强大，生态经济发达，生态环境优美，生态人居和谐，生态文化繁荣，具备发达现代产业体系、高度现代化开放格局，适宜于创业发展和生活居住现代化生态型城市。

（3）构建指标体系

据环境保护部提出的国家生态示范区、国家生态区建设指标，生态环境建设形势要求，构建指标体系见表 6-2。

表 6-2　某区生态规划指标体系

类型		指标值	单位	规划启动阶段	规划推进阶段
生态产业体系	生态农业	农民年人均纯收入	元/人	4 000	≥8 000
		农业灌溉水有效利用系数	m³/万元	—	≥0.55
		秸秆综合利用率	%	>90	—
		化肥施用强度（折纯）	kg/hm²	<280	—
		农林病虫害综合防治率	%	>70	—
		水分生产率	kg/m³	>1.5	—
		农药使用强度（折纯）	kg/hm²	<3	—
		农用薄膜回收率	%	>90	—
	生态工业	城市化水平	%	—	≥55
		工业用水重复率	%	—	≥80
		单位工业增加值新鲜水耗	m³/万元	—	≤20
		主要污染物排放强度	kg/万元（GDP）	—	—
		化学需氧量（COD）		—	<4.0
		二氧化硫（SO₂）		—	<5.0
		应当实施强制性清洁生产企业通过验收的比例	%	—	100
	生态第三产业	第三产业占 GDP 比例	%	—	≥40
		旅游环境达标率	%	>100	—
生态屏障体系		森林覆盖率	%	山区≥70 丘陵≥40 平原地区≥10	山区≥70 丘陵≥40 平原地区≥15
		退化土地恢复治理率	%	>80	—
		受保护地区占国土面积比例	%	>10	≥17
		矿山土地复垦率	%	>50	—

类型	指标值	单位	规划启动阶段	规划推进阶段
环境质量保障体系	城镇环境噪声质量		达到功能区标准	达到功能区标准
	环保投资占 GDP 比例	%	≥1.2	≥3.5
	工业固体废物综合利用率	%	>80[①]	≥90
	城镇生活垃圾无害化处理率	%	>65[①]	≥90
	危废无害化处置率	%	100[①]	100
	水环境质量	mg/L	达到功能区标准	达到功能区标准，且城市无劣Ⅴ类水体
	城市污水集中处理率	%	>50	≥85
	空气环境质量		达到功能区标准	达到功能区标准
	单位 GDP 能耗	t 标煤/万元	1.3~1.4	≤0.9
	城市气化率	%	90	—
	采暖地区集中供热普及率	%	—	≥65
生态人居体系	人口自然增长率	‰	符合当地政策	—
	畜禽粪便处理（资源化）率	%	>100（50）	—
	受保护基本农田面积	%	>90	—
	单位 GDP 水耗	m^3/万元	<200	—
	村镇饮用水卫生合格率	%	≥90	—
	集中式饮用水水源水质达标率	%	—	100
	城镇人均公共绿地面积	m^2	>10	≥11
	卫生厕所普及率	%	>70	—
	公众对环境的满意率	%	—	>90

① 引自《国家环境保护"十一五"规划》。

（4）生态功能分区

根据自然生态区域的相似性和差异性规律以及人类活动对生态系统的干扰特点，基于遥感和 GIS 技术手段，采用网络叠加空间分析法、模糊聚类法分析法和生态综合评价法等，在不同级别上的区划采用不同的方法，进行生态功能分区。功能分区结果通过不同生态因子体现。生态因子选择见表 6-3。

（5）制定各分项规划

分项规划包括生态屏障体系建设规划（含生物多样性保护规划、退化土地生态恢复与重建规划、生态林业体系建设规划）、环境质量保障体系规划（水环境保护规划、大气环境保护规划、固体废物处理处置规划）、生态人居体系建设规划（资源保障体系、环境优美乡镇创建、城镇人居环境建设、社会主义新农村建设）、生态产业体系建设规划（生态农业建设、生态工业建设、生态型第三产业建设）、生态文化体系等。并对各规划能否实现目标进行分析，提出规划实施的保障措施。

表 6-3 生态功能分区指标体系

类型	一级指标	二级指标	三级指标
自然子系统指标	生态环境特征	土壤侵蚀敏感性 生态敏感性 环境质量	土壤类型、植被类型、坡度、高程、水系分布、植被盖度、NDVI 指数、EVI 指数、土壤粒径、土壤肥力、与污染源的距离、物种保护等级和生境面积、地表水和地下水质量
	自然资源状况	矿产、水资源、动植物、旅游等	各种资源的分布
	生态服务功能	生物多样性保护 水源涵养 水土保持	保护区类型、分布 水源地分布 水土保持林
经济子系统指标	经济区划	农业	分布、类型
		工业	分布、类型
		第三产业	分布、类型
社会子系统指标	人口分布	空间变化	以居民地建设分布区表述
	生活居住条件	公共设施	商业网点、学校（含幼托） 街道级以上医院、文化娱乐设施 公共建设施配套工程等分布和规模

6.2 规划环评生态专题

6.2.1 规划环评的特点

规划环评中的生态专题与项目环评的生态专题有一定差异，这种差异来源于规划环评自身存在的一些特点。因此，生态专题评价能否结合规划环评的特点开展工作是其能否更好地服务于整个规划环评的关键。

规划是指比较全面的、长远的发展计划；计划是指人们对未来事业发展所做的预见、部署和安排，具有很大的决策性。国内外环境与发展的历史经验证明，同建设项目相比，政府的一些政策、规划、计划对环境的影响范围更广、历时更长，影响发生后更难处置。为了防止在经济发展中政府的政策、规划、计划实施后，造成重大污染和生态破坏，对这些政策、规划、计划进行环境影响评价，即战略环境影响评价（SEA）是十分重要的（尚金城，包存宽，2003）。

目前，战略环评在我国的实质性实施，主要体现在规划环境影响评价的开展。战略环评实施的法律依据，也仅在《中华人民共和国环境影响评价法》中，对规划的环境影响评价进行了相应规定；而对政策、计划的环境影响评价工作，还处于理论摸索阶段。

《中华人民共和国环境影响评价法》及《规划环境影响评价条例》均规定：国务院有关部门、设区的市级以上地方人民政府及其有关部门，对其组织编制的下列规划应开展环境影响评价：

① 土地利用有关的规划，区域、流域、海域的建设、开发利用规划，应当在规划编制过程中组织进行环境影响评价，编写该规划有关环境影响的篇章或者说明。

② 工业、农业、畜牧业、林业、能源、水利、交通、城市建设、旅游、自然资源开发的有关专项规划（以下简称专项规划），应当在该专项规划草案上报审批前，组织进行环境影响评价，并向审批该专项规划的机关提出环境影响报告书。

③ 专项规划中的指导性规划，按照本法规定进行环境影响评价，编写该规划有关环境影响的篇章或者说明。

从目前来看，进行规划环境影响评价较多的主要有：区域开发规划（包括工业园区规划、各类经济开发区规划、煤炭矿区规划）、流域开发规划（主要是流域水电站开发建设规划）、公路交通规划、铁路交通规划、城市轨道交通规划、电网建设规划等。随着对规划环境影响评价的高度重视，各行业规划环境影响评价技术导则将会陆续出台（目前除《规划环境影响评价技术导则（试行）》（HJ/T 130 — 2003）外，已有《规划环境影响评价技术导则　煤炭工业矿区总体规划》（HJ 463 — 2009）颁布），其生态影响评价在导则中也将会有相应的规定。

规划环评具有以下特点（赵自保，王竞，2008）：

① 规划环评具有早期介入性；

② 与项目环评相比，规划环评空间范围大，时间跨度长；

③ 规划环评更具有宏观性；

④ 规划环评具有开发活动全过程的循环经济理念；

⑤ 规划环评综合考虑规划区域内的环境累积影响；

⑥ 规划环评注重综合考虑间接连带性的环境影响；

⑦ 规划环评工作具有综合性、多学科的特点。

规划环评将环境因素置于重大宏观经济决策链的前端，通过对环境资源承载能力的分析，对各类重大开发、生产力布局、资源配置等提出更为合理的战略安排，从而达到在开发建设活动源头预防环境问题的目的。规划环评如果可以得到切实的实施，环境保护可以做到从根本上、全局上、发展的源头上注重环境影响、控制污染、保护生态环境，及时采取措施，减少后患。通过规划环评，可以兼顾环境保护和经济发展，正确选择工业结构、工业技术和排放标准，优化开发布局，使很多的环境问题从源头得以避免。

规划环境影响评价最重要的意义就是找到了一种比较合理的环境管理机制，构建了综合决策的实际内容。可以通过规划环境影响评价，充分调动社会各方面的力量，形成政府审批、环境保护行政主管部门统一监督管理，公众参与共同保护环境的新机制。规划环评是环保部门在环境保护管理方式上，实现从项目型管理向综合型管理转变，从微观管理向宏观管理转变，从被动管理向主动参与管理转变的契机，是环保部门为经济与环境协调发展的服务平台。

规划环境影响评价，要求评价人员具有深厚的理论和广博的知识，具有综合的、全局观念和辩证的思维理念，能够利用国内外最先进的理论知识，既能从宏观上把控和分析规划，又能从微观上有针对性地分析规划的细节问题。特别是通过规划分析及规划环评后，对规划中不符合或不适宜的建设项目或内容，进行有根据、有针对性的优化调整，使规划的实施能够顺利、有效地进行。

因此，作为规划环境影响评价中的专题之一，生态影响评价也应综合考虑规划实施可能对规划所在区域生态整体性或完整性的影响，包括对所涉及的各类生态系统及其组成部分，特别是敏感的生态保护目标、敏感生态问题等。

6.2.2 规划环评生态专题的主要内容

根据《规划环境影响评价条例》第八条，对规划进行环境影响评价，应当分析、预测和评估以下内容：

① 规划实施可能对相关区域、流域、海域生态系统产生的整体影响；

② 规划实施可能对环境和人群健康产生的长远影响；

③ 规划实施的经济效益、社会效益与环境效益之间以及当前利益与长远利益之间的关系。

规划环评生态专题具体工程内容主要应包括：调查分析规划区的生态环境现状，分析规划的生态环境影响因素，预测规划实施可能对生态环境产生的影响，从生态环境保护的角度分析规划的定位、规模、布局的合理性，提出生态环境保护措施，必要时提出规划调整建议。

6.2.2.1 规划区生态现状调查与评价

（1）生态现状调查与评价

现状调查一定要抓住规划区的环境特征（自然环境——地形地貌、地质、土壤、水系、气候、自然灾害等，生态环境——植物、动物、生态系统），特别是规划区及周边区域是否有珍稀野生动物、野生植物及敏感生态保护目标。

生态现状评价技术方法及内容较多，可根据实际情况选择。如生物多样性评价、生态脆弱性评价、景观格局与功能的评价、生态承载力评价等。特别是景观生态学技术与方法在规划环境影响评价中具有一定的优势，可以从宏观上整体把握评价区域的生态状况。

（2）规划区的生态功能

阐明拟规划区现状生态功能，是否符合城市发展规划。必要时需进一步细化规划区的环境功能，使其与规划区的建设相协调。

（3）规划区主要生态问题

规划区主要生态问题分析是很重要的内容，必须识别出规划区的现状生态存在的问题，并分析产生这些问题的原因。找到现状问题与原因才能有的放矢地分析、评价规划区建设是否会加剧现有的问题或能否解决现有的问题，进而根据项目的影响，提出有针对性的保护措施与对策。

6.2.2.2 规划生态影响

规划具有对环境的影响范围广、历时长，影响发生后更难处置的特点。规划实施对生态环境的影响可以从以下方面进行分析评价。

（1）自然生态方面

生物多样性损失：主要从物种多样性、生态系统多样性及景观多样性方面分析规划实施对生物多样性的不利影响、造成的损失。

生态格局破坏：以土地利用格局及其功能改变为基础，分析规划实施对土壤、地表植被及其利用方式的影响。

生态功能改变：以地表植被破坏所造成的生态功能损失来阐述。

（2）可持续发展影响

土地资源占用：主要强调对生物生产性土地资源的占用，而改变为非生物生产性的建筑用地。在这类土地资源损失的同时，其功能的损失是最受人关注的。

农、林、牧、渔业生产损失：这既是一种经济损失，也是一种生态损失。如果工程占用此类用地，尽管有补偿，而且项目的建设产生的经济效益可能更大，但对当地社会经济有短期的不利影响。

（3）景观影响

生态景观的影响：从景观生态学角度，应用景观生态学的原理与技术方法，分析评价规划实施对区域景观生态的影响。

视觉景观影响与重建：规划实施是否对区域视觉景观造成不利影响，如何避免或恢复。

（4）生态危害

环境化学污染引发的生态影响：以工业区开发建设及工业项目的建设为标志。工业项目排放的污染物在对水、空气造成影响的同时，也会对动植物、人类聚居区造成不利的生态影响。

水土流失危害：由于规划实施的建设占地，植被受到破坏，施工期的水土流失势必加剧。

土壤盐渍化：规划实施造成地形地貌的改变，地表径流改变，或由于规划实施造成地下水位变化，可能导致土壤盐渍化。

生物资源退化：一方面是规划实施可能会造成生物资源的损失与退化；另一方面，规划区的开发建设产生的聚集效益所引起的次生影响，会由于其他诸多项目的建设而导致规划区周边区域大面积的生物资源损失与退化。

海洋生态影响：规划区如处于近岸海域，对海洋资源的不合理利用或向近岸海域排放大量的污染物，将影响海洋生态、近海景观。

6.2.2.3　规划区的生态建设与保护

生态建设与保护分为两个层次开展：首先，要确定重点生态敏感区，对需要保护的生态区域一定要保护下来，不能受到破坏。这个层次以保护为主，规划对生态让步。其次，对于因规划实施不能得到保护而必然受到破坏的，要提出生态建设的内容。这个层次以生态重建为主，生态向规划妥协。

生态建设包括以下几个方面：

①原则：是生态建设与保护的前提条件，也是建设与保护的方向性问题。既要立足当前的形势，也要瞻望发展的未来，要有远见。

②目标：在建设方面，具体要达到什么标准或指标，应该有必要的数据指标或环境与人文指标。

③建设规划：这是具体的建设与保护内容，或者说是行动内容。做哪些方面的具体工作去实现"目标"。

④技术措施：主要技术方法、技术的成熟程度、技术支撑单位。也就是技术上是充分可行性的。

⑤资金保障：搞生态建设与保护也是需要资金的，资金要有保障，资金的来源渠道要明确。

⑥持续改进：也就是"长效机制"。短期行为往往达不到应有的效果，取得成果往往是长期坚持的结果。

⑦管理措施：这也是一个重要的保障措施，管理跟不上，将导致建设与保护

成果最终的失败，损失大量的物力、财力、劳动力。

6.2.2.4 规划方案的生态可行性

通过规划生态影响分析与评价，分析规划存在的问题，从生态保护方面给出更合理、更科学的规划方案，特别是对特殊的、重要的敏感生态保护目标有重大影响的规划方案，就要对其不合理部分进行必要的修正或对全部方案进行修改。

同样，也要求规划环评的人员站在一个较高的战略高度，具有足够的战略眼光，能从宏观大趋势的角度出发，从切实保护生态环境出发提出可行的实施方案。

6.2.3 规划环评生态专题的重点与难点

6.2.3.1 重点与难点

实际上《规划环境影响评价条例》第八条规定："（一）规划实施可能对相关区域、流域、海域生态系统产生的整体影响；（二）规划实施可能对环境和人群健康产生的长远影响；（三）规划实施的经济效益、社会效益与环境效益之间以及当前利益与长远利益之间的关系。"这三个方面的评价内容，本身就是重点，实际上也是难点，其中对生态系统的整体性影响，如何进行整体性影响评价，在理论和技术方法上还有一定的争议或还不成熟；对环境和人群健康的长远影响，还不能做到很好的预测，特别是人群健康评价在实际操作中困难重重；至于经济效益、社会效益以及当前利益和长远利益之间的关系，目前多采取定性分析的方法。因此，需要深入进行研究。

目前，规划环评生态专题的主要内容除包括生态环境现状评价、生态环境影响评价、生态环境保护措施等方面外，与项目环评相比，规划环评的影响范围大，同时介入时间也较早，可以通过规划的生态适宜性分析和生态承载力分析为规划的调整提供决策依据，因此生态适宜性分析和生态承载力分析是规划环评生态专题的重点内容；另一方面，生态适宜性分析和生态承载力分析所需的数据资料的获取、指标体系的建立、技术方法等方面也存在一定的难度。

（1）生态适宜性分析

从生态学角度出发，根据各类用地的生态要求，评价各种土地利用类型的生态适宜程度，分析各种不同使用功能的土地利用规划是否合理，是否遵循生态优化原则，从而明确区域开发规划的环境制约因素，寻求最佳土地利用方式。

在规划环评中，通过对规划区进行生态适宜性分析，从而对规划区进行生态分区，进而可以对规划选址的合理性和规划布局的合理性进行分析。

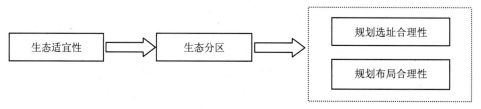

进行生态适宜性分析时，评价指标体系的建立是有一定难度的（范谦，2004）。指标体系的建立要在充分的规划环境影响因素识别的基础上，同时结合规划区的生态环境特点，在众多的指标中筛选出符合规划区特点的生态适宜性评价指标体系。同时应考虑指标易得性、代表性和体现空间分异性，可以参考《生态功能区划技术暂行规程》中生态环境敏感性评价指标和评价标准，建立生态适宜性分析评价指标体系。

（2）生态承载力

地球生态系统在能量供给和废弃物吸纳方面存在某种极限，而要想实现可持续发展的目标，意味着我们要将人类的活动限制在地球"生态承载力"的范围内，传统经济发展模式的主要问题在于忽视了自然资源的有限性，将经济的发展建立在资源的无限消耗上，从而破坏了自然生态平衡，出现严重的环境问题并最终成为经济发展的"瓶颈"（黄青，等，2004）。目前虽然不同学者对于生态承载力有着各种描述，但其基本的内核是相同的，都将生态承载力确定为特定地理区域与生活在其中的有机体数量间的函数，指的是生态系统通过自我维持、自我调节，所能支撑的最大社会经济活动强度和具有一定生活水平的人口数量（高吉喜，2001）。

生态承载力的概念与规划环评的目的具有很强的一致性，要求在经济社会发展的同时，应考虑生态系统的承受能力。生态承载力在规划环评中的应用越来越多，尤其对于大区域、大系统规划尤其适用。

6.2.3.2　示例

（1）生态适宜性分析案例

某地区规划环评中进行了生态适宜性分析，在考虑区域生态功能区划基础上，综合生态环境现状调查评价结论，充分考虑地区自然环境与社会经济情况，以遥感技术和 GIS 空间分析为手段，重点对区域生态敏感性研究基础上，将全区划分为生态适宜区、生态较适宜区、生态基本适宜区和生态不适宜区，并明确各区的开发利用方向，为规划区的合理布局提供了依据。生态适宜性分析评价指标见表6-4。

表 6-4　生态适宜性分析评价指标

评价因子	评价指标
土壤侵蚀敏感性	降雨侵蚀
	坡度和长度
	植被覆盖
生境敏感性	生境物种丰富度
土地沙漠化敏感性	湿润指数
	冬春季大于 6 m/s 大风的天数
	土壤质地
	植被覆盖度（冬春）

　　某开发区规划环评中的生态适宜度评价指标体系见表 6-5。评价结果表明，规划建设用地中，适宜作为工业用地、仓储用地、居住用地等的评价单元占 33.07%，基本适宜的评价单元占 66.14%，较不适宜的评价单元占 0.79%，总体上规划区建设用地生态适宜度较好。

表 6-5　规划区生态适宜度评价指标体系

一级指标	二级指标	三级指标	评价等级		
			适宜	基本适宜	较不适宜
工业用地	环境协调性	与环境敏感目标距离/km	>1	0.5~1	<0.5
		占用耕地、草地面积比例/%	<20	20~50	>50
		占现状中度和轻度水土流失区域面积比例/%	<10	10~80	>80
	基础设施条件	与污水处理厂的距离/km	<1	1~5	<5
	社会协调性	涉及搬迁居民人数/人	<10	10~800	>800
居住用地	环境协调性	占用耕地、草地面积比例/%	<20	20~50	>50
		与环境敏感目标距离/km	>1	0.5~1	<0.5
		占现状中度和轻度水土流失区域面积比例/%	<10	10~80	>80
	基础设施条件	与医院距离/km	<1	1~3	>3
	社会协调性	涉及搬迁居民人数/人	<10	10~800	>800
公共设施用地、市政设施用地、仓储用地	环境协调性	与环境敏感目标的距离/km	>1	0.5~1	<0.5
		占用耕地、草地面积比例/%	<20	20~50	>50
		占现状中度和轻度水土流失区域面积比例/%	<10	10~80	>80
	社会协调性	涉及搬迁居民人数/人	<10	10~800	>800

（2）生态承载力分析案例

某地区规划环评中进行了生态环境承载力分析评价。评价区主要生态系统类型为荒漠类生态系统，土地荒漠化面积广泛。荒漠化是指包括气候变异和人为活动在内的种种因素造成的干旱、半干旱和亚湿润干旱地区的土地退化。土地退化指由于使用土地或一种营力或数种营力结合致使干旱、半干旱和亚湿润干旱地区的雨浇地、水浇地或草原、牧场、森林和林地的生物或经济生产力和复杂性下降或丧失。因此，评价引用新疆师范大学张瑞芳等人 2005 年的研究成果，采用荒漠化指标来评价区域的综合生态承载力（张瑞芳，等，2005）。

根据现场踏勘、遥感解译和区域资料收集可知，评价区的土地利用类型基本上是以风蚀为主的草地和未利用地，采用表 6-6 的指标进行荒漠化程度划分。

表 6-6　某地区荒漠化程度分级

指标名称	指标分级 1		指标分级 2		指标分级 3		指标分级 4		指标分级 5	
	指标	评分	指标	评分	指标	评分	指标	评分	指标	评分
植被盖度	<10%	40	10%～29%	30	30%～49%	20	50%～69%	10	≥70%	4
气候类型（湿润指数）	<10%	40	10%～24%	30	25%～39%	20	40%～59%	10	≥60%	4
土壤质地	砂土	20	壤砂土	15	砂壤土	10	壤土	5	黏土	1
覆沙厚度	≥100 cm	15	99～50 cm	11	49～20 cm	7.5	19～5 cm	4	≤5 cm	1
表土形态	戈壁、风蚀劣地、沙丘高>10 m	25	沙丘高5.1～10 m	19	沙丘高2.1～5 m	12.5	地表平坦或沙丘高≤2 m	6	—	—
荒漠化程度分级	程度	非荒漠化		轻度荒漠化		中度荒漠化		重度荒漠化		极重度荒漠化	
	分值（各指标评分之和）	18		19～37		38～61		62～84		≥85	

根据评价区生态环境和自然环境现状，采用 GIS 和遥感相结合的方法，可估算出评价区现状荒漠化程度分值为 87 分（覆沙厚度为估计值），属于极重度荒漠化区域。

规划实施后，评价区的植被分布由于工程占地发生变化，但随着人工植被的种植，部分区域植被覆盖度反而会有所增加，至少工业场地的绿化率要达到 30%；区域的气候类型不会因为工业项目的建设而发生变化，因此气候类型这一指标无变化；土壤质地在工业设施建设区域会发生较大的变化，但由于该区域现状土壤质地是以养分较低的砂土为主，因此规划实施后除工业建设区水泥硬化地面外，其他区域的土壤质地不会发生较大的变化；覆沙厚度有可能由于工业场地建设扰动而增加；由于评价区地形起伏较小，因此表土形态将不会因工业设施的建设发生较大变化。由此，估算出规划实施后评价区荒漠化程度分值为 80 分，属于重度荒漠化区域。规划实施前后荒漠化程度分值具体取值情况见表 6-7。

表 6-7　规划实施前后荒漠化程度取值

指标名称	规划实施前		规划实施后	
	指标	评分	指标	评分
植被盖度	10%～29%	30	30%～49%	20
气候类型（湿润指数）	20%	30	20%	30
土壤质地	砂土	20	砂土	20
覆沙厚度	≤5 cm	1	5～19 cm	4
表土形态	地表平坦或沙丘高≤2 m	6	地表平坦或沙丘高≤2 m	6
合计	极重度荒漠化	87	重度荒漠化	80

综上所述，从荒漠化程度而言，规划实施前后评价区由于建设项目工业场地绿化指标要求使得区域植被覆盖度有所增加，因此评价区由极重度荒漠化区域转变为重度荒漠化区域，虽然从分值而言变化不大，但其荒漠化程度所有缓解。此外，由于评价区荒漠生态系统的生物多样性单一，并且无珍稀动植物分布，规划实施在区域增加了人工建筑，而不会对评价区生物多样性造成损失，也不会引发区域生态系统结构和功能的重大变化。因此，产业带规划实施不会使评价区生态负荷过载。

6.3　战略环评生态专题

战略环评（Strategic Environmental Assessment，SEA）是环境影响评价在法律法规、政策（policy）、规划（plan）和计划（program）等战略层次的应用，是在战略层次上及早协调环境与可持续发展关系的程序（Riki Therivel，2004；张勇，等，1999）。

截至目前，SEA 的研究和实践仍处于初步发展阶段，尚未形成统一、完善的理论体系和有效的评价方法学（张志耀，等，2005；朱坦，等，2007）。

自《中华人民共和国环境影响评价法》颁布实施，特别是《规划环境影响评价条例》实施以来，国内开展了多项规划环评，尤以开发区规划环评和矿区规划环评为主。目前，我国对于较高层次的战略环评（如法律法规环评和政策环评）开展相对较少，国家对此也没有强制性要求，但今后必将有很大程度的增加。

本节所指战略环评（SEA），主要为国家及大区域的宏观发展规划的环境影响评价。如全国"五大区域"（环渤海沿海地区、海峡西岸经济区、北部湾经济区、成渝经济区、黄河中上游）的战略环评和西部开发战略环评。

6.3.1 战略规划的特点

（1）宏观性

战略规划一般是宏观性规划，内容广泛但不具体，甚至有的规划内容十分简单、扼要，只是一个粗浅的框架。但由于这样的规划可能通过行政手段推广、执行，因此，开展战略环评也十分必要。

（2）范围广

国家级或大区域的战略规划，范围大小各异，可能是全国范围，也可能是各省（市、自然区）或者流域。战略规划的地理面积远大于项目环评和开发区规划环评。

（3）不确定性

战略规划本身就是指导性的，由于规划范围大，时间跨度长，受各种形势、行政等因素的影响，在具体落实过程中存在很大变数。

6.3.2 战略环评生态影响评价的主要任务

对于大区域的宏观发展规划而言，累积性生态影响和生态风险的重要性更甚于一般规划环评。大区域宏观发展规划的生态影响评价的主要任务包括：

（1）区域生态环境背景调查

根据区域重点产业生态影响特征和区域生态敏感特征，开展累积性环境影响的专项调查；结合已有生态、环境等领域的调查、监测数据和科研成果，研究区域生态环境背景情况和演变趋势；评估经济社会发展中出现的区域性、累积性环境问题以及关键制约因素。

（2）生态影响预测

通过区域生态背景调查和区域产业发展现状，综合分析得到区域内生态环境与社会经济发展的压力-响应模式，并据此模式预测、分析重点产业发展的中长期生态环境影响态势及其阶段性、结构性特征，评价重点产业发展对关键生态功能单元和环境敏感目标的长期性、累积性影响。

根据土地开发生态适宜性，构建生态系统综合评价指标体系、评价标准和评价方法，从生态系统高度，分析产业发展可能造成的生态影响和风险。

如根据区域特征和规划需要，可设定不同层次的评价标准：

① 控制本区域目前的环境恶化趋势；

② 改善本区域生态环境质量；

③ 不影响周边地区资源环境质量及产业发展需求。

（3）生态修复及调控对策

根据现状生态环境调查结果制定区域现有生态问题修复方案，根据累积影响预测和生态风险预测结果，制定区域中重点生态敏感区的生态功能保障方案，为区域科学发展提供生态环境的调控对策。

6.3.3　工作原则

2002 年，国际环评协会（IAIA）发布了 6 条战略性环境影响评价的准则，即整体性、可持续发展主导、集中重点、问责性、公众参与性、反复修改性（蔡玉梅，等，2005）。根据近几年规划环评的实践，开展国家及大区域的宏观发展规划的环境影响评价，需要遵循以下原则（张志耀，等，2005；杨永宏，等，2008）：

① 超前性：尽可能早地在战略制定阶段开展 SEA，以便 SEA 的结论应用到战略决策中去。早期介入是战略基本原则。

② 开放性：SEA 应做好公众参与工作，鼓励外部智力参与和评审，鼓励公开合作与交流。

③ 整体性：以区域复合生态系统（考虑到人为创造的生态环境）的生态完整性为基础，应把区域内及周边受影响区域的自然、经济和社会要素作为整体进行协调分析。

6.3.4　重点与难点

在战略环评的生态影响评价中需注意以下六个方面：

① 在战略环评中，用于专项规划或开发建设项目环境影响评价的技术方法可以利用，但不应受其束缚。

② 在战略规划分析中，要善于从规划内容中识别出可能造成的生态影响因素。有的规划内容很难直接分析出其环境影响，甚至会让人误认为不存在环境影响，具有很强的隐蔽性。由于此类规划内容广泛，规划分析的难度比开发建设项

目或专项规划的分析难度要大得多。

③ 战略规划的不具体性和不确定性决定了战略环评的不可操作性和不确定性。因此，战略环评需要突破建设项目和开发区规划环评的技术束缚，理论和技术手段都需要一定的创新。

④ 战略环评也必须重视评价的实用性，要实事求是，不能脱离实际。所给出的评价意见与建议是合乎理论与实际的，是有利于社会经济发展与环境保护的。

⑤ 鉴于国家已发布《全国主体功能区划》，因此，战略规划及其规划环评特别重要的一个方面，就是要分析与国家主体功能区划的符合性。也就是为优化经济发展服务，这可以说是战略规划环评的重点工作内容之一。

⑥ 战略环境影响评价的生态影响评价范围，可以考虑按生态导则（HJ 19—2011）的"应能够充分体现生态完整性，涵盖评价项目全部活动的直接影响区域和间接影响区域。评价工作范围应依据评价项目对生态因子的影响方式、影响程度和生态因子之间的相互影响和相互依存关系确定。可综合考虑评价项目与项目区的气候过程、水文过程、生物过程等生物地球化学循环过程的相互作用关系，以评价项目影响区域所涉及的完整气候单元、水文单元、生态单元、地理单元界限为参照边界"来确定。一般而言，在战略环境影响评价报告实际编写时，并不需要明确给出战略规划区外围具体"数量"的评价范围。

参考文献

[1] 曹凑贵. 生态学概论[M]. 北京：高等教育出版社，2002.

[2] 赵景柱. 生态规划方法[M]//马世骏. 现代生态学透视[C]. 北京：科学出版社，1990：81-121.

[3] 张洪军，刘正恩，曹福存. 生态规划——尺度、空间布局与可持续发展[M]. 北京：化学工业出版社，2007.

[4] 王祥荣. 城市生态规划的概念、内涵和实证研究[J]. 规划师，2002，18（4）：12-15.

[5] 黄肇义，杨东援. 国内外生态城市理论研究综述[J]. 城市规划，2001，25（1）：59-63.

[6] 俞孔坚. 生物保护的景观生态安全格局[J]. 生态学报，1999，19（1）：8-15.

[7] 王传胜，范振军，董锁成，等. 生态经济区划研究——以西北6省为例[J]. 生态学报，2005，25（7）：1804-1810.

[8] 尚金城，包存宽. 战略环境评价导论[M]. 北京：科学出版社，2003：1-25.

[9] 赵自保，王竞. 规划环境影响评价特点初探[J]. 环境科学导刊，2008，27（4）：73-75.

[10] 范谦，李升峰，时亚楼，等. 生态适宜度评价在开发区环评和环境规划中的应用[J]. 四川环境，2004，23（2）：48-52.

[11]　黄青，任志远. 论生态承载力与生态安全[J]. 干旱区资源与环境，2004，18（2）：11-18.

[12]　高吉喜. 可持续发展理论探索：生态承载力理论、方法与应用[M]. 北京：中国环境科学出版社，2001：8-9.

[13]　张瑞芳，王圣云，胡敏，等. 新疆荒漠化土地分布及评价指标研究[J]，新疆师范大学学报：自然科学版，2005，24（3）：165-168.

[14]　Riki Therivel. Strategic Environmental Assessment in Action [M]. London：Earthscan Ltd.，2004.

[15]　张勇，杨凯，姚继承. 开展战略环境评价的探讨[J]. 污染防治技术，1999，12（3）：139-141.

[16]　张志耀，李贵堂. 战略环境评价的理论及技术方法探讨[J]. 山西大学学报，2005，28（2）：220-224.

[17]　朱坦，田丽丽，唐弢，等. 我国战略环境评价的特点、挑战与机遇[J]. 环境保护，2007，20：4-6.

[18]　蔡玉梅，谢俊奇，杜官印，等. 规划导向的土地利用规划环境影响评价方法[J]. 中国土地科学，2005，19（2）：3-8.

[19]　杨永宏，罗上华. 城市总体规划战略环评研究[J]. 昆明理工大学学报：理工版，2008，33（3）：87-91.

[20]　全国生态环境保护纲要（国发[2007]37 号）.

[21]　全国生态环境建设规划（国发[1998]36 号）.

[22]　国家重点生态功能保护区规划纲要（环发[2007]165 号）.

[23]　全国生态功能区划（环境保护部公告，2008 年第 35 号）.

[24]　全国生态脆弱区保护规划纲要（环发[2008]92 号）.

[25]　全国主体功能区划（国发[2010]46 号）.

[26]　The institute of Ecology and Environmental Management（IEEM）. Uidelines for Ecological Impact Assessment in the United Kingdom. 2006.

[27]　环境保护部环境影响评价司，环境保护部环境工程评估中心. 重点领域规划环境影响评价理论与实践[M]. 北京：中国环境科学出版社，2010.

[28]　环境保护部环境影响评价司，环境保护部环境工程评估中心. 重点领域规划环境影响评价理论与实践（第二辑）[M]. 北京：中国环境科学出版社，2012.

第7章　生态影响型建设项目竣工环保验收调查

建设项目竣工环境保护验收是开发建设项目环境影响评价的延续，也是环评成果的检验，是环境影响评价时的"将来时"向"完成时"的转变，是环评要求采取的环境保护措施落实情况的验证。

以生态影响为主的开发建设项目竣工验收环境保护调查（包括调查中的监测），实际是环境影响评价"后评价"的一种形式或者说是初级阶段的后评价。以生态影响为主的项目，实际上也是有污染的，只不过生态影响更为突出一些。对生态类项目的验收调查，其生态影响调查与保护措施落实固然是重点，但对其污染源及其排放的污染物达标排放及总量控制也是十分必要的。

生态类验收调查报告更加重视照片和图、表，因为它们更能直观地说明生态影响及恢复情况，环境影响报告书及批复要求的生态保护措施是不是落实了。"眼见为实"，"照片为证"。因此，生态验收调查报告是最讲究图件与照片的。

同时，需要关注工程变更后造成的环境影响，特别是对敏感目标的影响。还需要关注环境影响评价时遗漏的比较重要的影响，进行补充分析。

竣工验收调查的实质是"实事求是"，即真实反映开发建设项目采取的环保措施情况。对照环评报告及批复文件的要求一一核实环境保护措施是否落实，落实的效果如何（污染源污染物排放是否达标的监测，或环保设施污染物去除效率的监测是反映效果的方法之一。因此，验收调查中也有监测工作）。在调查报告中应通过充分的照片来佐证措施的落实情况。对不符合环保要求或未达到环保要求的方面，则应要求采取进一步改进措施，保证满足环境保护的要求（环评提出的环保措施及有关部门审查、批复提出的环保要求）。

生态类项目竣工验收调查报告编写的主要依据是：法律、法规及有关规范性文件。技术方面主要依据中华人民共和国环境保护行业标准，如《建设项目竣工环境保护验收技术规范　生态影响类》（HJ/T 394—2007），还有《建设项目竣工环境保护验收技术规范　公路》（HJ/T 552—2010）、《建设项目竣工环境保护验收技术规范　水利水电》（HJ 464—2009）、《建设项目竣工环境保护验收技术规范　港口》（HJ 436—2008）、《建设项目竣工环境保护验收技术规范　城市轨道交通》（HJ/T 403—2007）等生态类建设项目的竣工验收技术规范将陆续颁布实施，需关注。

7.1 项目由来

简要说明即可。交代项目建设的背景、重要意义、项目基本情况及其建设过程、验收委托调查过程、调查方案编制与审查过程等。

7.2 验收调查依据

① 原环保总局验收管理办法；
② 原环保总局验收监测管理办法；
③ 环境影响评价报告书；
④ 预审意见与批复要求。

当然，还有相关的其他法律法规、部门规章等规范性文件。随着国家相关法律法规的不断颁布或修订，以及环保行政主管部门的部门规章或其他规范性文件，或相关规范、标准的发布或更新，验收调查的法规依据也应及时跟进。

7.3 验收调查技术措施

所有的工程建设内容及环境保护措施都要进行调查，不能漏项。

（1）资料收集和走访调查

是验收调查的重要手段与过程。通过收集工程建设资料了解工程实际情况，特别是工程的变更情况；通过走访当地环境保护部门了解工程施工期的有关影响或居民上访问题；通过走访环境保护敏感目标管理部门（如自然保护区管理部门）了解工程施工期对敏感保护目标的影响情况及采取的措施；通过公众参与调查，了解环境影响及解决方式与效果。

（2）现场踏查

在收集资料及资料分析的基础上，编制验收调查方案及监测方案，在方案通过审查后再次进行现场调查，并实施监测，最后编制验收调查报告。

（3）技术资料审查

对业主提供及收集到的工程技术资料，特别是有关环境保护的技术资料要认真进行审查，既要查找存在的不足，又要查找采取的各项环境保护措施。

（4）遥感、录像、照相

验收时，工程已经竣工并投入试运行，所以工程及环境影响、环境保护措施均是实实在在存在的，录像与拍照是十分有必要的，必要时也需要借助遥感技术（包括卫星遥感、航拍或无人机遥感等）。在验收调查报告中要充分地应用照片来说明问题。报告中的照片是最有说服力的，写再多的文字可能也不如一张照片有直观的说服力。验收监测点位，验收现场的实际情况，环境保护措施的实际落实情况，包括污水处理设施、废气处理设施、噪声治理设施、固体废物处理处置或综合利用情况，水土保持、绿化等生态恢复、建设或补偿情况的照片，都是很有必要的。因此，验收调查人员应高度重视现场拍照。

（5）技术规范

不仅要对照验收方面的技术规范编制验收调查报告，同时，也要参考环评的有关技术导则。既要调查工程在环境保护措施方面是否采取了有效的措施，又要调查建设项目是否在施工中违背了环评及批复的要求。

（6）监测技术规范

验收监测是十分重要的，直接检验项目采取的污染防治措施是否有效。验收监测方案既要遵循监测技术规范，又要与项目实际相结合，真实地反映项目的实际情况。

7.4 工程概况

（1）介绍工程概况

简要介绍工程建设情况，但主要工程内容不能缺失。

① 环境影响评价时，工程分析依据的是可行性研究报告或初步设计资料。工程验收调查报告的工程内容应该以施工阶段的资料为主，因为验收阶段工程已经完成，而且一般是依据设计单位提供的施工图阶段的技术要求进行的。

② 如高速公路建设这类以生态影响为主的项目。工程内容主要有路基工程、长大隧道、桥涵通道工程（包括互通式立交、分离式立交、跨河桥梁、排洪泄水涵洞、人行通道、车辆通道、动物通道等）、管理中心、服务区、收费站、加油站（由于隶属关系，环评时往往不在工程建设内容之中）以及排水、防护、标志等附属工程。总之，工程建设的内容不能丢，按主体工程、辅助工程、配套工程、公用工程等分别阐述清楚。

（2）工程变更情况

在项目实施中往往因各种情况会发生一些变化，这样就与环评时的工程情况不一样了，甚至由于特殊情况与施工设计的资料也不一样了（如有的工程地方要求增加桥梁、通道或天桥等），相应的环境影响和应该采取的措施也必然需要变化，而这是环评时没有考虑到的。

因此，"工程变更一览表"是不可少的。

7.5　工程建设的主要环境影响

① 验收调查要回顾施工期的环境影响及采取的环境保护措施，产生的环境纠纷与解决过程。

② 分析试营运期环境影响及采取的环境保护措施的有效性。

③ 分析、评价工程变更后的环境影响。

7.6　环境影响报告书结论及批复要求

① 环评报告结论及环保措施要求。

② 预审或审查要求。

③ 批复要求。

④ 工程建设现状实际要求。

7.7　环境保护要求落实情况

对于环保部审批的建设项目，调查单位应对环境影响评价报告书提出的环保措施的落实情况，行业主管部门对环评报告预审或审查意见的落实情况（如果有），地方环保部门预审意见的落实情况，特别是环保部批复要求的环保措施的落实情况，具体、详细地调查清楚，逐条逐句说明落实情况及效果，并在专题调查中以充分的照片佐证落实的效果。

对生态敏感点的保护措施落实的如何，是需要重点调查的内容。生态敏感保护目标与建设项目的位置关系究竟是什么样的，如果建设项目未征占生态敏感保护目标的用地，那么它们之间的距离是多少，环评要求采取的保护措施是否落实了，没落实的原因是什么。

由于环评一般先于项目开工建设，在建设过程中工程会发生变化，或发现新的问题，原环评要求的措施可能会被改变或不采用，所以，调查时要弄清环评措施是否被改变了，改变的原因是什么，改变后的效果如何。

如果建设单位没有采取环评要求的措施，而是采取了其他措施，则应分析其所采取措施的有效性，如果是十分有效的或比环评提出的措施更加先进，应予以充分肯定。

一般应主要从以下 11 个方面进行专题调查（在调查报告中可单独设立章节）：

（1）生态影响与保护措施

① 农业生态。土壤层的保护与利用情况，临时占用农田的恢复与补偿情况，征占基本农田的应有基本农田变更与补偿文件，补偿资金落实证明。

② 森林生态。环评提出的措施具体是如何落实的。是否存在多占、多砍问题，对重要保护树种是否采取了规定的保护措施。建设单位与林业部门签署的森林补偿方案，补偿资金的落实证明。

③ 草地生态。基本草原应该得到严格保护，征占草原与草原管理部门签订的草原补偿方案，草原补偿资金的落实证明。

④ 湿地生态。一般对湿地需进行特别的保护，工程确实需要占用湿地或从湿地区通过的，应有湿地补偿。但是，如何补偿尚缺乏有效的措施，也没有统一的规范。这种补偿可以是湿地异地补偿（人工湿地的建造），也可以是资金补偿（通过对相关湿地的保护与管理，间接补偿工程对区域湿地造成的不利影响）。

（2）水环境影响与保护措施

采取的污水达标排放措施或总量控制措施，污水处理设施运转情况（"三同时"执行情况），通过监测来说明污水经处理后是否达标，通过纳污水体监测，弄清纳污水体水环境质量是否可以得到保证，功能有无改变。

（3）环境空气影响与保护措施

空气污染物排放达标及主要污染物总量控制情况，相应的环境保护设施运转情况（"三同时"执行情况）。通过监测，说明排放空气污染物的设施是否达标排放（浓度、速率）。

（4）噪声影响与减缓措施

噪声污染控制措施的落实情况（"三同时"执行情况），通过监测检验其控制效果，是否达标。注意不同类型项目的监测要求。

（5）固体废物影响与保护措施

环境影响报告书提出或批复要求的固体废物处理处置应采取的措施是否得到落实（"三同时"执行情况）。

当然，如果建设单位对固体废物进行了综合利用或转给其他有关单位进行综合利用，是应该给予鼓励并充分肯定的。

（6）景观影响与减缓措施

如果报告书中针对景观影响提出减缓措施要求，则应调查建设单位是否按要求予以落实。

一般情况下，主要针对建设项目存在的影响区域景观格局的脏、乱、差现象进行调查。这里不完全是指从中尺度或大尺度上来看的景观生态问题，更确切地说是一个环境卫生与环境整洁、美观的问题。

（7）水土保持

应按建设单位委托有关单位编制的"水土保持方案"中提出的水土保持措施逐项调查建设单位是否予以落实，并分析措施落实的质量或水平如何。

未做水土保持专项报告书的项目，应按照环境影响报告书提出的水土保持要求进行验收。

（8）社会环境影响

重要的是移民安置的社会影响调查。移民安置既是一个社会影响问题，也有环境影响问题，而且环境影响包括了水、气、声、生态、固体废物等多方面的影响。

交通、物流方面的影响，对居民生产生活供水、供电、供气、通信等方面的影响的减缓措施及效果。

对区域社会经济发展的影响，或其他方面的作用或重要意义。做简要说明即可。

（9）风险防范措施

调查环评报告提出的风险防范措施的准备情况，有无相应的制度及应急预案。是否进行演练，有无相关记录。

（10）环境管理与环境监测

如果环境影响评价或批复要求实施工程建设施工期应进行环境监理，应调查有无日常环境监理报告或监测报告。

建设单位环境管理组织机构、规章制度及落实情况。

环境影响报告书提出的环境监测方案的落实情况（这一内容一般不是必须调查的，因为当地环境保护行政主管部门及其监测机构有职责实施监督性监测）。

环境影响评价要求建设单位自建监测站或化验室的，应调查其是否组建完善，能否承担例行监测工作。如果没有建设，应委托当地环境监测机构进行监测。

一般当地环境监测单位可以对建设项目营运期间的环境影响进行例行监测或监督性监测。

（11）清洁生产

对照环境保护措施，逐条调查是否得到落实。

不能落实的要分析原因及其合理性。因为由于工程变化，环境影响报告书提出的要求不一定是合理的，一些保护措施不能落实也是正常的。

另外，由于工程建设的阶段性，生态恢复措施的缓慢性，某些生态保护措施不一定能在工程竣工后就完成生态建设与恢复，仍然需要一段时间来完成。这样。应该调查其生态恢复规划、计划，特别是资金保障情况，并征求当地环境保护行政主管部门的意见。

7.8 整改意见及整改结果

这个整改意见往往是在验收调查方案编制阶段提出来的，因为编制验收调查方案时需要进行初步的现场调查，对于发现的问题应向委托方提出整改意见。

另外，应注意，即使建设单位依照环境影响报告书落实了规定的环境保护措施，但由于环境影响评价往往是在工程可行性研究阶段或初步设计阶段进行，工程在实际施工中还会发生一些改变，原环境影响报告书提出来的措施可能不能满足实际要求。因此，调查中如发现建设单位虽然按报告书落实了环境保护要求，但仍不能解决所产生的环境问题或潜在的、可能会在生产、营运期出现环境问题的，应该要求建设单位予以补充。

7.9 验收调查建议

是否建议通过验收。

这里需要注意：是否通过验收，是由批复环境影响报告书或表的环境保护行政主管部门来决定的，而不是验收调查单位。验收调查单位只能根据调查情况提出是否通过验收的"建议"。

注意把握提出"3类验收建议"的尺度。只能提出其中的一种建议。

7.10 附件

各类支持文件：

（1）可行性研究报告批复文件；

（2）设计批复文件；

（3）行业主管部门或地方环境保护行政主管部门对环境影响报告的预审文件；

（4）环境影响评价报告批复文件；

（5）水土保持方案批复文件；

（6）其他相关文件（如涉及自然保护区等环境敏感保护目标时，有关主管部门的意见或要求；规划部门的文件，地质矿产管理部门关于矿产资源方面要求的文件，文物管理部门的文件等）。

7.11 附例：公路验收调查的主要内容

（1）主体工程内容调查

（略）

（2）施工期临时工程内容

一条高速公路施工往往要分成几个合同段，施工期的各合同段的不同施工单位是自主施工的，各有各的施工内容，很少互相牵扯。各合同段一般临时工程主要包括取弃土场、砂石料场、施工营地、物料场放场、水稳拌合站、沥青拌合站、施工用水水源（自行打水井，用自来水、远运拉水，还是利用附近河流地表水）、运输便道等。说清这些工程的数量、分布位置。

（3）生态影响与水土保持调查内容

生态影响主要是由于占地所引起的，而占地一般分为永久占地和临时占地。永久占地是被工程建设实际占用的土地，生态具有不可恢复性，否则工程便不能建设，其生态影响一般只能通过占地区内外的绿化（高速公路中间带的绿化、路缘带绿化、边坡绿化）进行补偿。

① 永久占地区造成的生态影响实际情况，生态补偿与绿化情况。高速公路等级高，包含的子项目或分项目多，路基宽（特别是整体式高速公路路基），土石方量大，占地面积大。在永久占地工程中须重点调查路基边坡、互通式立交、管理中心、服务区、收费站的防护与绿化情况，生物通道及其出入口周边的生态保护与恢复情况。是否遵循了环评及批复要求的绿化与生态恢复原则，所选择的植物种是否是当地物种（一般限制引进外来物种，但是，如果是我国历史上长期引进栽培，且没有造成入侵危害的物种，也是可以的），能否保证其成活率，并达到生态恢复与保护的效果。

② 临时占地区造成的生态影响，这既是工程建设期生态影响评价的重要内容，也是项目竣工验收调查的关注点。因为临时工程是施工期的主要作业区，对生态影响明显，而且在工程施工中容易发生改变，也可以在施工前期或施工期进

一步优化。

　　临时工程的生态验收调查一般必须调查生态恢复方式与程度、效果，是否具有持久性（避免为了应付验收采取虚假生态恢复措施，如有的地方用小麦种子临时发芽生长形成的绿草地来应对绿化检查）。

　　③ 重点工程生态影响。高速公路的重点工程一般包括路基工程（特别是高填、深挖路段）、长大隧道工程、互通式立交、集中的取弃土场、服务区等，这些重点工程在施工期及试营运期的生态影响程度、生态建设与恢复效果是验收调查生态的重点。

　　高填深挖路段路堤、路堑边坡的防护措施、排水设施、通道的设置，长大隧道弃渣的利用与处理处置、隧道进出口的设计与周边环境的协调性，互通式立交的绿化与防护，集中式取弃土场外围的整理情况、生态恢复措施与效果，服务区的绿化等均须认真调查，并对应环境影响评价报告及批复要求通过照片与文字说清楚。

　　④ 生态敏感目标。生态影响调查，除工程占地影响外，关注的往往是对周边生态敏感目标的影响，这是环境影响评价的重要内容，也是验收调查的重要内容。

　　工程在实际施工过程中采取了哪些有利于保护敏感生态目标的措施，是否绕避或避免了在敏感保护目标区设置各类临时占地等；工程与敏感保护目标的位置关系（这个位置关系图是必不可少的），距离究竟有多远；结合环境影响评价报告书回答工程建设对生态敏感目标造成什么影响，影响程度如何，是可逆的、还是不可逆的，是不是就如环境影响报告所评价、分析的那种影响；工程采取的生态保护措施是否可行，这都是工程对敏感生态保护目标影响验收调查要说清楚的。

　　⑤ 水土保持措施。水土保持措施是生态保护措施的重要内容，在现场调查中应与生态保护调查作为一个整体进行。如果该建设项目编制了"水土保持方案"，则应首先弄清水土保持方案是怎么要求的，特别是对重点工程和临时工程的水土保持措施要认真调查，是否满足水土保持方案的要求。

　　水土保持要注意调查工程采取的工程防护措施，如导水排水（挡水板、排水沟、贮水池、导水孔等）、边坡防护（浆砌片石、混凝土、石质边坡防护、挡墙、喷浆护坡、铅丝笼防护等），以及以绿化为主的生物防护措施与水土保持管理措施等。

　　（4）噪声影响调查

　　噪声影响调查关注的就是交通车辆对公路两侧居民生活环境的噪声影响。对代表性声敏感点进行现场监测，除进行昼间和夜间代表性时间点监测外，还需监测噪声的 24 h 变化情况；如果敏感点是高楼，须监测噪声对不同楼层工作、生活环境的影响。有减噪降噪措施时，需对降噪声效果进行监测。

（5）水环境影响调查

可能造成的河流水质污染、对水生生物及其生态影响，特别是施工期。

水环境风险影响，特别需关注对饮用水水源地的风险影响。如果工程跨越具有饮用水水源功能的河流，需调查是否有控制、引导桥面径流的设施，是否采取了加强防撞护栏，是否有警示标志等。

对收费站服务区生活污水排放需进行监测。

（6）环境空气影响调查

公路上汽车尾气的影响，目前还难以通过公路建设彻底解决，一般也不是公路项目特别关注的内容。只能通过路面状况的改变，减少车辆怠速状态来减少尾气排放中的污染物。

主要是配套工程排放的大气污染物对周边环境空气质量的影响。如锅炉，需要对锅炉烟气达标与否进行监测。

（7）社会影响调查

调查拆迁与移民安置情况。拆迁量及拆迁时造成的矛盾解决情况，移民后重新安置后的生活环境质量，生活水平是否受到不利影响。

农灌渠系改变是否影响农业灌溉，如果占用农田，是否给予补偿。

是否造成公路两侧城镇交通运输的不方便，特别是两侧农民过道农作或农用车辆通过的不方便；通道设置是否合理。

尤其要关注的是当一侧为居民集中区，而公路的另一侧有学校或医院等公共设施时，是否设置了安全通道，这很重要。

（8）公众参与调查和施工环境监理调查

高速公路建设项目，施工期环境影响是环境影响评价报告的重要内容。验收调查时施工期已结束，但又不能不调查。

比较有效的方法是通过公众参与了解项目施工期对环境的实际影响情况，同时查阅施工监理档案，走访当地环境保护部门，查看环境保护部门的检查记录。特别是临时占地是否按照环境影响评价的要求去做，如施工营地、拌合站（尤其是沥青拌合站）、物料堆放场、施工便道是否造成不利的环境影响或群众纠纷等。

（9）调查发现的问题解决途径

① 环评报告提到的问题：初步调查后，调查单位是要给业主反馈调查意见的，对于环境影响评价报告及批复文件中的要求没有得到落实的，需要向建设单位提出进行整改；或由于工程变更，产生了不符合环境保护要求的情况，要向建设单位提出整改要求。待整改完成后，将整改过程与结果在调查报告中予以说明。

② 工程实际施工中出现的"意外"问题：主要是由于工程变更引发的问题。如果是重大变更，建设单位应当及时向原审批环境影响报告书的环境保护行政主管部门提出申请，并重新补做环境影响评价；如果重大变更未补做环评，也未经环境保护部门同意，调查单位应向审批原环评报告的环境保护行政主管部门报告。

另外，由于施工时出现意想不到的情况而产生的环境问题，如发现地下文物、施工造成塌方、滑坡、泥石流，或由于拆迁或污染而导致群体事件等。

（10）工程采取的环境保护措施有效性调查与分析

环境影响评价提出的环境保护措施是在预测评价的基础上提出的，由于受工程及各种不明确情况的制约，一般是原则性的，而工程在实施过程中存在根据工程变化的情况或环境实际情况，不一定就完全按照环评时的要求去做。

（11）调查结论的编写

① 建议通过验收；

② 建议先通过验收，并进行整改；

③ 先整改后通过验收。

（12）报告书编写要求

① 验收调查报告要图文并茂。验收是在公路试运行阶段进行的，工程已经完成，其环境保护措施究竟如何是有实实在在存在的实物可以说明的。因此，照片是不可少的，写再多的文字可能都不如一张清晰的照片表达得清楚。

② 内容做到言简意赅，文字精练。验收调查报告与环评报告不同的是，它是检查环评及批复要求的环境保护措施是否落实，落实效果如何，验收报告一般不要求再像环评报告那样进行预测评价和分析。所以，一本验收调查报告，应用精练的文字说明环评、预审及批复是怎么要求的，建设单位是如何落实的，实际效果如何，是否满足要求。这是文字表述的基本内容，其间穿插实际采取措施的照片；实施监测的则要有监测布点图及布点处的照片，不必啰唆太多东西。

③ 重点调查内容表述具体、清楚。主要是指重点工程造成的不利影响的减缓措施落实情况；针对敏感保护目标（生态、噪声、水、气、地质环境等）采取的措施落实情况。

参考文献

[1]　建设项目竣工环境保护验收技术规范　生态影响类（HJ/T 394—2007）.

[2]　建设项目竣工环境保护验收技术规范　城市轨道交通（HJ/T 403—2007）.

[3]　建设项目竣工环境保护验收技术规范　港口（HJ 436—2008）.

[4]　建设项目竣工环境保护验收技术规范　水利水电（HJ 464—2009）.

[5]　建设项目竣工环境保护验收技术规范　公路（HJ/T 552—2010）.

[6]　宣昊，杜蕴慧，黄薇. 生态影响型建设项目竣工环保验收调查问题分析问题与建议[J]. 中国环境管理，2010（3）.

第8章　生态监理

8.1 过程监理是生态监理的核心内容

环境监理，是环境影响评价成果的实现过程。生态监理是工程环境监理工作的一部分，实际工作中并非独立地进行生态监理，而往往与水污染、大气污染、噪声污染、环境风险等的监理工作相结合进行。因此，本章结合环境监理工作将生态监理一并说明。

对于环境监理工作，尽管全国各地早已有所拓展，且包括国家环境保护行政主管部门及地方各级环境保护行政主管部门在对开发建设项目环评审批中均提出应进行环境监理，且环境监理工作均有不同程度的开展。之后，原国家环境保护总局、铁道部等六部委发布《关于在重大建设项目中开展工程环境监理试点的通知》（环发[2002]141 号），在全国范围内对重大工程实施环境监理试点。2012 年 1 月，环境保护部发布了《关于进一步推进建设项目环境监理试点工作的通知》（环发[2012]5 号），环境监理工作正式全面纳入开发建设项目环境管理过程。

环境监理是一个"过程"，是通过"过程"管理，来监督开发建设项目在开发建设过程中对环境影响评价文件及其审查、批复要求的落实，形成监理报告，并作为工程环境保护验收依据。实际上是"三同时"（同时设计、同时施工、同时投产使用）制度的执行情况。因此，这个"过程"在监理过程中如何具体执行，并在监理总结报告中如何全面体现，才是实质内容。

在环境监理工作中，重要的是做好记录，即记录发现的环境问题，提出改进意见，记录业主或建设单位针对产生的环境问题及监理人员所提意见的落实情况，以及落实的效果等，而且一定要有照片或影像资料做证明，并应及时存档。因此，做好环境监理的档案管理，是编好环境监理报告的重要基础。

在编写环境监理报告时，技术总结报告一定要全面记录重大工程或重要环境影响监理过程。可以按水、气、声、生态、固体废物、环境风险、社会环境等不同环境要素，或按工程内容，也可以按不同施工区域分类分别编写，并通过"施工作业—产生的环境问题—监理提出的环保要求—工程采取的环保措施—效果"
这一"过程"在报告中体现，同时伴随相应的照片来佐证，使技术总结报告图文
并茂，实事求是，能够全面、真实地反映监理过程。目前，很多环境监理报告并
未充分体现这一"过程"，而一些环境监理的专业书籍，似乎仅仅是为了出书，要
么将简单的问题复杂化，要么重点问题给不出方法。因此，这仍是需要进一步研
究和明确的内容。

8.2　监理工作方案

　　在实施工程环境监理之前，可以编制环境监理实施方案。监理工作结束后，
再编写环境监理总结报告。
　　监理方案是监理机构为有效实施环境监理工作，根据环境影响评价文件及审
查或审批要求，在工程建设过程中落实环境保护"三同时"制度的指导方案，是
将监理工作具体化的过程。
　　监理工作方案可按工程进度分别安排相应的环境保护工程并随工程进度同时
落实，也可以根据环境影响评价文件关于各要素环保措施的要求，在工程建设中
分别予以落实。所以，监理方案本身就应体现施工的"全过程"。监理方案主要包
括以下内容：
　　① 监理依据；
　　② 工程环境影响评价结论；
　　③ 环境影响评价要求采取的环境保护措施；
　　④ 环境影响评价审查及审批要求采取的环境保护措施；
　　⑤ 工程初步设计或施工图中对环境影响评价及审查、审批要求的落实；
　　⑥ 工程进度及环境保护措施与相关工程进度的匹配内容；
　　⑦ 现场监理方式及时间；
　　⑧ 现场监理人员分工情况及责任；
　　⑨ 工程需要重点监理的内容；
　　⑩ 监理记录及存档要求；
　　⑪ 监理发现环境问题的上报程序及解决流程；
　　⑫ 监理适时总结与检查要求。

8.3 生态监理的基本内容与重点

8.3.1 生态监理的基本内容

关注工程对永久占地采取的有利于生态保护措施（如是否采取了避免、减缓、补偿、重建等措施），重点关注对工程建设过程中征占的各类临时用地的生态保护与恢复过程，包括对临时占地土壤层的利用与保护，对河流水系的保护。除了应最大可能保护植被外，还要有效保护土壤和水系，这既是生态保护的"两个基本点"，也是施工期生态监理的基本工作内容。

保护了土壤和水（河流、降水形成的地表径流、湿地等），就保护了植物生长的基本条件，大面积植被良好的地区就是野生动物适宜的生境，该区域就会成为自然的、完整的生态系统。因此，监理施工单位是否采取了有效的保护土壤和保护水（系）的措施，就成为生态监理的基本内容。

8.3.2 生态监理重点

（1）环评及审查、审批要求采取的生态保护措施

生态监理的重点是保障工程建设依法落实环境影响评价报告及审查、评估，特别是审批要求落实的生态保护措施。

（2）对特殊或重要生态敏感区应采取的保护措施

当环境影响评价工程影响范围内涉及特殊或重要生态敏感区，其生态影响评价专题及审查、评估和审批提出对该保护目标应采取措施予以保护时，生态监理就应严肃、认真地监督工程是否做到绕避特殊生态敏感区，尽最大可能绕避或减少征占重要生态敏感区、珍稀生物种或重要资源分布的地区，采取的生态恢复方案是否切实可行，并有相应的保障措施，监理采取的生态恢复效果是否符合环评审批要求，效果是否优良。

（3）工程变更涉及特殊或重要生态敏感区应采取的保护措施

如果环境监理在初步设计阶段即介入，一般应要求设计单位尽可能避免工程在变更设计时影响特殊或重要生态敏感区。当工程在设计、施工中工程建设内容、位置或线路走向发生变更，由原环评阶段不涉及特殊或重要生态敏感区转变为涉及特殊或重要生态敏感区时，为避免或减缓对其造成不利影响应采取的措施是生态监理的"重中之重"。

（4）大临工程的生态恢复措施

各类临时工程，特别是大型临时工程占地面积大，对生态的影响明显，而且临时工程变更概率更高，变更的环境合理性亦需要纳入监理。因此，施工作业结束后，大临工程的生态恢复效果是生态监理的重要内容之一。

8.4 监理技术报告的基本要求

施工期环境监理技术报告是对工程建设过程中环境保护措施落实情况的全面反映，是技术总结报告，是全过程环境管理的重要体现，也是监理工作方案的实际落实情况的反映，是工程竣工环境保护验收的重要依据。

因此，环境监理单位必须高度重视环境监理技术报告的编写工作。技术报告应包括以下主要内容：

① 工程概况；

② 工程环境影响评价结论及审查、审批要求；

③ 工程初步设计及施工环境保护方案；

④ 工程环境监理工作流程及监理方法；

⑤ 环境监理的主要内容及重点；

⑥ 监理工作分工与进度；

⑦ 重点工程及重点环保措施落实监理全过程；

⑧ 监理发生的主要问题及解决方案与效果；

⑨ 监理记录存档情况；

⑩ 监理结论。

此外，编写环境监理技术报告应保证质量，不断提高水平，技术报告质量应满足以下基本要求：

① 监理技术报告应全面、完整；

② 监理全过程在报告得到充分反映；

③ 监理重点明确，对重点环境保护措施或工程的监理说明清晰；

④ 报告内容真实；

⑤ 文字表述严谨、条理清楚、逻辑层次严密；

⑥ 图件规范，图件信息完整，符合相关图件整饬规范的要求；

⑦ 报告中使用的照片清晰，所示问题或内容有准确的标示及说明；

⑧ 技术报告专题设置合理；

⑨ 报告装订符合出版或相关规范要求；

⑩ 佐证材料或相关附件齐全。

8.5 监理工作记录表及其使用

为有效落实施工期全过程环境监理，监理人员应该进驻现场（简称：驻场），进行旁站式监理。为便于环境监理人员实施现场监理工作，本书特为环境监理技术人员设计一个现场监理记录表（见表 8-1，这个表格也可以做成一个手册）。实际工作中可根据具体项目监理人员或监理单位据实制作更符合实际的表格（可以做成笔记本，监理人员随身携带，另外还应携带照相机或其他摄像录像设备），以便真实记录。

表 8-1 施工期环境监理工作记录表

监理场地		监理时间		施工单位	
施工标段		施工阶段		施工方式	
发现的主要环境问题（后面可粘附照片）		环境影响评价或有关审查、审批要求			
提出的整改意见*或要求的时间		向业主或施工单位提交整改意见或要求整改的时间			
施工单位落实情况（后面可粘附照片）		业主或施工单位反馈意见			
落实效果（可粘附照片）					
存档时间		存档编号		接收人	
监理人员		所在监理单位			
其他事项记录					

注：* 监理人员提出的整改意见或要求，单独行文或以便函的形式均可。

　　监理工作记录表（或手册）应及时、真实地进行记录，不应私涂乱改，并按要求及时上报、存档，作为对监理人员日常考核的重要依据，并作为最终编写工程竣工环境保护验收报告的重要依据。

参考文献

[1]　环境保护部环境工程评估中心. 建设项目环境监理[M]. 北京：中国环境科学出版社，2012.

[2]　朱京海. 建设项目环境监理概论[M]. 北京：中国环境科学出版社，2010.

附件一　《环境影响评价技术导则　生态影响》及解读

《环境影响评价技术导则　生态影响》（HJ 19—2011）及本书笔者解读

1　适用范围

本标准规定了生态影响评价的一般性原则、方法、内容及技术要求。

本标准适用于建设项目对生态系统及其组成因子所造成的影响的评价。区域和规划的生态影响评价可参照使用。

【笔者解读】　适用范围是导则的使用或应用的领域，但要注意任何一部环境影响评价技术导则不可能适用于所有的建设项目或任意一个建设项目所涉及的方方面面，因此，只能做出一般性的规定，而很多情况下也是有特殊性的。因此，在生态影响评价实际工作中，既要遵循导则的一般性要求，也要高度重视特殊性。一般性的东西，大家不难理解、掌握和应用，而特殊性的东西则需要有针对性地进行现状调查和影响评价，并提出可操作性的措施，而这恰恰是实际工作中不容易掌握的。因此，需要实事求是，不断探索，不断总结。在技术审查时，一般会既关注一般性（首先一般性原则不应违背，否则需充分说明理由，甚至需要论证），更关注特殊性。

本导则与 HJ/T 19—1997 "非污染生态影响" 相比，在适用范围上不再提出适用于哪几类项目（原导则包括：水利、水电、矿业、农业、林业、牧业、交通运输、旅游等行业的开发利用自然资源和海洋及海岸带开发，对生态环境造成影响的项目和区域开发建设项目环境影响评价中的生态影响评价），而是凡是建设项目影响到生态系统及其组成因子，就应依据本导则进行生态影响评价，其适用范围进一步扩大。这在一定程度上打破了原来的工业类项目重污染影响评价，而轻生态影响评价的现象（其实工业项目也有生态影响，特别是新建项目。工业类开发建设项目不考虑生态影响的评价是错误的）。

考虑到区域和规划环境影响评价有自身的特点，因此，本导则规定的内容只供其参照，并未规定在区域和规划环境影响评价中也必须遵循本导则。

本次使用最多的是"生态影响评价"，并未使用大家习惯的"生态环境影响评价"。这是因为"生态环境"这个词并不规范，在学术界是有争议的。

另外，这里对导则使用了"标准"的说法，个人感觉不妥。其实"导则"与

"标准"还是有较大差别的。导则，顾名思义，就是指导性的原则或规则。标准的法律地位相对技术导则或技术规范而言更为高级。标准有国家标准、行业标准和地方标准。国家标准一般使用 GB 编号，且经国家质量技术管理部门同意发布。

2 规范性引用文件

本标准内容引用了下列文件中的条款。凡是不注日期的引用文件，其有效版本适用于本标准。

GB 40433—2008 开发建设项目水土保持技术规范
GB/T 12763.9—2007 海洋调查规范 第 9 部分：海洋生态调查指南
SC/T 9110—2007 建设项目对海洋生物资源影响评价技术规程
SL 167—1996 水库渔业资源调查方法

【笔者解读】 这只是本导则编制中引用的主要规范，当然不是只引用了这几个规范。在环境影响评价实际工作中，我们会引用很多相关的法规和规范性文件，而且一定要关注国家及地方颁布的最新的相关法规、规范性文件和导则等。

3 术语和定义

下列术语和定义适用于本标准。

3.1 生态影响 ecological impact

经济社会活动对生态系统及其生物因子、非生物因子所产生的任何有害的或有益的作用，影响可划分为不利影响和有利影响，直接影响、间接影响和累积影响，可逆影响和不可逆影响。

3.2 直接生态影响 direct ecological impact

经济社会活动所导致的不可避免的、与该活动同时同地发生的生态影响。

3.3 间接生态影响 indirect ecological impact

经济社会活动及其直接生态影响所诱发的、与该活动不在同一地点或不在同一时间发生的生态影响。

3.4 累积生态影响 cumulative ecological impact

经济社会活动各个组成部分之间或者该活动与其他相关活动（包括过去、现在、未来）之间造成生态影响的相互叠加。

3.5 生态监测 ecological monitoring

运用物理、化学或生物等方法对生态系统或生态系统中的生物因子、非生物因子状况及其变化趋势进行的测定、观察。

3.6　特殊生态敏感区 special ecological sensitive region

指具有极重要的生态服务功能，生态系统极为脆弱或已有较为严重的生态问题，如遭到占用、损失或破坏后所造成的生态影响后果严重且难以预防、生态功能难以恢复和替代的区域，包括自然保护区、世界文化和自然遗产地等。

　　【笔者解读】　结合 2008 年环保部 2 号令《环境影响评价分类管理名录》，自然保护区、世界文化和自然遗产地是特殊生态敏感区，其他的需要根据国家及有关部门要求而定。

3.7　重要生态敏感区 important ecological sensitive region

指具有相对重要的生态服务功能或生态系统较为脆弱，如遭到占用、损失或破坏后所造成的生态影响后果较严重，但可以通过一定措施加以预防、恢复和替代的区域，包括风景名胜区、森林公园、地质公园、重要湿地、原始天然林、珍稀濒危野生动植物天然集中分布区、重要水生生物的自然产卵场及索饵场、越冬场和洄游通道、天然渔场等。

　　【笔者解读】　结合 2008 年环保部 2 号令《环境影响评价分类管理名录》来看，风景名胜区、森林公园、地质公园、重要湿地、原始天然林、珍稀濒危野生动植物天然集中分布区、重要水生生物的自然产卵场及索饵场、越冬场和洄游通道、天然渔场等，均属于重要生态保护目标。被联合国评为世界自然和文化遗产的风景名胜区，则应视为特殊生态敏感区（就高不就低），其他的根据有关要求或实际情况而定。

3.8　一般区域 ordinary region

除特殊生态敏感区和重要生态敏感区以外的其他区域。

4　总则

4.1　评价原则

4.1.1　坚持重点与全面相结合的原则。既要突出评价项目所涉及的重点区域、关键时段和主导生态因子，又要从整体上兼顾评价项目所涉及的生态系统和生态因子在不同时空等级尺度上结构与功能的完整性。

4.1.2　坚持预防与恢复相结合的原则。预防优先，恢复补偿为辅。恢复、补偿等措施必须与项目所在地的生态功能区划的要求相适应。

4.1.3 坚持定量与定性相结合的原则。生态影响评价应尽量采用定量方法进行描述和分析，当现有科学方法不能满足定量需要或因其他原因无法实现定量测定时，生态影响评价可通过定性或类比的方法进行描述和分析。

4.2 评价工作分级

4.2.1 依据影响区域的生态敏感性和评价项目的工程占地（含水域）范围，包括永久占地和临时占地，将生态影响评价工作等级划分为一级、二级和三级，如表1所示。位于原厂界（或永久用地）范围内的工业类改扩建项目，可做生态影响分析。

表1 生态影响评价工作等级划分

影响区域生态敏感性	工程占地（含水域）范围		
	面积≥20 km² 或长度≥100 km	面积 2～20 km² 或长度 50～100 km	面积≤2 km² 或长度≤50 km
特殊生态敏感区	一级	一级	一级
重要生态敏感区	一级	二级	三级
一般区域	二级	三级	三级

4.2.2 当工程占地（含水域）范围的面积或长度分别属于两个不同评价工作等级时，原则上应按其中较高的评价工作等级进行评价。改扩建工程的工程占地范围以新增占地（含水域）面积或长度计算。

4.2.3 在矿山开采可能导致矿区土地利用类型明显改变，或拦河闸坝建设可能明显改变水文情势等情况下，评价工作等级应上调一级。

【笔者解读】 本导则与原导则（HJ/T 19—1997）变化最大的是对评价等级和范围的规定，本导则判断评价等级主要由两个方面来决定：影响区域的生态敏感性和工程占地范围。而且给出了一个占地范围表格。相对于原导则，可操作性明显增强。这是广大生态影响评价工作者多年的实践总结，是导则的显著进步。

注意这个占地范围，是包括水域的，而且是工程永久占地和临时占地均需要考虑的。当然，如果临时占地是设置在永久占地范围的，那就可以直接通过永久占地来判断（而不是需要叠加的）。

另外，导则给出了其他几种特殊情况：

（1）位于原厂界（或永久用地）范围内的工业类改扩建项目，可做生态影响分析。

这里需要注意的是"分析"这个词，也就是说不必进行影响预测"评价"，只要分析明白就可以了，实际上是说可以简化。也可以理解为，本导则实际认可了"四级"评价。但要注意的是，导则并未明确有四级评价，所以在环境影响评价文件中如果写出个"四级"评价，则是不合适的，但可以写成"生态影响分析"。

（2）当工程占地（含水域）范围的面积或长度分别属于两个不同评价等级时，原则上应按其中较高的评价等级进行评价。

这里实际上说的就是"就高不就低"原则。当判断出现两个不同等级时，以较高的等级确定为本项目的评价等级。这与原导则的要求是一致的。

（3）改扩建工程的占地范围以新增占地（含水域）面积或长度计算。

这里明确指出，改扩建工程生态影响评价的等级是以新增占地的情况来确定的，原工程占地不属于本次生态影响评价判断的依据。这与前面说过的"位于原厂界（或永久用地）范围内的工业类改扩建项目，可做生态影响分析"是协调的，但至于是分析，还是评价，则要看具体情况。

（4）在矿山开采可能导致矿区土地利用类型明显改变，或拦河闸坝建设可能明显改变水文情势等情况下，评价等级应上调一级。

可见，矿山开采改变土地利用类型和水利水电涉及筑坝改变水文情势的项目，一般生态影响评价等级不低于三级。这里有一个不太容易操作的内涵，就是"明显改变"，如何判断明显改变，需要大家根据以往的工作经验和实际情况或咨询有关专家来判断。

4.3 评价工作范围

生态影响评价应能够充分体现生态完整性，涵盖评价项目全部活动的直接影响区域和间接影响区域。评价工作范围应依据评价项目对生态因子的影响方式、影响程度和生态因子之间的相互影响和相互依存关系确定。可综合考虑评价项目与项目区的气候过程、水文过程、生物过程等生物地球化学循环过程的相互作用关系，以评价项目影响区域所涉及的完整气候单元、水文单元、生态单元、地理单元界限为参照边界。

【**笔者解读**】 （1）原导则 HJ/T 19—1997 给出了较为具体的评价范围，如一级为 8~30 km，二级为 2~8 km，三级为 1~2 km。而本次新导则 HJ 19—2011 却没有给出各级评价的具体范围，只是给出一个原则性的要求。这是因为各行业导则已给出相对比较明确的评价范围，如陆地石油天然气、民用机场、水利水电、煤炭采选等，以及随后将颁布的其他行业导则也会给出相应的评价范围。作为生态影响的总纲性导则，本导则不给出具体的评价范围而是提出原则性要求，是比较适当的。在目前的实际工作中，我们可以根据评价等级表中的占地面积或线路长度，以及实际外扩一定的范围来确定评价的等级。这个外扩范围，就给我们提供了较大的空间，可以根据项目情况来确定，只要有根据或充分的理由就可以。其实业内大致有一个比较认可的范围，如公路的生态影响评价范围一般均认为从中心线外扩300~500 m是可行的，铁路则从外轨中心线外扩300 m是可行的。至于如果是其他情况，也是可以参考原非污染生态导则给出的3个范围来确定，毕竟原非污染生态导则已经使用了多年。

（2）对于导则提出的"充分考虑生态完整性，涵盖评价项目全部活动的直接影响和间接影响区域"，是继承了原导则对生态完整性影响的主题要求。这个主题是原导则的灵魂，也是生态影响评价的实质性内容。

（3）"评价范围要涵盖项目的全部活动"，就是我们常说的工程的完整性或完全性，即包括工程的全部建设内容（不能漏项）和全部建设过程（施工期、营运期等不同的时期）。

（4）"直接影响和间接影响"，在导则术语中给出两个影响的定义。直接影响是指经济社会活动所导致的不可避免的、与该活动同时同地发生的生态影响；实际上就是工程占地及施工、生产或营运直接影响的区域。而间接影响是指经济社会活动及其直接影响所诱发的、与该活动不在同一地点或不在同一时间发生的生态影响，由于其发生的异地性或滞后性，往往是不明显、不容易观测、监测或察觉到，需要借助于以往项目类比或经验的积累来判断。

（5）"评价工作范围应依据评价项目对生态因子的影响方式、影响程度和生态因子之间的相互影响和相互依存关系确定。"这是表述了生态影响评价范围确定的依据，项目对生态因子的影响方式、程度，取决于直接影响和间接影响；生态因子之间相互影响与相互依存关系与生态完整性是一脉相承的。

（6）"可综合考虑评价项目与项目区气候过程、生物过程等生物地球化学循环过程的相互作用关系，以评价项目影响区域所涉及的完整气候单元、水文单元、生态单元、地理单元界限为参照边界。"从气候单元、水文单元、生态单元、地理单元界限考虑，尺度太大，比较适用于规划或战略环境影响评价中的生态影响评价范围的确定。一般开发建设项目还不至于依据如此在大尺度的单元来划分评价范围。但这个原则提示我们在考虑评价范围时，可以从气候、水文、生态系统及地理4个方面进行宏观把握，再结合项目及环境实际情况具体确定。

4.4　生态影响判定依据

4.4.1　国家、行业和地方已颁布的资源环境保护等相关法规、政策、标准、规划和区划等确定的目标、措施与要求。

4.4.2　科学研究判定的生态效应或评价项目实际的生态监测、模拟结果。

4.4.3　评价项目所在地区及相似区域生态背景值或本底值。

4.4.4　已有性质、规模以及区域生态敏感性相似项目的实际生态影响类比。

4.4.5　相关领域专家、管理部门及公众的咨询意见。

【笔者解读】　实际上就是生态影响评价的指标或标准，这里主要给出这些指标或标准的来源。

5　工程分析

5.1　工程分析内容

工程分析内容应包括：项目所处的地理位置、工程的规划依据和规划环评依据、工程类型、项目组成、占地规模、总平面及现场布置、施工方式、施工时序、运行方式、替代方案、工程总投资与环保投资、设计方案中的生态保护措施等。

工程分析时段应涵盖勘察期、施工期、运营期和退役期，以施工期和运营期为调查分析的重点。

【笔者解读】　第一段实际上就是工程概况。

第二段是工程分析分哪几个期，不同的工程建设内容可以根据情况分为不同的"期"，而重点是施工期和营运期。

这些内容均是工程分析的基础，还不是工程分析实质性内容。

5.2　工程分析重点

根据评价项目自身特点、区域的生态特点以及评价项目与影响区域生态系统的相互关系，确定工程分析的重点，分析生态影响的源及其强度。主要内容应包括：

　　a）可能产生重大生态影响的工程行为；

　　b）与特殊生态敏感区和重要生态敏感区有关的工程行为；

　　c）可能产生间接、累积生态影响的工程行为；

　　d）可能造成重大资源占用和配置的工程行为。

【笔者解读】 这里实际上是说的是要明确对生态影响大的重点工程。工程分析的目的和实质就是确定生态影响的"源"和"源强"。生态影响的源主要是占地，即占用不同类型的土地的面积，而源强，就是所占土地面积的大小，施工作业方式和营运方案等。

6 生态现状调查与评价

6.1 生态现状调查

6.1.1 生态现状调查要求

生态现状调查是生态现状评价、影响预测的基础和依据，调查的内容和指标应能反映评价工作范围内的生态背景特征和现存的主要生态问题。在有敏感生态保护目标（包括特殊生态敏感区和重要生态敏感区）或其他特别保护要求对象时，应做专题调查。

生态现状调查应在收集资料基础上开展现场工作，生态现状调查的范围应不小于评价工作的范围。

一级评价应给出采样地样方实测、遥感等方法测定的生物量、物种多样性等数据，给出主要生物物种名录、受保护的野生动植物物种等调查资料；

二级评价的生物量和物种多样性调查可依据已有资料推断，或实测一定数量的、具有代表性的样方予以验证；

三级评价可充分借鉴已有资料进行说明。

生态现状调查方法可参见附录 A；图件收集和编制要求应遵照附录 B。

【笔者解读】 调查主要是说明生态背景特征和主要环境问题。很多人在生态现状调查中会只说说植物、动物就完事儿了。对于生态现状调查而言，植物和动物固然是需要调查的，但这仅仅是皮毛。生态现状调查的主要内容是要说明生态系统情况，包括生态系统的类型、结构、演替趋势；生态系统中的主要成分包括生物因子（当然包括植物和动物）和非生物因子，而且重要的是要说明生态问题。

明确了什么情况下，做专题调查——涉及敏感保护目标时。

生态现状调查的范围——不小于评价范围。

给出三个不同评价等级的要求，一级要求给出生物量和生物多样性数据，并且是通过实测、遥感等方法测定的。要求有生物物种名录、受保护野生动植物物种情况。二级评价生物量和物种多样性可通过收集资料"推断"，或实测一定数量的、具有代表性的样方。三级评价主要是收资。

6.1.2　调查内容
6.1.2.1　生态背景调查

　　根据生态影响的空间和时间尺度特点,调查影响区域内涉及的生态系统类型、结构、功能和过程,以及相关的非生物因子特征(如气候、土壤、地形地貌、水文及水文地质等),重点调查受保护的珍稀濒危物种、关键种、土著种、建群种和特有种,天然的重要经济物种等。如涉及国家级和省级保护物种、珍稀濒危物种和地方特有物种时,应逐个或逐类说明其类型、分布、保护级别、保护状况等;如涉及特殊生态敏感区和重要生态敏感区时,应逐个说明其类型、等级、分布、保护对象、功能区划、保护要求等。

　　【笔者解读】　生态背景调查主要有三个方面:生态系统调查、非生物因子调查、保护物种调查。

　　关注这里的两个"逐个":保护物种的"逐个"(在实际工作中对某一物种的成员是难以做到"逐个"调查的,这是导则规定的一个不足之处)、敏感区域的"逐个"(敏感区的逐个调查是可行的)。

　　保护物种主要调查四个方面:类型、分布、保护级别、保护状况等。

　　敏感区域主要调查六个方面:类型、分布、等级、保护对象、功能区划、保护要求等。

　　关键种(key species):是其消失或削弱能引起整个群落和生态系统发生根本性变化的物种。关键种的个体数量可能稀少,但也可能多,其功能可能是专一的也可能是多样的。对于群落组成具有重要影响的一个物种,常常是捕食者,这可以从去除实验得到证明。

6.1.2.2　主要生态问题调查

　　调查影响区域内已经存在的制约本区域可持续发展的主要生态问题,如水土流失、沙漠化、石漠化、盐渍化、自然灾害、生物入侵和污染危害等,指出其类型、成因、空间分布、发生特点等。

　　【笔者解读】　从这段来看,不仅要指出主要问题,还得指出类型、成因、空间分布和发生特点等。这个类型导则并未明示,这需要根据学界、社会和实际情况而定,其实段落中给出的几个方面也可以作为生态问题的类型,也可以按自然的、人为的等分类。曾经的生态现状调查,不重视生态问题的调查和评价。本次HJ 19—2011对生态问题的调查与评价提出了要求,应予以重视。

6.2 生态现状评价

6.2.1 评价要求

在区域生态基本特征现状调查的基础上，对评价区的生态现状进行定量或定性的分析评价，评价应采用文字和图件相结合的表现形式，图件制作应遵照附录 B 的规定，评价方法可参见附录 C。

【笔者解读】 这段明确生态现状评价是定量或定性分析评价，能定量的要尽量予以定量，确实不能定量的，可以定性分析。而且特别强调评价应采用文字与图件相结合的形式，且对图件有明确要求。可见，生态影响评价特别重视图件。

6.2.2 评价内容

a)在阐明生态系统现状的基础上,分析影响区域内生态系统状况的主要原因。评价生态系统的结构与功能状况（如水源涵养、防风固沙、生物多样性保护等主导生态功能）、生态系统面临的压力和存在的问题、生态系统的总体变化趋势等。

b）分析和评价受影响区域内动、植物等生态因子的现状组成、分布；当评价区域涉及受保护的敏感物种时，应重点分析该敏感物种的生态学特征；当评价区域涉及特殊生态敏感区或重要生态敏感区时，应分析其生态现状、保护现状和存在的问题等。

【笔者解读】 第一段重点说明生态系统状况。生态系统的结构、功能（主要是指环境服务功能），现状影响生态系统的"主要原因"，实际上就是后面提到的面临的"压力"。说明存在的问题，并分析生态系统的演变趋势。

第二段是保护物种和敏感区域的评价。保护物种主要是弄清其生态学特征，主要是通过收集资料、咨询有关专家，充分利用前人的研究成果。而对敏感区域主要评价三个方面：生态现状、保护现状和存在的问题。

7 生态影响预测与评价

7.1 生态影响预测与评价内容

生态影响预测与评价内容应与现状评价内容相对应，依据区域生态保护的需要和受影响生态系统的主导生态功能选择评价预测指标。

a）评价工作范围内涉及的生态系统及其主要生态因子的影响评价。通过分析影响作用的方式、范围、强度和持续时间来判别生态系统受影响的范围、强度和持续时间；预测生态系统组成和服务功能的变化趋势，重点关注其中的不利影响、不可逆影响和累积生态影响。

　　b）敏感生态保护目标的影响评价应在明确保护目标的性质、特点、法律地位和保护要求的情况下，分析评价项目的影响途径、影响方式和影响程度，预测潜在的后果。

　　c）预测评价项目对区域现存主要生态问题的影响趋势。

　　【笔者解读】　其一，影响评价与现状评价相对应。

　　其二，评价指标的选择。

　　其三，评价对生态系统的影响。

　　其四，评价对敏感保护目标的影响。

　　其五，对既存生态问题的影响。

7.2　生态影响预测与评价方法

　　生态影响预测与评价方法应根据评价对象的生态学特性，在调查、判定该区主要的、辅助的生态功能以及完成功能必需的生态过程的基础上，分别采用定量分析与定性分析相结合的方法进行预测与评价。常用的方法包括列表清单法、图形叠置法、生态机理分析法、景观生态学法、指数法与综合指数法、类比分析法、系统分析法和生物多样性评价等，可参见附录C。

　　【笔者解读】　从这一段来看，生态影响评价关注的主要是生态系统的生态功能。

　　评价方法分两大方面：定量评价和定性评价。

　　给出了若干常用的方法。

8　生态影响的防护、恢复、补偿及替代方案

8.1　生态影响的防护、恢复与补偿原则

8.1.1　应按照避让、减缓、补偿和重建的次序提出生态影响防护与恢复的措施；所采取措施的效果应有利修复和增强区域生态功能。

8.1.2　凡涉及不可替代、极具价值、极敏感、被破坏后很难恢复的敏感生态保护目标（如特殊生态敏感区、珍稀濒危物种）时，必须提出可靠的避让措施或生境替代方案。

8.1.3　涉及采取措施后可恢复或修复的生态目标时，也应尽可能提出避让措施；否则，应制定恢复、修复和补偿措施。各项生态保护措施应按项目实施阶段分别

提出，并提出实施时限和估算经费。

【笔者解读】 生态防护、恢复与补偿的原则就是：避让、减缓、补偿和重建。
而且明确生态保护措施应按阶段提出，也就是我们通常所说的设计期、施工
期、营运期、退役期。

生态保护实施措施要有时限要求，而且需估算经费。

8.2 替代方案

8.2.1 替代方案主要指项目中的选线、选址替代方案，项目的组成和内容替代方
案，工艺和生产技术的替代方案，施工和运营方案的替代方案、生态保护措施的
替代方案。

8.2.2 评价应对替代方案进行生态可行性论证，优先选择生态影响最小的替代方
案，最终选定的方案至少应该是生态保护可行的方案。

【笔者解读】 替代方案，即比选方案（多方案比较或比选）是环境影响评价
技术人员比较熟悉的方法要求，本次 HJ 19—2011 与原导则 HJ/T 19—1997 在该方
面的要求是一致的。替代方案是新建项目环境影响评价的重要内容，特别是涉及
敏感保护目标，一般在项目可行性研究或初步设计阶段会有一些替代方案，环境
影响评价应从中评价哪个方案对环境影响或生态影响最小，更适合。否则，环评
也需提出比较方案。

8.3 生态保护措施

8.3.1 生态保护措施应包括保护对象和目标，内容、规模及工艺，实施空间和时
序，保障措施和预期效果分析，绘制生态保护措施平面布置示意图和典型措施设
施工艺图。估算或概算环境保护投资。

8.3.2 对可能具有重大、敏感生态影响的建设项目，区域、流域开发项目，应提
出长期的生态监测计划、科技支撑方案，明确监测因子、方法、频次等。

8.3.3 明确施工期和运营期管理原则与技术要求。可提出环境保护工程分标与招
投标原则，施工期工程环境监理，环境保护阶段验收和总体验收、环境影响后评
价等环保管理技术方案。

【笔者解读】 导则明确提出需绘制生态保护措施平面布置示意图和典型措施
设施工艺图，该图十分重要。

9　结论与建议

　　从生态影响及生态恢复、补偿等方面，对项目建设的可行性提出结论与建议。

　　【笔者解读】　注意，这个结论和建议只是开发建设项目"生态影响评价专题"的结论与建议的主要内容。其实开发建设项目环境影响评价结论的内涵应根据环境影响报告的内容及审批部门的要求而定。一般应有工程概况（即交代工程的基本情况，包括工程建设地点、建设单位名称、工程建设的主要内容——主体工程、辅助工程、配套工程、公用工程及主要环保工程、工程投资、环保投资及其所占比例等）、工程选址的环境合理性、产业政策及相关规划的符合性、依托工程的可行性、主要环境影响及采取措施的可行性、达标排放与总量控制、清洁生产与循环经济、公众参与意见、环境风险等。结论是报告的"精华"体现，一定要精心编写。很多人不会编写结论，实际上是不会"总结"。要么不是结论，只是报告内预测评价内容的重复；要么主标不明显，结论中还要"预测"和"分析"；要么逻辑混乱，结论内容无章法。这些一定要多加注意。

附录 A（资料性附录）　　生态现状调查方法

A.1　资料收集法

　　即收集现有的能反映生态现状或生态背景的资料，从表现形式上分为文字资料和图形资料，从时间上可分为历史资料和现状资料，从收集行业类别上可分为农、林、牧、渔和环境保护部门，从资料性质上可分为环境影响报告书、有关污染源调查、生态保护规划、规定、生态功能区划、生态敏感目标的基本情况以及其他生态调查材料等。使用资料收集法时，应保证资料的现时性，引用资料必须建立在现场校验的基础上。

A.2　现场勘察法

　　现场勘察应遵循整体与重点相结合的原则，在综合考虑主导生态因子结构与功能的完整性的同时，突出重点区域和关键时段的调查，并通过对影响区域的实际踏勘，核实收集资料的准确性，以获取实际资料和数据。

A.3　专家和公众咨询法

　　专家和公众咨询法是对现场勘察的有益补充。通过咨询有关专家，收集评价工作范围内的公众、社会团体和相关管理部门对项目影响的意见，发现现场踏勘中遗漏的生态问题。专家和公众咨询应与资料收集和现场勘察同步开展。

A.4　生态监测法

当资料收集、现场勘察、专家和公众咨询提供的数据无法满足评价的定量需要，或项目可能产生潜在的或长期累积效应时，可考虑选用生态监测法。生态监测应根据监测因子的生态学特点和干扰活动的特点确定监测位置和频次，有代表性地布点。生态监测方法与技术要求须符合国家现行的有关生态监测规范和监测标准分析方法；对于生态系统生产力的调查，必要时需现场采样、实验室测定。

A.5　遥感调查法

当涉及区域范围较大或主导生态因子的空间等级尺度较大，通过人力踏勘较为困难或难以完成评价时，可采用遥感调查法。遥感调查过程中必须辅助必要的现场勘察工作。

A.6　海洋生态调查方法

海洋生态调查方法见 GB/T 12763.9—2007。

A.7　水库渔业资源调查方法

水库渔业资源调查方法见 SL 167—1996。

附录 B（规范性附录）　生态影响评价图件规范与要求

B.1　一般原则

B.1.1　生态影响评价图件是指以图形、图像的形式，对生态影响评价有关空间内容的描述、表达或定量分析。生态影响评价图件是生态影响评价报告的必要组成内容，是评价的主要依据和成果的重要表示形式，是指导生态保护措施设计的重要依据。

B.1.2　本附录主要适用于生态影响评价工作中表达地理空间信息的地图，应遵循有效、实用、规范的原则，根据评价工作等级和成图范围以及所表达的主题内容选择适当的成图精度和图件构成，充分反映出评价项目、生态因子构成、空间分布以及评价项目与影响区域生态系统的空间作用关系、途径或规模。

B.2　图件构成

B.2.1　根据评价项目自身特点、评价工作等级以及区域生态敏感性不同，生态影响评价图件由基本图件和推荐图件构成，如表 B.1 所示。

B.2.2　基本图件是指根据生态影响评价工作等级不同，各级生态影响评价工作需提供的必要图件。当评价项目涉及特殊生态敏感区域和重要生态敏感区时必须提供能反映生态敏感特征的专题图，如保护物种空间分布图；当开展生态监测工作时必须提供相应的生态监测点位图。

表 B.1 生态影响评价图件构成要求

评价工作等级	基本图件	推荐图件
一级	（1）项目区域地理位置图 （2）工程平面图 （3）土地利用现状图 （4）地表水系图 （5）植被类型图 （6）特殊生态敏感区和重要生态敏感区空间分布图 （7）主要评价因子的评价成果和预测图 （8）生态监测布点图 （9）典型生态保护措施平面布置示意图	（1）当评价工作范围内涉及山岭重丘区时，可提供地形地貌图、土壤类型图和土壤侵蚀分布图； （2）当评价工作范围内涉及河流、湖泊等地表水时，可提供水环境功能区划图；当涉及地下水时，可提供水文地质图件等； （3）当评价工作范围涉及海洋和海岸带时，可提供海域岸线图、海洋功能区划图，根据评价需要选做海洋渔业资源分布图、主要经济鱼类产卵场分布图、滩涂分布现状图； （4）当评价工作范围内已有土地利用规划时，可提供已有土地利用规划图和生态功能分区图； （5）当评价工作范围内涉及地表塌陷时，可提供塌陷等值线图； （6）此外，可根据评价工作范围内涉及的不同生态系统类型，选做动植物资源分布图、珍稀濒危物种分布图、基本农田分布图、绿化布置图、荒漠化土地分布图等
二级	（1）项目区域地理位置图 （2）工程平面图 （3）土地利用现状图 （4）地表水系图 （5）特殊生态敏感区和重要生态敏感区空间分布图 （6）主要评价因子的评价成果和预测图 （7）典型生态保护措施平面布置示意图	（1）当评价工作范围内涉及山岭重丘区时，可提供地形地貌图和土壤侵蚀分布图； （2）当评价工作范围内涉及河流、湖泊等地表水时，可提供水环境功能区划图；当涉及地下水时，可提供水文地质图件； （3）当评价工作范围内涉及海域时，可提供海域岸线图和海洋功能区划图； （4）当评价工作范围内已有土地利用规划时，可提供已有土地利用规划图和生态功能分区图； （5）评价工作范围内，陆域可根据评价需要选做植被类型图或绿化布置图
三级	（1）项目区域地理位置图 （2）工程平面图 （3）土地利用或水体利用现状图 （4）典型生态保护措施平面布置示意图	（1）评价工作范围内，陆域可根据评价需要选做植被类型图或绿化布置图； （2）当评价工作范围内涉及山岭重丘区时，可提供地形地貌图； （3）当评价工作范围内涉及河流、湖泊等地表水时，可提供地表水系图； （4）当评价工作范围内涉及海域时，可提供海洋功能区划图； （5）当涉及重要生态敏感区时，可提供关键评价因子的评价成果图

B.2.3 推荐图件是在现有技术条件下可以图形图像形式表达的、有助于阐明生态影响评价结果的选做图件。

B.3 图件制作规范与要求

B.3.1 数据来源与要求

a）生态影响评价图件制作基础数据来源包括：已有图件资料、采样、实验、地面勘测和遥感信息等。

b）图件基础数据来源应满足生态影响评价的时效要求，选择与评价基准时段相匹配的数据源。当图件主题内容无显著变化时，制图数据源的时效要求可在无显著变化期内适当放宽，但必须经过现场勘验校核。

B.3.2 制图与成图精度要求

生态影响评价制图的工作精度一般不低于工程可行性研究制图精度，成图精度应满足生态影响的判别和生态保护措施的实施。

生态影响评价成图应能准确、清晰地反映评价主题内容，成图比例不应低于表 B.2 中的规范要求（项目区域地理位置图除外）。当成图范围过大时，可采用点线面相结合的方式，分幅成图；当涉及敏感生态保护目标时，应分幅单独成图，以提高成图精度。

表 B.2 生态影响评价图件成图比例规范要求

成图范围		成图比例尺		
		一级评价	二级评价	三级评价
面积	≥100 km²	≥1∶10 万	≥1∶10 万	≥1∶25 万
	20～100 km²	≥1∶5 万	≥1∶5 万	≥1∶10 万
	2～≤20 km²	≥1∶1 万	≥1∶1 万	≥1∶2.5 万
	≤2 km²	≥1∶5 000	≥1∶5 000	≥1∶1 万
长度	≥100 km	≥1∶25 万	≥1∶25 万	≥1∶25 万
	50～100 km	≥1∶10 万	≥1∶10 万	≥1∶25 万
	10～≤50 km	≥1∶5 万	≥1∶10 万	≥1∶10 万
	≤10 km	≥1∶1 万	≥1∶1 万	≥1∶5 万

B.3.3 图形整饰规范

生态影响评价图件应符合专题地图制图的整饰规范要求，成图应包括图名、比例尺、方向标/经纬度、图例、注记、制图数据源（调查数据、实验数据、遥感信息源或其他）、成图时间等要素。

【笔者解读】　环境影响评价报告中的图件十分重要，也是评价环境影响报告书质量与水平的重要标志，在实际工作中应予特别重视。图件一定要规范、清晰、颜色对比明显，图中字体清楚，信息完整但又不能信息混乱。但要注意有关地形图的保密，不要使用国家规定的保密图件，避免经纬度的使用，特别是涉及重要军事目标时。

除图件外，还应充分利用照片佐证对环境现状的说明，或在对改扩建项目进行环境影响评价时对既有工程的说明，类比分析时用照片说明类比对象情况等。

在图件规范的同时，报告的计量单位、符号、上下标等均应规范，这是体现技术人员技术素质（或素养）的重要方面，每一位技术人员均应重视。

附录 C（资料性附录）　推荐的生态影响评价和预测方法

C.1　列表清单法

列表清单法是 Little 等人于 1971 年提出的一种定性分析方法。该方法的特点是简单明了，针对性强。

a）方法

列表清单法的基本做法是，将拟实施的开发建设活动的影响因素与可能受影响的环境因子分别列在同一张表格的行与列内，逐点进行分析，并逐条阐明影响的性质、强度等。由此分析开发建设活动的生态影响。

b）应用

1）进行开发建设活动对生态因子的影响分析；

2）进行生态保护措施的筛选；

3）进行物种或栖息地重要性或优先度比选。

C.2　图形叠置法

图形叠置法，是把两个以上的生态信息叠合到一张图上，构成复合图，用以表示生态变化的方向和程度。本方法的特点是直观、形象，简单明了。

图形叠置法有两种基本制作手段：指标法和 3S 叠图法。

a）指标法

1）确定评价区域范围；

2）进行生态调查，收集评价工作范围与周边地区自然环境、动植物等的信息，同时收集社会经济和环境污染及环境质量信息；

3）进行影响识别并筛选拟评价因子，其中包括识别和分析主要生态问题；

4）研究拟评价生态系统或生态因子的地域分异特点与规律，对拟评价的生态系统、生态因子或生态问题建立表征其特性的指标体系，并通过定性分析或定量方法对指标赋值或分级，再依据指标值进行区域划分；

　　5）将上述区划信息绘制在生态图上。

　　b）3S 叠图法

　　1）选用地形图，或正式出版的地理地图，或经过精校正的遥感影像作为工作底图，底图范围应略大于评价工作范围；

　　2）在底图上描绘主要生态因子信息，如植被覆盖、动物分布、河流水系、土地利用和特别保护目标等；

　　3）进行影响识别与筛选评价因子；

　　4）运用 3S 技术，分析评价因子的不同影响性质、类型和程度；

　　5）将影响因子图和底图叠加，得到生态影响评价图。

　　c）图形叠置法应用

　　1）主要用于区域生态质量评价和影响评价；

　　2）用于具有区域性影响的特大型建设项目评价中，如大型水利枢纽工程、新能源基地建设、矿业开发项目等；

　　3）用于土地利用开发和农业开发中。

C.3　生态机理分析法

　　生态机理分析法是根据建设项目的特点和受其影响的动、植物的生物学特征，依照生态学原理分析、预测工程生态影响的方法。生态机理分析法的工作步骤如下：

　　a）调查环境背景现状和搜集工程组成和建设等有关资料；

　　b）调查植物和动物分布，动物栖息地和迁徙路线；

　　c）根据调查结果分别对植物或动物种群、群落和生态系统进行分析，描述其分布特点、结构特征和演化等级；

　　d）识别有无珍稀濒危物种及重要经济、历史、景观和科研价值的物种；

　　e）预测项目建成后该地区动物、植物生长环境的变化；

　　f）根据项目建成后的环境（水、气、土和生命组分）变化，对照无开发项目条件下动物、植物或生态系统演替趋势，预测项目对动物和植物个体、种群和群落的影响，并预测生态系统演替方向。

　　评价过程中有时要根据实际情况进行相应的生物模拟试验，如环境条件、生物习性模拟试验、生物毒理学试验、实地种植或放养试验等；或进行数学模拟，如种群增长模型的应用。

　　该方法需与生物学、地理学、水文学、数学及其他多学科合作评价，才能得出较为客观的结果。

C.4 景观生态学法

景观生态学法是通过研究某一区域、一定时段内的生态系统类群的格局、特点、综合资源状况等自然规律，以及人为干预下的演替趋势，揭示人类活动在改变生物与环境方面的作用的方法。景观生态学对生态质量状况的评判是通过两个方面进行的，一是空间结构分析，二是功能与稳定性分析。景观生态学认为，景观的结构与功能是相当匹配的，且增加景观异质性和共生性也是生态学和社会学整体论的基本原则。

空间结构分析基于景观是高于生态系统的自然系统，是一个清晰的和可度量的单位。景观由斑块、基质和廊道组成，其中基质是景观的背景地块，是景观中一种可以控制环境质量的组分。因此，基质的判定是空间结构分析的重要内容。判定基质有三个标准，即相对面积大、连通程度高、有动态控制功能。基质的判定多借用传统生态学中计算植被重要值的方法。决定某一斑块类型在景观中的优势，也称优势度值（Do）。优势度值由密度（Rd）、频率（Rf）和景观比例（Lp）三个参数计算得出。其数学表达式如下：

$$Rd=（斑块\ i\ 的数目/斑块总数）\times100\%$$
$$Rf=（斑块\ i\ 出现的样方数/总样方数）\times100\%$$
$$Lp=（斑块\ i\ 的面积/样地总面积）\times100\%$$
$$Do=0.5\times[0.5\times（Rd+Rf）+Lp]\times100\%$$

上述分析同时反映自然组分在区域生态系统中的数量和分布，因此能较准确地表示生态系统的整体性。

景观的功能和稳定性分析包括如下四个方面内容：

a）生物恢复力分析：分析景观基本元素的再生能力或高亚稳定性元素能否占主导地位。

b）异质性分析：基质为绿地时，由于异质化程度高的基质很容易维护它的基质地位，从而达到增强景观稳定性的作用。

c）种群源的持久性和可达性分析：分析动、植物物种能否持久保持能量流、养分流，分析物种流可否顺利地从一种景观元素迁移到另一种元素，从而增强共生性。

d）景观组织的开放性分析：分析景观组织与周边生境的交流渠道是否畅通。开放性强的景观组织可以增强抵抗力和恢复力。景观生态学方法既可以用于生态现状评价，也可以用于生境变化预测，目前是国内外生态影响评价学术领域中较先进的方法。

C.5　指数法与综合指数法

指数法是利用同度量因素的相对值来表明因素变化状况的方法，是建设项目环境影响评价中规定的评价方法，指数法同样可将其拓展而用于生态影响评价中。指数法简明扼要，且符合人们所熟悉的环境污染影响评价思路，但困难之点在于需明确建立表征生态质量的标准体系，且难以赋权和准确定量。综合指数法是从确定同度量因素出发，把不能直接对比的事物变成能够同度量的方法。

a）单因子指数法

选定合适的评价标准，采集拟评价项目区的现状资料。可进行生态因子现状评价：例如以同类型立地条件的森林植被覆盖率为标准，可评价项目建设区的植被覆盖现状情况；也可进行生态因子的预测评价：如以评价区现状植被盖度为评价标准，可评价建设项目建成后植被盖度的变化率。

b）综合指数法

1）分析研究评价的生态因子的性质及变化规律；

2）建立表征各生态因子特性的指标体系；

3）确定评价标准；

4）建立评价函数曲线，将评价的环境因子的现状值（开发建设活动前）与预测值（开发建设活动后）转换为统一的无量纲的环境质量指标。用1～0表示优劣（"1"表示最佳的、顶极的、原始或人类干预甚少的生态状况，"0"表示最差的、极度破坏的、几乎无生物性的生态状况）由此计算出开发建设活动前后环境因子质量的变化值；

5）根据各评价因子的相对重要性赋予权重；

6）将各因子的变化值综合，提出综合影响评价值。即

$$\Delta E = \sum (E_{hi} - E_{qi}) \times W_i \qquad (C.1)$$

式中：ΔE —— 开发建设活动日前后生态质量变化值；

E_{hi} —— 开发建设活动后 i 因子的质量指标；

E_{qi} —— 开发建设活动前 i 因子的质量指标；

W_i —— i 因子的权值。

c）指数法应用

1）可用于生态因子单因子质量评价；

2）可用于生态多因子综合质量评价；

3）可用于生态系统功能评价。

d）说明

建立评价函数曲线须根据标准规定的指标值确定曲线的上、下限。对于空气和水这些已有明确质量标准的因子，可直接用不同级别的标准值作上、下限；对于无明确标准的生态因子，须根据评价目的、评价要求和环境特点选择相应的环境质量标准值，再确定上、下限。

C.6 类比分析法

类比分析法是一种比较常用的定性和半定量评价方法，一般有生态整体类比、生态因子类比和生态问题类比等。

a）方法

根据已有的开发建设活动（项目、工程）对生态系统产生的影响来分析或预测拟进行的开发建设活动（项目、工程）可能产生的影响。选择好类比对象（类比项目）是进行类比分析或预测评价的基础，也是该法成败的关键。

类比对象的选择条件是：工程性质、工艺和规模与拟建项目基本相当，生态因子（地理、地质、气候、生物因素等）相似，项目建成已有一定时间，所产生的影响已基本全部显现。

类比对象确定后，则需选择和确定类比因子及指标，并对类比对象开展调查与评价，再分析拟建项目与类比对象的差异。根据类比对象与拟建项目的比较，做出类比分析结论。

b）应用

1）进行生态影响识别和评价因子筛选；

2）以原始生态系统作为参照，可评价目标生态系统的质量；

3）进行生态影响的定性分析与评价；

4）进行某一个或几个生态因子的影响评价；

5）预测生态问题的发生与发展趋势及其危害；

6）确定环保目标和寻求最有效、可行的生态保护措施。

C.7 系统分析法

系统分析法是指把要解决的问题作为一个系统，对系统要素进行综合分析，找出解决问题的可行方案的咨询方法。具体步骤包括：限定问题、确定目标、调查研究、收集数据、提出备选方案和评价标准、备选方案评估和提出最可行方案。

系统分析法因其能妥善地解决一些多目标动态性问题，目前已广泛应用于各行各业，尤其在进行区域开发或解决优化方案选择问题时，系统分析法显示出其他方法所不能达到的效果。

在生态系统质量评价中使用系统分析的具体方法有专家咨询法、层次分析法、模糊综合评判法、综合排序法、系统动力学、灰色关联等方法，这些方法原则上都适用于生态影响评价。这些方法的具体操作过程可查阅有关书刊。

C.8 生物多样性评价方法

生物多样性评价是指通过实地调查，分析生态系统和生物种的历史变迁、现状和存在主要问题的方法，评价目的是有效保护生物多样性。

生物多样性通常用香农-威纳指数（Shannon-Wiener Index）表征：

$$H = -\sum_{i=1}^{S} P_i \ln(P_i) \qquad\qquad (C.2)$$

式中：H —— 样品的信息含量（彼得/个体）=群落的多样性指数；

S —— 种数；

P_i —— 样品中属于第 i 种的个体比例，如样品总个体数为 N，第 i 种个体数为 n_i，则 $P_i = n_i/N$。

C.9 海洋及水生生物资源影响评价方法

海洋生物资源影响评价技术方法参见 SC/T 9110—2007，以及其他推荐的生态影响评价和预测适用方法；水生生物资源影响评价技术方法，可适当参照该技术规程及其他推荐的适用方法进行。

C.10 土壤侵蚀预测方法

土壤侵蚀预测方法参见 GB 40433—2008。

附件二　全国重要生态功能区域

（摘自《全国生态功能区划》（未含香港、澳门和台湾），由环境保护部、中国科学院于2008年7月发布）

全国重要生态功能区域

1. 水源涵养重要区

（1）大小兴安岭水源涵养重要区：该区位于黑龙江省北部和内蒙古自治区东北部，是嫩江、额尔古纳河、绰尔河、阿伦河、诺敏河、甘河、得尔布河等诸多河流的源头，是重要水源涵养区。行政区涉及黑龙江省的大兴安岭、黑河、伊春，内蒙古自治区呼伦贝尔、兴安盟，面积为151 579平方公里。大兴安岭的植被类型主要是以兴安落叶松为代表的寒温带落叶针叶林，广泛分布于丘陵和低山区，并在林缘及宽谷发育了沼泽化灌丛和灌丛化沼泽。小兴安岭植被类型是以阔叶红松林为代表的中温带针阔混交林。该区对黑龙江省北部和内蒙古自治区大兴安岭西部地区具有重要的生态安全屏障作用。

主要生态问题：原始森林已受到较严重的破坏，出现不同程度的生态退化现象，现有次生林和其他次生生态系统保水保土功能较弱。

生态保护主要措施：加大原始森林生态系统保护力度，严禁开发利用原始森林；加强林缘草甸草原的管护和退化生态系统的恢复重建；发展生态旅游业和非木材林业产品及特色林产品加工业，走生态经济型发展道路。

（2）辽河上游水源涵养重要区：该区位于辽河上游的老哈河和西拉沐沦河上游，行政区涉及内蒙古自治区的赤峰、通辽，辽宁省的朝阳、阜新、铁岭等7个县（旗、市），面积为24 005平方公里。该区植被类型主要为暖温带落叶阔叶林，以蒙古栎和油松为代表，多以白桦、山杨、油松和栎的不同组合形成的呈片状形式分布，具有涵养水源重要功能；其次在保持水土和维系生物多样性方面发挥重要作用。

主要生态问题：原始森林面积小，大部分为砍伐后形成的次生林和灌丛；水源涵养能力低，土壤侵蚀较严重。

生态保护主要措施：加强天然林保护和退化生态系统恢复重建的力度；严格

草地管理，实施禁牧或限牧；严格控制新建水利工程项目；加强矿产资源开发监管力度。

（3）京津水源地水源涵养重要区：该区包括密云水库、官厅水库、于桥水库、潘家口水库等北京市、天津市重要水源地的涵养区，以及滦河、潮河上游源头。行政区涉及北京市密云、延庆、怀柔 3 个县，天津市蓟县，河北省承德、张家口 2 个市，以及内蒙古自治区锡林浩特和山西省大同的部分地区，面积为 19 967 平方公里。该区内植被类型主要为温带落叶阔叶林，天然林主要分布在海拔 600～700 米的山区，树种主要有栎类、山杨、桦树和椴树等。

主要生态问题：水资源过度开发，环境污染加剧；现有次生林保水保土功能较弱，土壤侵蚀和水库泥沙淤积比较严重；水库周边地区人口较密集，农业生产及养殖业等面源污染问题比较突出；地质灾害敏感程度高，泥石流和滑坡时有发生。

生态保护主要措施：加强水库流域林灌草生态系统保护的力度，通过自然修复和人工抚育措施，加快生态系统保水保土功能的提高；改变水库周边生产经营方式，发展生态农业，加强畜禽和水产养殖污染防治，控制面源污染；上游地区加快产业结构的调整，控制污染行业，鼓励节水产业发展，严格水利设施的管理。

（4）大别山水源涵养重要区：该区位于河南、湖北、安徽 3 省交界处，行政区涉及河南省信阳 7 个县（市），安徽省六安等 2 个市 6 个县以及湖北省黄冈等 7 个县，面积为 30 455 平方公里。该区属亚热带季风湿润气候区，植被类型主要为北亚热带落叶阔叶与常绿阔叶混交林，在该区域内发挥着重要的水源涵养功能，是长江水系和淮河水系诸多中小型河流的发源地及水库水源涵养区，也是淮河中游、长江下游的重要水源补给区；同时该区属北亚热带和暖温带的过渡带，兼有古北界和东洋界的物种群，生物资源比较丰富，具有重要的生物多样性保护价值。

主要生态问题：原生森林生态系统结构受到较严重的破坏，涵养水源和土壤保持功能下降，致使中下游洪涝灾害损失加大，栖息地破碎化，生物多样性受到威胁。

生态保护主要措施：大力开展水土流失综合治理，采取造林与封育相结合的措施，提高森林水源涵养能力，保护生物多样性；鼓励发展生态旅游，转变经济增长方式，逐步恢复和改善生态系统服务功能。

（5）桐柏山淮河源水源涵养重要区：该区位于河南与湖北 2 省交界的桐柏山地，行政区涉及河南省驻马店、南阳、信阳 3 个县（市），湖北省的随州、广水 2 个市，面积为 12 194 平方公里，是淮河及长江支流汉水等诸河流的发源地，是水源涵养重要区。该区地处我国南北气候过渡带，植被丰茂，覆盖率高，地带性植被为北亚热带常绿与落叶阔叶混交林，在水源涵养、土壤保持和生物多样性保护等方面发挥着重要作用。

主要生态问题：原生地带性森林植被破坏严重，生物资源量减少，土壤侵蚀加重。

生态保护主要措施：加大矿产资源开发监管力度；停止产生严重污染的工程项目建设和加大污染环境的治理，消除对淮河源头的污染；制止乱砍滥伐，营造水土保持林；合理开发旅游资源和绿色食品，同时要加强旅游区森林生态系统的完整性和生物多样性的保护。

（6）丹江口库区水源涵养重要区：该区位于长江中游支流汉江上游丹江口水库周边地区，行政区涉及湖北省十堰等8个县（市、区），河南省的南阳等3个市6个县，面积为6774平方公里。1998年丹江口水库正式被国务院确定为南水北调中线工程取水处，并被列为国家重点水库。该区地处北亚热带，植被类型以常绿阔叶与落叶阔叶混交林为主。

主要生态问题：植被破坏较严重，森林生态系统保水保土功能较弱，土壤侵蚀较为严重；此外，库区点源和面源污染对水体环境带来严重影响。

生态保护主要措施：加快植被恢复，提高森林质量，增强森林的水源涵养与土壤保持能力；调整库区及其上游地区产业结构，停止产生严重环境污染的工程项目建设，加强城镇污水治理和垃圾处置场的建设，加强农业种植业结构调整和土壤保持相结合的面源污染控制；建设库区环湖生态带和汉江、丹江两岸东西绿色走廊。

（7）秦巴山地水源涵养重要区：该区包括秦岭山地与大巴山地，位于渭河南岸诸多支流的发源地和嘉陵江、汉江上游丹江水系源区，是长江、黄河两大河流的分水岭。行政区涉及陕西省的汉中、安康、西安、宝鸡4个市，甘肃省的陇南和天水2个市，重庆市的万州1个市，面积为74 428平方公里。该区地处我国亚热带与暖温带的过渡带上，发育了以北亚热带为基带（南部）和暖温带为基带（北部）的垂直自然带谱，是我国乃至东南亚地区暖温带与北亚热带地区生物多样性最丰富的地区之一。该区不但是重要的水源涵养区，而且是生物多样性重要保护区。

主要生态问题：该区土壤侵蚀极为敏感，山地植被破坏和水电、矿产等资源开发带来的水土流失及山地灾害问题较为突出，生物多样性受到严重威胁。

生态保护主要措施：加强已有自然保护区保护和天然林管护力度；对已破坏的生态系统，要结合有关生态建设工程，做好生态恢复与重建工作，增强生态系统水源涵养和土壤保持功能；停止导致生态功能继续退化的开发活动和其他人为破坏活动；严格矿产资源、水电资源开发的监管；控制人口增长，改变粗放生产经营方式，发展生态旅游和特色产业，走生态经济型发展道路。

（8）三峡库区水源涵养重要区：该区包括三峡库区的大部。行政区涉及湖北省宜昌、恩施土家族苗族自治州，以及重庆市的万州等 22 个区（县、市），面积为 33 711 平方公里。该区地处中亚热带季风湿润气候区，山高坡陡和降雨强度大，是三峡水库水环境保护的重要区域。

主要生态问题：受长期过度垦殖和近来三峡工程建设与生态移民的影响，森林植被破坏较严重，水源涵养能力下降，库区周边点源和面源污染严重，影响水环境安全；同时，土壤侵蚀量和入库泥沙量增大，地质灾害频发，给库区人民生命财产安全造成威胁。

生态保护主要措施：继续加强污水治理的同时，加大畜禽养殖业污染的防治力度；加快城镇化进程和生态搬迁的环境管理；加大退耕还林和天然林保护力度；优化乔灌草植被结构和库岸防护林带建设；加强地质灾害防治力度；开展生态旅游；在三峡水电收益中确定一定比例用于促进城镇化和生态保护。

（9）江西东江源水源涵养重要区：该区位于江西省赣州市南部，行政区涉及定南南部、安远南部、寻乌，面积为 3 681 平方公里。该区属中亚热带季风湿润气候，植被以亚热带常绿阔叶林和针叶林为主，目前森林覆盖率较高，生物多样性较为丰富，有国家级森林公园 1 个及省级自然保护区多处。东江是香港的主要饮用水水源，被香港同胞称为"生命之水"。加强源区生态的保护和建设，保持其优良的水质和充足的水量，关系到沿江居民，特别是香港居民饮用水的安全和香港的繁荣、稳定与发展。

主要生态问题：由于历史、人口、经济发展等多种因素的影响，局部地区出现生态功能退化；采矿遗留下的尾矿和尾砂未能得到有效治理；山体滑坡等地质灾害较为频繁。

生态保护主要措施：加大天然林保护力度，增强生态系统水源涵养功能；停止一切产生严重污染环境的工程项目建设，加强面源污染的控制力度，严格矿产资源开发的监管，发展沼气，减少薪柴砍伐；改变粗放的生产经营方式，发展生态旅游业、生态农业以及有机和绿色食品业，实现经济与生态协调可持续发展。

（10）南岭山地水源涵养重要区：该区是长江流域和珠江流域的分水岭，是沅江、赣江、北江、西江干流的重要源头区，行政区涉及广西壮族自治区的桂林、柳州、贺州，湖南省的郴州、衡阳、永州、邵阳，广东省的韶光、清远、河源、梅州，以及江西省的赣州，面积为 73 566 平方公里。该区属于亚热带湿润气候区，发育了以亚热带常绿阔叶林和针叶林为主的植被类型，具有重要的水源涵养、土壤保持和生物多样性保护等功能。

主要生态问题：原始森林植被破坏严重，次生林和人工林面积大，水源涵养和土壤保持功能较弱，以崩塌、滑坡和山洪为主的环境灾害时有发生，灾害损失较重，矿产资源开发无序，局部地区工业污染蔓延速度加快。

生态保护主要措施：停止导致生态功能继续退化的资源开发活动和其他人为破坏活动；对人口超出资源环境承载力的区域，要加大人口增长的控制力度，改变粗放经营方式，发展生态旅游和特色产业，走生态经济型发展道路；禁止污染工业向水源涵养地区转移；加强退化生态系统的恢复并加大重建力度，提高森林植被水源涵养功能。

（11）珠江源水源涵养重要区：该区位于云贵高原中部山地，行政区涉及云南省会泽、曲靖、寻甸和宣威等县（市），面积为5 566平方公里。珠江为我国南部第一大河，珠江源区保存有较完整的岩溶地貌，植被类型主要有亚热带常绿阔叶林和针叶林，具有重要的水源涵养、土壤保持和生物多样性保护功能。

主要生态问题：由于该区岩溶地貌发育，岩溶生态系统具有脆弱性特征，不合理的人类活动造成的生态系统退化问题十分突出，主要表现为土层浅薄、干旱缺水、石漠化面积大、水源涵养功能下降。

生态保护主要措施：加大天然林保护力度，调整不利于生态质量提高的产业结构，对已遭受破坏的生态系统，结合有关国家生态工程建设，认真组织重建与恢复，尽快遏制生态恶化趋势；开展污水治理工程，减少面源污染，使珠江源头水资源得到有效保护。

（12）若尔盖水源涵养重要区：该区为四川省境内黄河流域区，位于川西北高原的阿坝藏族羌族自治州境内，包括若尔盖中西部、红原、阿坝东部，是黄河与长江水系的分水地带，面积为16 950平方公里。区内地貌类型以高原丘陵为主，地势平坦，沼泽、牛轭湖星罗棋布。植被类型主要以高寒草甸和沼泽草甸为主；其次有少量亚高山森林及灌草丛分布。这些生态系统类型在水源涵养和水文调节方面发挥着重要作用；此外，还有维系生物多样性、保持水土和防治土地沙化等功能。

主要生态问题：湿地疏干垦殖和过度放牧带来地下水位下降和沼泽萎缩及草甸退化和沙化问题突出。

生态保护主要措施：严禁沼泽湿地疏干改造，严格草地资源和泥炭资源的保护；对已遭受破坏的草甸和沼泽生态系统，要结合有关生态工程建设措施，认真组织重建和恢复；改变粗放的生产经营方式，发展生态旅游、观光旅游和科学考察服务的第三产业，开发具有地方特色的畜产品产业，走生态经济型发展道路。

（13）甘南水源涵养重要区：该区地处青藏高原东北缘，甘肃、青海、四川 3 省交界处，是黄河首曲，位于甘肃省甘南藏族自治州的西北部，面积为 9 835 平方公里。该区植被类型以草甸、灌丛为主，其次还有较大面积的湿地生态系统。这些生态系统类型具有重要的水源涵养功能和生物多样性保护功能；此外，还有重要的土壤保持、沙化控制功能。

主要生态问题：生态脆弱，超载过牧引起的草地退化较为严重，表现为重度退化草地面积大、鼠虫害严重、生物多样性锐减、土壤保持和水源涵养功能下降。

生态保护主要措施：强化监管力度，停止一切导致生态功能继续恶化的人为破坏活动，建立自然保护区；对退化草地实行休牧、轮牧和围栏封育措施；合理控制载畜量，实施鼠虫害防治工程；对生态极脆弱区实施生态移民工程；调整产业结构，发展生态旅游。

（14）三江源水源涵养重要区：该区位于青藏高原腹地的青海省南部，行政区涉及玉树、果洛、海南、黄南 4 个藏族自治州的 16 个县，面积为 250 782 平方公里。该区是长江、黄河、澜沧江的源头汇水区，具有重要的水源涵养功能作用，被誉为"中华水塔"。此外，该区还是我国最重要的生物多样性资源宝库和最重要的遗传基因库之一，有"高寒生物自然种质资源库"之称。

主要生态问题：近年来人口增加和不合理的生产经营活动极大地加速了生态的恶化，表现为草地严重退化、局部地区出现土地荒漠化、水源涵养和生物多样性维护功能下降，并对长江和黄河流域旱涝灾害的发生与发展产生影响，严重地威胁江河流域社会经济可持续发展和生态安全。

生态保护主要措施：加大退牧还草、退耕还林和沙化土地防治等生态保护工程的实施力度，对部分生态退化比较严重、靠自然难以恢复原生态的地区，实施严格封禁措施；加大防沙治沙、鼠害防治和黑土滩治理力度，使生态环境得到有效恢复；加大对天然草地、湿地水源和生物多样性集中区的保护力度；有序推进游牧民定居和生态移民工作；加大牧业生产设施建设力度，逐步改变牧业粗放经营和超载过牧，走生态经济型发展道路。

（15）祁连山山地水源涵养重要区：该区位于青海省与甘肃省交界处，是黑河、石羊河、疏勒河、大通河、党河、哈勒腾河等诸多河流的源头区，行政区涉及甘肃省 9 个县（市）和青海省 6 个县，面积为 80 014 平方公里。该区植被类型主要有针叶林、灌丛及高山草甸和高山草原等。该区水源涵养极为重要；同时具有保护生物多样性和控制沙漠化功能。

主要生态问题：山地森林、草原生态系统破坏较严重，林草植被呈现不同程度的退化；水源涵养和土壤保持功能下降，土壤侵蚀加重，生物多样性受到破坏。

生态保护主要措施：加强土地使用的管理，停止一切导致生态功能继续退化的人为破坏活动；对已超出生态承载力的地方应采取必要的移民措施；对已经受到破坏的生态系统，要结合生态建设措施，认真组织重建与恢复。

（16）天山山地水源涵养重要区：该区位于天山山系的西段南部和东段，行政区涉及新疆维吾尔自治区伊犁地区、塔城地区、乌鲁木齐市和昌吉回族自治州，面积为 33 146 平方公里。该区是塔里木河支流阿克苏河、渭干河、开都河及伊犁河、玛纳斯河、乌鲁木齐河等众多河流的源头，是平原绿洲的生命线，对维系天山两侧绿洲农业和城镇发展具有极其重要的作用。区内植被类型有针叶林和高山草甸草原。山顶冰川发育，有大小冰川 6 000 多条，是重要的天然固体水库，其中博格达峰自然保护区已纳入联合国"人与生物圈"自然保护区网。该区土壤侵蚀和沙漠化较为敏感，山地林草生态系统具有重要的水源涵养功能，此外，在保护生物多样性等方面发挥着重要作用。

主要生态问题：山地天然林和谷地胡杨林等植被破坏较严重，水源涵养功能下降；草地植被呈现不同程度的退化，并导致土壤侵蚀加剧。

生态保护主要措施：加大天然林保护力度；实施以草定畜，划区轮牧，对草地严重退化区要结合生态建设工程，认真组织重建与恢复；对已超出生态承载力的区域要实施生态移民，有效遏制生态退化趋势；严格水利设施管理；加大矿产资源开发监管力度；改变粗放的生产经营方式；发展生态旅游和特色产业。

（17）阿尔泰地区水源涵养重要区：该区位于新疆维吾尔自治区北部阿勒泰地区，面积为 51 432 平方公里。该区山地寒温带针叶林面积较大，在林分组成上，西伯利亚落叶松占绝对优势。该区既有重要的水源涵养功能，又有重要的生物多样性保护功能。区内有大小河流 50 余条，是额尔齐斯河和乌伦古河的发源地，"两河"年径流量为 118 亿立方米，是阿尔泰地区乃至北疆的"母亲河"。

主要生态问题：森林破坏较严重，林区内林牧矛盾突出，影响了森林资源的恢复，同时林区载畜量的快速增加，使林区草场植被受到较严重的破坏，加之不合理资源开发行为的影响，致使该区域生态出现较严重的退化现象。

生态保护主要措施：全面实施天然林资源保护工程，加强森林资源管护；对已遭受破坏的林草生态系统，要结合有关生态建设工程，积极组织重建与恢复，要改变粗放生产经营方式，大力发展人工饲草基地，推广"三储一化"、长草短喂、短草槽喂等牧业实用技术；完善管理机构，加强执法监管能力建设，杜绝滥采药、滥采矿等行为。

2. 土壤保持重要区

（18）太行山地土壤保持重要区：该区位于山西、河北 2 省交界处，行政区涉及河北省的保定、石家庄、邢台、邯郸 4 个市和山西省的阳泉、晋中、长治 3 个市，面积为 26 528 平方公里。太行山是黄土高原与华北平原的分水岭，是海河及其他诸多河流的发源地，其土壤保持功能对保障区域生态安全极其重要。该区发育了以暖温带落叶阔叶林为基带的植被垂直带谱，森林植被类型较为多样，在防止土壤侵蚀、保持水土功能正常发挥方面起着重要作用。

主要生态问题：太行山山高坡陡，具有土壤侵蚀敏感性强的特点，在长期不合理资源开发影响下，出现山地生态系统的严重退化，表现为生态系统结构简单、土壤侵蚀加重加快、干旱与缺水问题突出、山下洪涝灾害损失加大。

生态保护主要措施：停止导致土壤保持功能继续退化的人为开发活动和其他破坏活动，加大退化生态系统恢复与重建的力度；有效实施坡耕地退耕还林还草措施；加强自然资源开发监管，严格控制和合理规划开山采石，控制矿产资源开发对生态的影响和破坏；发展生态林果业、旅游业及相关特色产业。

（19）黄土高原丘陵沟壑区土壤保持重要区：该区位于黄土高原地区，行政区涉及甘肃省的庆阳、平凉、天水、陇南、定西、白银，宁夏回族自治区的固原和陕西省的延安、榆林，面积为 137 044 平方公里。该区地处半湿润—半干旱季风气候区，地带性植被类型为森林草原和草原，具有土壤侵蚀和土地沙漠化敏感性高的特点，是土壤保持极重要区域。

主要生态问题：过度开垦和油、气、煤资源开发带来植被覆盖度低和生态系统保持水土功能弱等生态问题，表现为坡面土壤侵蚀和沟道侵蚀严重、侵蚀产沙淤积河道与水库，严重影响黄河中下游生态安全。

生态保护主要措施：在黄土高原丘陵沟壑区实施退耕还灌还草还林；推行节水灌溉新技术，发展林果业，提高饲料种植比例和单位产量；对退化严重草场实施禁牧轮牧，实行舍饲养殖；停止导致生态功能继续恶化的开发活动和其他人为破坏活动，加大资源开发的监管，控制地下水过度利用，防止地下水污染；在油、气、煤资源开发的收益中确定一定比例，用于促进城镇化和生态保护。

（20）西南喀斯特地区土壤保持重要区：该区位于西南喀斯特山区，行政区涉及云南省曲靖、广西壮族自治区河池以及贵州省的大部分县（市），面积为 119 651 平方公里。该区地处中亚热季风湿润气候区，发育了以岩溶环境为背景的特殊生态系统。该生态系统极其脆弱，土壤侵蚀敏感性程度高，土壤一旦流失，生态恢复重建难度极大。

主要生态问题：毁林毁草开荒带来的生态系统退化问题突出，表现为植被覆盖度低、水土流失严重、石漠化面积大、干旱缺水。

生态保护主要措施：停止导致生态继续退化的开发活动和其他人为破坏活动，严格保护现存植被；对生态退化严重区采取封禁措施，对中、轻度石漠化地区，改进种植制度和农艺措施；对人口超过生态承载力的区域实施生态移民措施；改变粗放生产经营方式，发展生态农业、生态旅游及相关产业，降低人口对土地的依赖性，走生态经济型道路。

（21）川滇干热河谷土壤保持重要区：该区位于四川与云南2省交界的金沙江下游河谷区，河谷长528公里，行政区涉及四川省攀枝花市和凉山南部以及云南省丽江、大理、楚雄、昆明和昭通等县（市、州），面积为52 454平方公里。该区受地形影响，发育了以干热河谷稀树灌草丛为基带的山地生态系统。该河谷区生态脆弱，土壤侵蚀敏感性程度高，系统功能的好坏直接影响长江流域生态安全。

主要生态问题：河谷区植被破坏严重，生态系统保水保土功能弱，表现为地表干旱缺水问题突出、土壤坡面侵蚀和沟蚀加剧、崩塌和滑坡及泥石流灾害频发、侵蚀产沙量大，给金沙江乃至三峡工程带来危害。

生态保护主要措施：停止导致生态系统退化的人为破坏活动；合理规划，分步骤、分阶段地实施退耕还林还草；对已遭受破坏的生态系统，结合生态建设工程，认真组织重建与恢复；在立地条件差的干热河谷区，采取先草灌后林木的修复模式；改变落后粗放的生产经营方式，大力发展具有地方特色和优势资源的开发，合理布局和发展草地畜牧业和林果业，以此带动区域经济的增长。

3. 防风固沙重要区

（22）科尔沁沙地防风固沙重要区：该区位于内蒙古自治区赤峰东部，坐落在老哈河、西拉木伦河、乌力吉木伦河下游冲积平原。该区横跨内蒙古自治区的赤峰、通辽、兴安盟，吉林的白城和辽宁省的朝阳和阜新等市，其中90%以上面积在内蒙古自治区境内，面积为53 910平方公里。该区处于温带半湿润与半干旱过渡带，气候干旱，多大风，属于沙漠化极敏感和防风固沙极重要区域。

主要生态问题：不合理的草地开发利用带来的草原生态系统退化问题突出，表现为土地沙漠化面积大、草场退化与盐渍化和土壤贫瘠化，为沙尘暴的发生提供沙源，对我国东北和华北地区生态安全构成严重威胁。

生态保护主要措施：实行围封、禁牧和退耕还草；以草定畜，划区轮牧或季节性休牧；禁止乱挖滥采野生植物；禁止任何导致生态功能继续退化的人为破坏活动；改变耕种方式，提倡和推广免耕技术，发展高效农业。

（23）呼伦贝尔草原防风固沙重要区：该区位于内蒙古自治区高原东北部的海拉尔盆地及其周边地区，行政区涉及内蒙古自治区呼伦贝尔的 4 个旗 2 个市，面积为 75 643 平方公里。该区地处温带—寒温带气候区，气候较干燥，多大风，沙漠化敏感性程度较高。

主要生态问题：草地过度开发利用带来草原生态系统的严重退化，表现为草地群落结构简单化、物种成分减少、土地沙化面积大、鼠虫害频发。

生态保护主要措施：停止一切导致生态功能继续退化的人为破坏活动；加强退化草地恢复重建的力度及优质人工草场建设；发展农区畜牧业经济，促进草原生态系统良性循环。

（24）阴山北麓—浑善达克沙地防风固沙重要区：该区地处阴山北麓半干旱农牧交错带、燕山山地、坝上高原，行政区涉及内蒙古自治区的锡林郭勒、乌兰察布、呼和浩特、包头、赤峰等盟（市），以及河北省北部的张家口和承德的 2 个市 6 个县，面积为 54 664 平方公里。该区气候干旱，多大风，沙漠化敏感性程度极高，属于防风固沙重要区，是北京市乃至华北地区主要沙尘暴源区。

主要生态问题：长期以来的草地资源不合理开发利用带来的草原生态系统严重退化，表现为退化草地面积大、土地沙化严重、耕地土壤贫瘠化、干旱缺水，对华北地区生态安全构成威胁。

生态保护主要措施：停止导致生态功能继续退化的人为破坏活动，控制农垦范围北移，坚持退耕还草方针；以草定畜，推行舍饲圈养，划区轮牧、退牧、禁牧和季节性休牧；改变农村传统的能源结构，减少薪柴砍伐；对人口已超出生态承载力的地方实施生态移民，改变粗放的牧业生产经营方式，走生态经济型发展道路。

（25）毛乌素沙地防风固沙重要区：该区位于鄂尔多斯高原向陕北黄土高原的过渡地带，行政区涉及内蒙古自治区的鄂尔多斯、陕西省榆林、宁夏回族自治区银川等盟（市），面积为 49 015 平方公里。该区属内陆半干旱气候，发育了以沙生植被为主的草原植被类型，土地沙漠化敏感性程度极高，是我国防风固沙重要区域。

主要生态问题：人类对草地资源的过度利用，油、气资源的开发带来草地生态系统功能的严重退化，表现为草地生物量和生产力下降、土地沙化程度加重，并对当地乃至周边地区居民生产生活带来危害。

生态保护主要措施：建立以"带、片、网"相结合为主的防风沙体系；建立能有效保护耕地的农田防护体系；加强对流动沙丘的固定；改变粗放的生产经营方式，停止一切导致生态功能继续恶化的人为破坏活动。

（26）黑河中下游防风固沙重要区：该区位于黑河中下游冲积平原和三角洲内，行政区涉及内蒙古自治区的额济纳中部、甘肃省金塔中部，面积为 10 321 平方公里。该区沙漠化敏感性和盐渍化敏感性高，防风固沙功能极为重要。

主要生态问题：黑河中游人工绿洲扩展和灌溉农业发展带来入境水量锐减，导致植被退化、沙化土地分布广泛、沙尘暴频繁。

生态保护主要措施：严格执行国务院黑河分水方案，保障生态用水；保护现有天然胡杨林、柽柳林和草甸植被；控制绿洲规模，严格保护绿洲—荒漠过渡带；对人口已超出生态承载力的区域实施生态移民，改变牧业生产经营方式，实行禁牧、休牧和划区轮牧；调整产业结构，严格限制高耗水农业品种种植面积；充分发挥光能资源的生产潜力，在发展农村经济的同时，解决能源、肥料问题。

（27）阿尔金草原荒漠防风固沙重要区：该区属东昆仑山脉的北支，位于新疆维吾尔自治区东南部，与青海省、西藏自治区和甘肃省接壤，行政区涉及 9 个县，面积为 58 488 平方公里。该区气候极为干旱，地表植被稀少，是典型的荒漠草原，土地沙漠化敏感性程度极高，防风固沙功能极为重要。此外，这里拥有许多极为珍贵的荒漠草原特有的动植物种类，具有极高的保护价值。

主要生态问题：不合理的草地资源开发利用带来许多生态问题，表现为土地荒漠化加速、珍稀动植物的生存受到威胁、鼠害肆虐等。

生态保护主要措施：停止一切导致生态功能继续恶化的开发活动和其他人为破坏活动；制定科学合理的草地载畜量，实施退牧还草和可持续牧业，确定禁牧期、禁牧区和轮牧期，开展围栏封育；对严重退化区域开展生态移民，对轻度和中度退化区域实施阶段性禁牧或严格的限牧措施。

（28）塔里木河流域防风固沙重要区：该区位于塔里木河流域，行政区涉及新疆维吾尔自治区 7 个县（市）和兵团农二师，面积为 44 442 平方公里。该区沙漠化敏感性和盐渍化敏感性极高，防风固沙功能极为重要。

主要生态问题：由于水、土和生物资源的不合理开发利用带来生态系统功能的严重退化，表现为退化草地面积大、沙漠化加快、珍稀特有野生动植物减少。

生态保护主要措施：加强流域综合规划，合理调配水资源；控制人工绿洲规模，恢复和扩大沙漠—绿洲过渡带；保障必要生态用水，保护和恢复自然生态系统；发展清洁能源，减少乔灌草的樵采；改善灌溉基础设施，发展节水农业，控制种植高耗水作物，提高水资源利用效益；加强油、气资源开发利用管理，实现油、气开发与荒漠生态保护的"双赢"。

4. 生物多样性保护重要区

（29）三江平原湿地生物多样性保护重要区：该区位于黑龙江省松花江下游及其与乌苏里江汇合处一带，行政区涉及黑龙江省 12 个县（市），面积为 55 819 平方公里。该区是我国平原地区沼泽分布最大、最集中的地区之一，原始湿地面积大，湿地生态系统类型多样。湿地植被类型以沼泽苔草为主，其次为沼泽芦苇，生物多样性丰富。三江平原湿地是具有国际意义的湿地，已被列入《亚洲重要湿地名录》。

主要生态问题：不合理围垦和过度开发生物资源带来湿地生态系统功能下降问题突出，表现为湿地面积减小和破碎化、生物物种多样性受到威胁、生物物质生产功能减退、农业生产带来的面源污染日趋严重。

生态保护主要措施：加强现有湿地资源和生物多样性的保护，禁止疏干、围垦湿地，开展退耕还湿生态工程，严格限制耕地扩张；改变粗放的生产经营方式，发展生态农业，控制农药、化肥使用量；严格限制泥炭开发。

（30）长白山地生物多样保护重要区：该区位于我国东北长白山脉地区，行政区涉及黑龙江省 3 个县（市）、吉林省 11 个县（市），面积为 56 862 平方公里。该区地貌类型复杂，丘陵、山地、台地和谷地相间分布，主要植被类型有红松—落叶阔叶混交林、落叶阔叶林、针叶林和岳桦矮曲林等，属于"长白植物区系"的中心部分，野生动植物种类丰富，特有物种数量多，其中特有植物 100 多种，珍稀特有动物达 150 种，是生物多样性保护极重要区域。该区域还具有重要的水源涵养功能。

主要生态问题：天然林采伐程度高，生态系统功能有所减弱；森林破坏导致生境改变，威胁多种动植物物种生存；局部地区存在低温冷害和崩塌等地质灾害。

生态保护主要措施：加强天然林保护和自然保护区建设与监管力度；禁止森林砍伐，继续实施退耕还林工程；加强对已受到破坏的低效林和新迹地的森林生态系统恢复与重建；发展林果业、中草药、生态旅游及其相关产业。

（31）辽河三角洲湿地生物多样性保护重要区：该区位于辽宁省辽河下游三角洲地带，行政区涉及辽宁省 6 个县（市），面积为 5 476 平方公里。该区分布有我国最大的一片湿地芦苇，近海湿地鱼、虾、贝、蟹、蜇等资源丰富，停留或过境的鸟类有 170 多种，是丹顶鹤、黑嘴鸥等鸟类迁徙的重要停留栖息地，是湿地生物多样性保护极重要区域。

主要生态问题：石油资源开发导致海水倒灌、水体污染、湿地生态功能衰退；湿地保护与资源利用的矛盾突出，苇田部分被开发为水田，导致湿地面积减小、生态功能衰退。

生态保护主要措施：合理调度流域水资源，严格控制新上蓄水工程，保障河口生态需水量；规范农业、渔业开发；严格控制石油开发生产用地扩张及其环境污染；大力发展生态旅游和生态农业。

（32）黄河三角洲湿地生物多样保护重要区：该区地处黄河下游入海处三角洲地带，行政区涉及山东省垦利、利津、河口和东营 4 个县（区），面积为 2 445 平方公里。区内湿地类型主要有灌丛疏林湿地、草甸湿地、沼泽湿地、河流湿地和滨海湿地 5 大类。湿地生物多样性较为丰富，是珍稀濒危鸟类的迁徙中转站和栖息地，是保护湿地生态系统生物多样性的重要区域。

主要生态问题：黄河中下游地区用水量增大，对下游三角洲湿地生态系统产生影响；海水倒灌引起淡水湿地的面积逐年减少，湿地质量不断下降；石油开发与湿地保护的矛盾突出。

生态保护主要措施：合理调配黄河流域水资源，保障黄河入海口的生态需水量；严格保护河口新生湿地；通过对雨水的有效调蓄，遏制海水倒灌，禁止在湿地内开垦或随意变更土地用途的行为，防止农业发展对湿地的蚕食，以及石油资源开发和生产对湿地的污染。

（33）苏北滩涂湿地生物多样性保护重要区：该区位于江苏省东部沿海滩涂地带，涉及 8 个县（市），面积为 3 499 平方公里。该区为近海岸滩涂湿地生态系统分布区，湿地生物多样性较为丰富，是我国候鸟重要越冬地，鸟类有 360 余种。

主要生态问题：滩涂湿地开发、滩涂养殖及工业发展，使野生动物活动范围减小，给珍稀野生动物的生存和繁殖带来威胁。

生态保护主要措施：协调好生态保护和经济建设之间的矛盾，控制滩涂开发规模；加强自然保护区管理，加快保护区总体规划的实施进程；适当开展生态旅游，发展生态农业。

（34）浙闽赣交界山地生物多样性保护重要区：该区位于浙江、福建和江西 3 省交界处山地，行政区涉及浙江省 10 个县（市）、江西省 3 个县（市）和福建省 3 个县（市），面积为 24 850 平方公里。该区是目前华东地区森林面积保存较大和生物多样性较丰富的区域，高等植物超过 2 400 种，是我国生物多样性重点保护区域，同时也是重要的水源涵养区。区内山地陡坡面积大，加之降雨丰富，多台风、暴雨，土壤侵蚀敏感性程度极高。

主要生态问题：森林针叶林化问题突出，地带性常绿阔叶林植被分布面积小，森林生态系统破碎化程度高，物种多样性保护和水源涵养功能较弱；采石业与生态保育矛盾突出。

生态保护主要措施：加强自然保护区的建设；通过人工抚育，恢复和扩大常绿阔叶林面积；加强花岗岩等矿产资源开发监管力度以及土壤侵蚀综合治理；加强林产业经营区可持续的集约化丰产林建设，发展沼气，解决农村能源问题，开展生态旅游。

（35）武陵山山地生物多样性保护重要区：该区地跨湖北、湖南、贵州、重庆4省（直辖市），其范围涉及湖南省湘西、怀化、张家界、常德，湖北省恩施南部，贵州省铜仁，重庆市黔江等，面积为 12 678 平方公里。该区是东亚亚热带植物区系分布核心区，有水杉、珙桐等多种国家珍稀濒危物种，是国家一级保护野生动物华南虎主要栖息地；同时又是长江支流清江和澧水的发源地，部分地区为乌江水系汇水区。该区不但是生物多样性重要保护区域；同时又是水源涵养和土壤保持重要功能区。该区山地坡度大，降雨丰富，土壤侵蚀敏感性程度高。

主要生态问题：森林植被资源不合理开发利用带来生态功能退化问题较为突出，主要表现为土壤侵蚀加重、地质灾害增多、生物多样性受到威胁。

生态保护主要措施：停止可能导致生态功能继续退化的人为破坏活动；扩大天然林保护范围，大力开展退耕还林、还草工程；恢复常绿阔叶林的乔、灌、草植被体系，优化森林生态系统结构，加强地质灾害的监督与预防；改变传统粗放的生产经营方式，发展中草药、生态旅游和有机农业。

（36）东南沿海红树林生物多样性保护重要区：该区主要分布于我国福建省、广东省、海南省、广西壮族自治区、台湾省等地高温、低盐、淤泥质的河口和内湾滩涂区。红树林是亚热带和热带近海潮间带的一类特殊常绿林，特殊动植物种类丰富，在世界红树林植物保护中具有重要的意义。

主要生态问题：红树林面积锐减，红树林生态系统结构简单化，多为残留次生林和灌木丛林，生态功能降低，一些珍贵树种已消失，防潮防浪、固岸护岸功能较弱。

生态保护主要措施：加大红树林的管护，恢复和扩大红树林生长范围；禁止砍伐红树林，在红树林分布区停止一切导致生态功能继续退化的人为破坏活动，包括在红树林区挖塘、围堤、采砂、取土以及狩猎、养殖、捕鱼等；禁止在红树林分布区倾倒废弃物或设置排污口。

（37）海南岛中部山地生物多样性保护重要区：该区位于海南省中部，行政区涉及海南省 10 个县（市），面积为 8 690 平方公里。该区内植被类型主要有热带季雨林和山地常绿阔叶林。区内生物多样性极其丰富，其中特有植物多达 630 种，国家一、二类保护动物 102 种。该区不但是生物多样性保护极为重要的区域；还具有水源涵养和土壤保持重要功能。

主要生态问题：原始森林遭受破坏，生物多样性减少，水源涵养能力降低，局部地区土壤侵蚀加剧。

生态保护主要措施：加强自然保护区建设和监管力度，扩大保护区范围；停止一切导致生态功能退化的开发活动和人为破坏活动；实施退耕还林，防止土壤侵蚀，保护生物多样性和增强生态服务功能；加强工业污染治理和农业面源污染控制；发展以热带水果、反季节瓜菜种植、林下花卉种植为主的热带高效农业和农产品加工业，以及热带雨林观光为主的旅游业。

（38）岷山—邛崃山生物多样性保护重要区：该区位于四川省西北部的岷山和邛崃山脉分布区，是白龙江、涪江、嘉陵江、大渡河、岷江等多条河流的水源地，行政区涉及甘肃省 4 个县（含陇南市）、四川省 31 个县（市），面积为 89 485 平方公里。该区内有卧龙、王朗、九寨沟等 10 多个国家级自然保护区。区内原始森林以及野生珍稀动植物资源十分丰富，是大熊猫、羚牛、金丝猴等重要珍稀生物的栖息地，是我国乃至世界生物多样性保护重要区域。该区具有水源涵养和土壤保持的重要功能。该区山高坡陡，雨水丰富，土壤侵蚀敏感性程度高。

主要生态问题：长期以来山地资源的不合理开发利用带来的生态问题较为突出，表现为土壤侵蚀严重、山地灾害频发和生物多样性受到威胁。

生态保护主要措施：加大天然林的保护和自然保护区建设与管护力度；禁止陡坡开垦和森林砍伐，继续实施退耕还林工程；恢复已受到破坏的低效林和迹地；发展林果业、中草药、生态旅游及其相关产业；停止导致生态功能退化的不合理的人类活动，发展沼气，解决农村能源。

（39）桂西南石灰岩地区生物多样性保护重要区：该区位于广西壮族自治区西南部左、右江流域，行政区涉及广西壮族自治区 7 个县（市），面积为 8 683 平方公里。该区地带性植被有热带季雨林，主要分布于海拔 700 米以下，向上是石灰岩常绿与落叶阔叶混交林，生物多样性比较丰富，高等植物种类达 3 000 余种，其中 80% 为热带成分，是北热带岩溶生物多样性保护重要区域。由岩溶特殊地质环境和热带水热条件综合作用下的土壤侵蚀具有敏感性高的特点。

主要生态问题：自然资源不合理的开发利用导致该区土壤侵蚀严重；过度采挖野生植物，生物资源受到严重破坏，生物多样性降低。

生态保护主要措施：加大自然保护区建设和监管力度；严格执行天然林保护政策，禁止乱砍、乱挖，保护野生动植物资源；对生态退化区实施封山育林，恢复天然植被；调整产业结构，合理布局农业生产。

（40）西双版纳热带雨林季雨林生物多样性保护重要区：该区位于云南省最南端，行政区涉及云南省 8 个县（市），面积为 25 404 平方公里。在仅占全国 0.2%

的国土面积上，植物种类占全国的 1/5，动物种类占全国的 1/4，素有"动物王国"、"植物王国"和"物种基因库"的美称。

主要生态问题：由于长期森林资源的过量开发，使得原始森林面积大为减少，生境破碎化程度较高，野生动植物生存受到不同程度的威胁；打猎砍树、放火烧山垦殖的生产、生活方式对区域生态系统影响较大。

生态保护主要措施：扩大自然保护区范围，加强热带雨林和季雨林的保护；严禁砍伐森林和捕杀野生动物；改变传统粗放的生产经营方式，合理利用旅游资源，发展热带农业和生态旅游业。

（41）横断山生物多样性保护重要区：该区位于青藏高原东缘的西藏、云南、四川 3 省（自治区）交界的横断山脉分布区，行政区涉及四川省 4 个县、西藏自治区 5 个县和云南省 17 个县（市），面积为 93 172 平方公里。该区内珍稀野生动植物种类丰富，拥有大熊猫、牛羚、四川山鹧鸪、金雕、滇金丝猴、珙桐、桫椤等国家一级保护野生动植物，其中三江并流区为世界级的物种基因库，是我国乃至世界生物多样性重点保护区域。该区还具有重要的水源涵养和土壤保持生态功能。区内土壤侵蚀、冻融侵蚀和地质灾害敏感性程度极高。

主要生态问题：森林资源过度利用，原始森林面积锐减，次生低效林面积大，生物多样性受到不同程度的威胁，土壤侵蚀和地质灾害严重。

生态保护主要措施：加快自然保护区建设和管理力度；加强封山育林，恢复自然植被；防治外来物种入侵与蔓延；开展小流域生态综合整治，防止地质灾害；提高水源涵养林等生态公益林的比例；调整农业结构，发展生态农业，实施退耕还林还草，适度发展牧业；对人口已超出生态承载力的区域实施生态移民。

（42）伊犁—天山山地西段生物多样性保护重要区：该区位于新疆维吾尔自治区西部，是由南天山和北天山夹峙形成的东窄西宽、东高西低的楔形谷地，行政区涉及新疆维吾尔自治区 5 个县（市），面积为 20 647 平方公里。该区生物多样性资源丰富，主要有黑蜂、四爪陆龟、小叶白蜡、野核桃、雪岭云杉等野生动植物物种和山地草甸类草地生态系统，是我国内陆干旱地区生物多样性保护的重要区域。该区还具有重要的水源涵养功能。

主要生态问题：草地超载和林木过度砍伐带来的生态系统功能退化问题突出，表现为草场沙化、湖泊与湿地萎缩、土壤侵蚀加重及农田土壤盐渍化等。

生态保护主要措施：划定禁伐区、限伐区，封育保护云杉林和野果林；草原减牧，以草定畜，严禁毁草开荒、种树；调整种植业结构，扩大草料种植面积，低产田撂荒地应退耕还草；加强土壤保持及河谷林保护。

（43）北羌塘高寒荒漠草原生物多样性保护重要区：该区地处青藏高原北部的

羌塘高原，行政区涉及青海省的治多西部、格尔木西部，西藏自治区的班戈中部、尼玛中部、申扎中北部，面积为 204 014 平方公里。区内野生动物资源独特而丰富，主要有藏羚羊、黑颈鹤等重点保护动物和高寒荒漠草原珍稀特有物种，生物多样性保护极其重要。由于该区海拔高，气候寒冷、干燥、多大风，土地沙漠化和冻融侵蚀敏感性程度高，具有生态破坏容易、恢复难的特点。

主要生态问题：过度放牧和受全球气候变暖影响，出现的生态退化问题日趋凸显，表现为土地沙化面积在扩大、草地生物量和生产力下降、病虫害和融冻滑塌及气候与气象灾害增多、高寒特有生物多样性面临严重威胁。

生态保护主要措施：停止一切导致生态继续退化的人为破坏活动；加大自然保护区建设与管理的力度；生态极脆弱区实施生态移民工程；草地退化严重区域退牧还草，划定轮牧区和禁牧区，适度发展高寒草原牧业；加大资源开发的生态保护监管力度，限制新增矿山开发项目。

（44）藏东南山地热带雨林季雨林生物多样性保护重要区：该区位于雅鲁藏布江下游流域以及丹巴曲、西巴霞曲、察隅河、卡门河和娘江曲中下游流域区，行政区涉及错那、墨脱和察隅等 7 个县，面积为 95 656 平方公里。区内主要生态系统类型有热带雨林、季雨林和亚热带常绿阔叶林等，野生动植物种类丰富，拥有较多的热带和亚热带动植物种类，具有很高的保护价值。该区土壤侵蚀敏感性高，生物多样性保护极为重要。

主要生态问题：森林资源过度消耗和原始林面积大幅度减少致使该区野生动植物生存受到较严重的威胁。

生态保护主要措施：加强自然保护区建设与管理力度，禁止捕杀野生动物；加强河谷地带稳产高产农田建设和人工草场建设；加强谷地土壤侵蚀治理和退化生态系统的恢复与重建。

5. 洪水调蓄重要区

（45）松嫩平原湿地洪水调蓄重要区：该区位于嫩江下游及其与第二松花江汇合处一带，行政区涉及黑龙江省 7 个县（市），面积为 12 462 平方公里。该区地势低洼，河流排水不畅，湖沼星罗棋布，湿地占该区面积的 1/3。区内植被类型以沼泽芦苇为主，其中动植物种多样丰富，鸟类多达 260 余种，并有"鹤乡"之称。该区是松花江、嫩江中游的天然洪水调蓄库，对其下游的哈尔滨及沿江中下游流域的生态安全具有十分重要的作用，洪水调蓄功能和生物多样性保护功能极为重要。

主要生态问题：湿地垦殖和大量取用水源导致湿地面积缩小和湿地景观破碎

化，洪水调蓄能力降低以及生物多样性保护受到威胁。

生态保护主要措施：加大现有湿地保护和退化湿地恢复建设力度；停止导致生态功能退化的人为破坏活动；综合调度流域水资源，保障湿地的生态用水；加强水利、交通建设的规划和管理，确保湿地生态系统完整性；发展生态农业；严格限制泥炭的开发。

（46）淮河中下游湿地洪水调蓄重要区：该区行政区涉及安徽省8个县（市）和江苏省6个县（市），面积为14 086平方公里。在淮河干流两岸的一级支流入河口处及平原区较大支流河口处，分布有多个喇叭形湖泊或低洼地，具有拦蓄洪水功能，对保证沿岸大堤和一些区域重要城市的防洪安全具有重要作用。

主要生态问题：地势低洼，雨季容易发生涝灾，沿淮湖泊洼地易成为行蓄洪区；淮河干流及支流水污染严重，影响沿岸城市供水及水产养殖。

生态保护主要措施：地势低洼地区建设成为淮河流域洪水调蓄重要生态功能区，迁移区内人口，避免行蓄洪造成重大损失；保护湖泊湿地和生物多样性与自然文化景观；加强城镇环境综合治理，严格控制地表水污染。

（47）长江荆江段湿地洪水调蓄重要区：该区位于湖北省荆州，面积为4 270平方公里；该区地势低洼，湖泊众多，对调节长江洪水、保障长江下游的防洪安全具有重要的作用；同时还是我国重要的水产品生产区。

主要生态问题：过度开垦，湿地生态系统不断退化；蓄洪、泄洪能力下降，洪涝灾害频繁；生物资源过度利用，生物多样性丧失严重，水禽等重要物种的生境受到威胁。

生态保护主要措施：湖泊与地势低洼地区建设成为长江中游流域洪水调蓄重要生态功能区，迁移区内人口，避免行蓄洪造成重大损失；保护湖泊湿地和生物多样性。

（48）洞庭湖区湿地洪水调蓄重要区：该区位于湖南省北部的洞庭湖及其周围湿地分布区，行政区涉及湖南省岳阳、益阳、常德等3个市，面积为8 587平方公里。该区内洲滩及湿地植物发育，为珍稀水禽动物提供了良好的栖息场所。该区是长江中游的天然洪水调蓄库，对湖南省乃至长江流域的生态安全具有十分重要的作用；同时还是我国重要的水产品生产区。

主要生态问题：湖泊围垦和泥沙淤积导致湖泊面积和容积缩小，洪水调蓄能力降低；水禽等重要物种的生境受到一定威胁。

生态保护主要措施：实行平垸行洪、退田还湖、移民建镇，扩大湖泊面积，提高其洪水调蓄的能力；以湿地生物多样性保护为核心，加强区内湿地自然保护区的建设与管理，处理好湿地生态保护与经济发展关系，控制点源和面源污染。

（49）鄱阳湖区湿地洪水调蓄重要区：该区位于江西省北部鄱阳湖及其周边湿地分布区，行政区涉及江西省 15 个县（市），面积为 22 708 平方公里。鄱阳湖是我国第一大淡水湖，是长江流域最大的洪水调蓄区，洪水期湖区水位每提高 1米，可容纳长江倒灌洪水 40 亿立方米以上；鄱阳湖多年平均汇入长江水量占长江干流多年平均径流量的 15.6%，是长江下游的重要水源地；同时，是国际重要湿地和世界著名的候鸟越冬场所。该区洪水调蓄功能和生物多样性保护功能极为重要；同时还是我国重要的水产品生产区。

主要生态问题：湖泊容积减小，调蓄能力下降，洪涝灾害加剧；湖区圩内积水外排困难，涝、渍灾害易发；湖区水域面积的减小，破坏水生生物生境；水质污染及疾病蔓延，危害人民身体健康。

生态保护主要措施：严格禁止围垦，积极退田还湖，增加调蓄量；处理好环境与经济发展的矛盾；加强自然生态保护，对湖区污染物的排放实施总量控制和达标排放。

（50）安徽沿长江湿地洪水调蓄重要区：该区位于安徽省沿长江两岸地区，行政区域涉及安庆、池州、铜陵、巢湖、芜湖和马鞍山等市，面积为 6 983 平方公里。该区地貌以湖积平原为主，地势低洼，面积在 1 平方公里以上的天然湖泊有19 个，湖泊大多分布于皖江两岸及支流入口处。区内已建有 3 个国家级自然保护区。该区还是我国重要的水产品生产区。

主要生态问题：水土流失加重，湖盆淤积严重，湿地生态系统不断退化。蓄洪、泄洪能力下降，洪涝灾害频繁。生物资源过度利用，珍稀物种濒临灭绝；湖泊湿地部分湖区网箱养殖强度过大，破坏了湿地生态系统的功能，生物多样性丧失严重，水禽等重要物种的生境受到威胁。

生态保护主要措施：加强湿地生物多样性保护，实施退田还湖，发展生态水产养殖，控制水土流失；建设沿江洪水调蓄特殊生态功能区，保证湖泊湿地的洪水调蓄生态功能的发挥，从政策、技术、经济等多方面入手，保护湖泊湿地及其生物多样性。

附件三　全国主体功能区划（摘录）

表 1　国家重点生态功能区名录

区域	范围	面积/km²	人口/万人
大小兴安岭森林生态功能区	内蒙古自治区：牙克石市、根河市、额尔古纳市、鄂伦春自治旗、阿尔山市、阿荣旗、莫力达瓦达斡尔族自治旗、扎兰屯市 黑龙江省：北安市、逊克县、伊春区、南岔区、友好区、西林区、翠峦区、新青区、美溪区、金山屯区、五营区、乌马河区、汤旺河区、带岭区、乌伊岭区、红星区、上甘岭区、铁力市、通河县、甘南县、庆安县、绥棱县、呼玛县、塔河县、漠河县、加格达奇区、松岭区、新林区、呼中区、嘉荫县、孙吴县、爱辉区、嫩江县、五大连池市、木兰县	346 997	711.7
长白山森林生态功能区	吉林省：临江市、抚松县、长白朝鲜族自治县、浑江区、江源区、敦化市、和龙市、汪清县、安图县、靖宇县 黑龙江省：方正县、穆棱市、海林市、宁安市、东宁县、林口县、延寿县、五常市、尚志市	111 857	637.3
阿尔泰山地森林草原生态功能区	新疆维吾尔自治区：阿勒泰市、布尔津县、富蕴县、福海县、哈巴河县、青河县、吉木乃县（含新疆生产建设兵团所属团场）	117 699	60
三江源草原草甸湿地生态功能区	青海省：同德县、兴海县、泽库县、河南蒙古族自治县、玛沁县、班玛县、甘德县、达日县、久治县、玛多县、玉树县、杂多县、称多县、治多县、囊谦县、曲麻莱县、格尔木市唐古拉山镇	353 394	72.3
若尔盖草原湿地生态功能区	四川省：阿坝县、若尔盖县、红原县	28 514	18.2
甘南黄河重要水源补给生态功能区	甘肃省：合作市、临潭县、卓尼县、玛曲县、碌曲县、夏河县、临夏县、和政县、康乐县、积石山保安族东乡族撒拉族自治县	33 827	155.5
祁连山冰川与水源涵养生态功能区	甘肃省：永登县、永昌县、天祝藏族自治县、肃南裕固族自治县（不包括北部区块）、民乐县、肃北蒙古族自治县（不包括北部区块）、阿克塞哈萨克族自治县、中牧山丹马场、民勤县、山丹县、古浪县 青海省：天峻县、祁连县、刚察县、门源回族自治县	185 194	240.7

区域	范围	面积/km²	人口/万人
南岭山地森林及生物多样性生态功能区	江西省：大余县、上犹县、崇义县、龙南县、全南县、定南县、安远县、寻乌县、井冈山市 湖南省：宜章县、临武县、宁远县、蓝山县、新田县、双牌县、桂东县、汝城县、嘉禾县、炎陵县 广东省：乐昌市、南雄市、始兴县、仁化县、乳源瑶族自治县、兴宁市、平远县、蕉岭县、龙川县、连平县、和平县 广西壮族自治区：资源县、龙胜各族自治县、三江侗族自治县、融水苗族自治县	66 772	1 234
黄土高原丘陵沟壑水土保持生态功能区	山西省：五寨县、岢岚县、河曲县、保德县、偏关县、吉县、乡宁县、蒲县、大宁县、永和县、隰县、中阳县、兴县、临县、柳林县、石楼县、汾西县、神池县 陕西省：子长县、安塞县、志丹县、吴起县、绥德县、米脂县、佳县、吴堡县、清涧县、子洲县 甘肃省：庆城县、环县、华池县、镇原县、庄浪县、静宁县、张家川回族自治县、通渭县、会宁县 宁夏回族自治区：彭阳县、泾源县、隆德县、盐池县、同心县、西吉县、海原县、红寺堡区	112 050.5	1085.6
大别山水土保持生态功能区	安徽省：太湖县、岳西县、金寨县、霍山县、潜山县、石台县 河南省：商城县、新县 湖北省：大悟县、麻城市、红安县、罗田县、英山县、孝昌县、浠水县	31 213	898.4
桂黔滇喀斯特石漠化防治生态功能区	广西壮族自治区：上林县、马山县、都安瑶族自治县、大化瑶族自治县、忻城县、凌云县、乐业县、凤山县、东兰县、巴马瑶族自治县、天峨县、天等县 贵州省：赫章县、威宁彝族回族苗族自治县、平塘县、罗甸县、望谟县、册亨县、关岭布依族苗族自治县、镇宁布依族苗族自治县、紫云苗族布依族自治县 云南省：西畴县、马关县、文山县、广南县、富宁县	76 286.3	1 064.6
三峡库区水土保持生态功能区	湖北省：巴东县、兴山县、秭归县、夷陵区、长阳土家族自治县、五峰土家族自治县 重庆市：巫山县、奉节县、云阳县	27 849.6	520.6
塔里木河荒漠化防治生态功能区	新疆维吾尔自治区：岳普湖县、伽师县、巴楚县、阿瓦提县、英吉沙县、泽普县、莎车县、麦盖提县、阿克陶县、阿合奇县、乌恰县、图木舒克市、叶城县、塔什库尔干塔吉克自治县、墨玉县、皮山县、洛浦县、策勒县、于田县、民丰县（含新疆生产建设兵团所属团场）	453 601	497.1

区域	范围	面积/km²	人口/万人
阿尔金草原荒漠化防治生态功能区	新疆维吾尔自治区：且末县、若羌县（含新疆生产建设兵团所属团场）	336 625	9.5
呼伦贝尔草原草甸生态功能区	内蒙古自治区：新巴尔虎左旗、新巴尔虎右旗	45 546	7.6
科尔沁草原生态功能区	内蒙古自治区：阿鲁科尔沁旗、巴林右旗、翁牛特旗、开鲁县、库伦旗、奈曼旗、扎鲁特旗、科尔沁左翼中旗、科尔沁右翼中旗、科尔沁左翼后旗 吉林省：通榆县	111 202	385.2
浑善达克沙漠化防治生态功能区	河北省：围场满族蒙古族自治县、丰宁满族自治县、沽源县、张北县、尚义县、康保县 内蒙古自治区：克什克腾旗、多伦县、正镶白旗、正蓝旗、太仆寺旗、镶黄旗、阿巴嘎旗、苏尼特左旗、苏尼特右旗	168 048	288.1
阴山北麓草原生态功能区	内蒙古自治区：达尔汗茂明安联合旗、察哈尔右翼中旗、察哈尔右翼后旗、四子王旗、乌拉特中旗、乌拉特后旗	96 936.1	95.8
川滇森林及生物多样性生态功能区	四川省：天全县、宝兴县、小金县、康定县、泸定县、丹巴县、雅江县、道孚县、稻城县、得荣县、盐源县、木里藏族自治县、汶川县、北川县、茂县、理县、平武县、九龙县、炉霍县、甘孜县、新龙县、德格县、白玉县、石渠县、色达县、理塘县、巴塘县、乡城县、马尔康县、壤塘县、金川县、黑水县、松潘县、九寨沟县 云南省：香格里拉县（不包括建塘镇）、玉龙纳西族自治县、福贡县、贡山独龙族怒族自治县、兰坪白族普米族自治县、维西傈僳族自治县、勐海县、勐腊县、德钦县、泸水县（不包括六库镇）、剑川县、金平苗族瑶族傣族自治县、屏边苗族自治县	302 633	501.2
秦巴生物多样性生态功能区	湖北省：竹溪县、竹山县、房县、丹江口市、神农架林区、郧西县、郧县、保康县、南漳县 重庆市：巫溪县、城口县四川省：旺苍县、青川县、通江县、南江县、万源市 陕西省：凤县、太白县、洋县、勉县、宁强县、略阳县、镇巴县、留坝县、佛坪县、宁陕县、紫阳县、岚皋县、镇坪县、镇安县、柞水县、旬阳县、平利县、白河县、周至县、南郑县、西乡县、石泉县、汉阴县 甘肃省：康县、两当县、迭部县、舟曲县、武都区、宕昌县、文县	140 004.5	1 500.4

区域	范围	面积/km²	人口/万人
藏东南高原边缘森林生态功能区	西藏自治区：墨脱县、察隅县、错那县	97 750	5.8
藏西北羌塘高原荒漠生态功能区	西藏自治区：班戈县、尼玛县、日土县、革吉县、改则县	494 381	11
三江平原湿地生态功能区	黑龙江省：同江市、富锦市、抚远县、饶河县、虎林市、密山市、绥滨县	47 727	142.2
武陵山区生物多样性与水土保持生态功能区	湖北省：利川市、建始县、宣恩县、咸丰县、来凤县、鹤峰县 湖南省：慈利县、桑植县、泸溪县、凤凰县、花垣县、龙山县、永顺县、古丈县、保靖县、石门县、永定区、武陵源区、辰溪县、麻阳苗族自治县 重庆市：酉阳土家族苗族自治县、彭水苗族土家族自治县、秀山土家族苗族自治县、武隆县、石柱土家族自治县	65 571	1 137.3
海南岛中部山区热带雨林生态功能区	海南省：五指山市、保亭黎族苗族自治县、琼中黎族苗族自治县、白沙黎族自治县	7 119	74.6
总计	436 个县级行政区	3 858 797	11 354.7

注：青海省格尔木市唐古拉镇为乡级行政单位，不计入县级行政单位数。

表2　国家重点生态功能区的类型和发展方向

区域	类型	综合评价	发展方向
大小兴安岭森林生态功能区	水源涵养	森林覆盖率高，具有完整的寒温带森林生态系统，是松嫩平原和呼伦贝尔草原的生态屏障。目前原始森林受到较严重的破坏，出现不同程度的生态退化现象	加强天然林保护和植被恢复，大幅度调减木材产量，对生态公益林禁止商业性采伐，植树造林，涵养水源，保护野生动物
长白山森林生态功能区	水源涵养	拥有温带最完整的山地垂直生态系统，是大量珍稀物种资源的生物基因库。目前森林破坏导致环境改变，威胁多种动植物物种的生存	禁止非保护性采伐，植树造林，涵养水源，防止水土流失，保护生物多样性
阿尔泰山地森林草原生态功能区	水源涵养	森林茂密，水资源丰沛，是额尔齐斯河和乌伦古河的发源地，对北疆地区绿洲开发、生态环境保护和经济发展具有较高的生态价值。目前草原超载过牧，草场植被受到严重破坏	禁止非保护性采伐，合理更新林地。保护天然草原，以草定畜，增加饲草料供给，实施牧民定居

区域	类型	综合评价	发展方向
三江源草原草甸湿地生态功能区	水源涵养	长江、黄河、澜沧江的发源地,有"中华水塔"之称,是全球大江大河、冰川、雪山及高原生物多样性最集中的地区之一,其径流、冰川、冻土、湖泊等构成的整个生态系统对全球气候变化有巨大的调节作用。目前草原退化、湖泊萎缩、鼠害严重,生态系统功能受到严重破坏	封育草原,治理退化草原,减少载畜量,涵养水源,恢复湿地,实施生态移民
若尔盖草原湿地生态功能区	水源涵养	位于黄河与长江水系的分水地带,湿地泥炭层深厚,对黄河流域的水源涵养、水文调节和生物多样性维护有重要作用。目前湿地疏干垦殖和过度放牧导致草原退化、沼泽萎缩、水位下降	停止开垦,禁止过度放牧,恢复草原植被,保持湿地面积,保护珍稀动物
甘南黄河重要水源补给生态功能区	水源涵养	青藏高原东端面积最大的高原沼泽泥炭湿地,在维系黄河流域水资源和生态安全方面有重要作用。目前草原退化沙化严重,森林和湿地面积锐减,水土流失加剧,生态环境恶化	加强天然林、湿地和高原野生动植物保护,实施退牧还草、退耕还林还草、牧民定居和生态移民
祁连山冰川与水源涵养生态功能区	水源涵养	冰川储量大,对维系甘肃河西走廊和内蒙古西部绿洲的水源具有重要作用。目前草原退化严重,生态环境恶化,冰川萎缩	围栏封育天然植被,降低载畜量,涵养水源,防止水土流失,重点加强石羊河流域下游民勤地区的生态保护和综合治理
南岭山地森林及生物多样性生态功能区	水源涵养	长江流域与珠江流域的分水岭,是湘江、赣江、北江、西江等的重要源头区,有丰富的亚热带植被。目前原始森林植被破坏严重,滑坡、山洪等灾害时有发生	禁止非保护性采伐,保护和恢复植被,涵养水源,保护珍稀动物
黄土高原丘陵沟壑水土保持生态功能区	水土保持	黄土堆积深厚、范围广大,土地沙漠化敏感程度高,对黄河中下游生态安全具有重要作用。目前坡面土壤侵蚀和沟道侵蚀严重,侵蚀产沙易淤积河道、水库	控制开发强度,以小流域为单元综合治理水土流失,建设淤地坝
大别山水土保持生态功能区	水土保持	淮河中游、长江下游的重要水源补给区,土壤侵蚀敏感程度高。目前山地生态系统退化,水土流失加剧,加大了中下游洪涝灾害发生率	实施生态移民,降低人口密度,恢复植被
桂黔滇喀斯特石漠化防治生态功能区	水土保持	属于以岩溶环境为主的特殊生态系统,生态脆弱性极高,土壤一旦流失,生态恢复难度极大。目前生态系统退化问题突出,植被覆盖率低,石漠化面积加大	封山育林育草,种草养畜,实施生态移民,改变耕作方式

区域	类型	综合评价	发展方向
三峡库区水土保持生态功能区	水土保持	我国最大的水利枢纽工程库区，具有重要的洪水调蓄功能，水环境质量对长江中下游生产生活有重大影响。目前森林植被破坏严重，水土保持功能减弱，土壤侵蚀量和入库泥沙量增大	巩固移民成果，植树造林，恢复植被，涵养水源，保护生物多样性
塔里木河荒漠化防治生态功能区	防风固沙	南疆主要用水源，对流域绿洲开发和人民生活至关重要，沙漠化和盐渍化敏感程度高。目前水资源过度利用，生态系统退化明显，胡杨木等天然植被退化严重，绿色走廊受到威胁	合理利用地表水和地下水，调整农牧业结构，加强药材开发管理，禁止过度开垦，恢复天然植被，防止沙化面积扩大
阿尔金草原荒漠化防治生态功能区	防风固沙	气候极为干旱，地表植被稀少，保存着完整的高原自然生态系统，拥有许多极为珍贵的特有物种，土地沙漠化敏感程度极高。目前鼠害肆虐，土地荒漠化加速，珍稀动植物的生存受到威胁	控制放牧和旅游区域范围，防范盗猎，减少人类活动干扰
呼伦贝尔草原草甸生态功能区	防风固沙	以草原草甸为主，产草量高，但土壤质地粗疏，多大风天气，草原生态系统脆弱。目前草原过度开发造成草场沙化严重，鼠虫害频发	禁止过度开垦、不适当樵采和超载过牧，退牧还草，防治草场退化沙化
科尔沁草原生态功能区	防风固沙	地处温带半湿润与半干旱过渡带，气候干燥，多大风天气，土地沙漠化敏感程度极高。目前草场退化、盐渍化和土壤贫瘠化严重，为我国北方沙尘暴的主要沙源地，对东北和华北地区生态安全构成威胁	根据沙化程度采取针对性强的治理措施
浑善达克沙漠化防治生态功能区	防风固沙	以固定、半固定沙丘为主，干旱频发，多大风天气，是北京乃至华北地区沙尘的主要来源地。目前土地沙化严重，干旱缺水，对华北地区生态安全构成威胁	采取植物和工程措施，加强综合治理
阴山北麓草原生态功能区	防风固沙	气候干旱，多大风天气，水资源贫乏，生态环境极为脆弱，风蚀沙化土地比重高。目前草原退化严重，为沙尘暴的主要沙源地，对华北地区生态安全构成威胁	封育草原，恢复植被，退牧还草，降低人口密度
川滇森林及生物多样性生态功能区	生物多样性维护	原始森林和野生珍稀动植物资源丰富，是大熊猫、羚牛、金丝猴等重要物种的栖息地，在生物多样性维护方面具有十分重要的意义。目前山地生态环境问题突出，草原超载过牧，生物多样性受到威胁	保护森林、草原植被，在已明确的保护区域保护生物多样性和多种珍稀动植物基因库

区域	类型	综合评价	发展方向
秦巴生物多样性生态功能区	生物多样性维护	包括秦岭、大巴山、神农架等亚热带北部和亚热带—暖温带过渡的地带，生物多样性丰富，是许多珍稀动植物的分布区。目前水土流失和地质灾害问题突出，生物多样性受到威胁	减少林木采伐，恢复山地植被，保护野生物种
藏东南高原边缘森林生态功能区	生物多样性维护	主要以分布在海拔900～2 500米的亚热带常绿阔叶林为主，山高谷深，天然植被仍处于原始状态，对生态系统保育和森林资源保护具有重要意义	保护自然生态系统
藏西北羌塘高原荒漠生态功能区	生物多样性维护	高原荒漠生态系统保存较为完整，拥有藏羚羊、黑颈鹤等珍稀特有物种。目前土地沙化面积扩大，病虫害和融洞滑塌等灾害增多，生物多样性受到威胁	加强草原草甸保护，严格草畜平衡，防范盗猎，保护野生动物
三江平原湿地生态功能区	生物多样性维护	原始湿地面积大，湿地生态系统类型多样，在蓄洪防洪、抗旱、调节局部地区气候、维护生物多样性、控制土壤侵蚀等方面具有重要作用。目前湿地面积减小和破碎化、面源污染严重，生物多样性受到威胁	扩大保护范围，控制农业开发和城市建设强度，改善湿地环境
武陵山区生物多样性及水土保持生态功能区	生物多样性维护	属于典型亚热带植物分布区，拥有多种珍稀濒危物种。是清江和澧水的发源地，对减少长江泥沙具有重要作用。目前土壤侵蚀较严重，地质灾害较多，生物多样性受到威胁	扩大天然林保护范围，巩固退耕还林成果，恢复森林植被和生物多样性
海南岛中部山区热带雨林生态功能区	生物多样性维护	热带雨林、热带季雨林的原生地，我国小区域范围内生物物种十分丰富的地区之一，也是我国最大的热带植物园和最丰富的物种基因库之一。目前由于过度开发，雨林面积大幅减少，生物多样性受到威胁	加强热带雨林保护，遏制山地生态环境恶化

表3 国家禁止开发区域基本情况

类型	个数	面积/万 km²	占陆地国土面积比重/%
国家级自然保护区	319	92.85	9.67
世界文化自然遗产	40	3.72	0.39
国家级风景名胜区	208	10.17	1.06
国家森林公园	738	10.07	1.05
国家地质公园	138	8.56	0.89
合计	1 443	120	12.5

注：本表统计结果截至2010年10月31日。总面积中已扣除部分相互重叠的面积。

网站参考资料

中国湿地网：http：//www.wetlands.cn/

原国家环境保护总局网：http：//www.zhb.gov.cn/

中华人民共和国环境保护部网：http：//www.mep.gov.cn/

中国生态环境网：http：//www.cneco.com/

中国生态网：http：//www.51st.cn/

中国环境生态网：http：//www.eedu.org.cn/

水利论坛：http：//www.shuigong.com/

中国水土保持生态建设网：http：//www.swcc.org.cn/

中国林业网：http：//www.chinaforestry.com.cn/

中国环境影响评价网：http：//www.china-eia.com/

中国生态学会网：http：//www.esc.org.cn/

中国期刊网（中国知网）：http：//www.cnki.net/

中央人民政府网：http：//www.gov.cn/

环评爱好者网：http：//www.eiafans.com/

生态学报网：http：//www.ecologica.cn/

贾生元的博客：http：//jsy3928.blog.163.com/

后 记

生态影响评价是规划及开发建设项目环境影响评价的重要内容。为了给从事环境影响评价工作的技术人员提供一本既具有基本理论又具有实践指导作用的参考书，本书编者总结了多年的实际工作经验，并通过对前人研究和工作成果的学习、提炼，编写了这本《生态影响评价理论与技术》。

作者在给环境影响评价工程师考前培训和环境影响评价上岗人员培训或继续教育讲课时，学员经常问到的一些生态学的基本概念和基本原理应用方面的问题，因此感受到了从事生态影响评价技术人员的迫切需要。一直琢磨着写一本关于开发建设项目及规划生态影响评价的书，对主要以生态影响为主的各类型建设项目以及规划的生态影响评价进行分析、总结，为从事环境影响评价的技术人员提供一些参考资料或作为工作指南。

本书是按照"生态学基本概念、生态学基本原理及其在环境影响评价中的应用、生态影响评价主要内容、生态影响评价技术方法、典型开发建设项目生态影响评价技术要点、生态规划及规划环评生态专题、竣工环境保护验收调查及生态监理、附件"的顺序进行编写的（书中的个别内容曾在博客 http://jsy3928.blog.163.com/的"环境影响评价论坛"栏目交流过）。

本书的编写工作由贾生元发起，形成初稿之后，在环境保护部环境发展中心（暨中日友好环境保护中心）环境影响评价研究中心领导的关心下，组织有关技术人员分工讨论、修编，最后由贾生元进行终审、统稿。因此，十分感谢环境保护部环境发展中心（中日友好环境保护中心）环境影响评价中心原主任刘文祥研究员（现作为环保部下派干部在新疆生产建设兵团环境保护局任职）、原主任董旭辉研究员（现为中日友好环境保护中心总工程师、广西壮族自治区柳州市副市长）、主任王亚男高级工程师的支持，原副主任牟全君高级工程师（现在辽宁省环科院任职）的支持。

感谢北京欣国环环境技术发展有限公司穆彬总经理（并参与第 8 章的编写）及各位同仁的大力支持，谨致谢意。

特别感谢原中国生态学会理事长、著名生态学家、北京大学陈昌笃教授，原新疆维吾尔自治区环保局局长安惠民教授，两位教授虽然年事已高，但仍不辞辛苦，认真审阅了本书初稿，提出了十分有益的意见和建议；环境保护部环境工程评估中心研究员梁学功博士、厦门大学环境影响评价中心主任石晓风先生审阅了本书初稿并提出意见和建议，对此我们深表谢意。

在编写过程中，学习和参考了前人研究的大量成果，并使自己在理论上又得到了丰富，有了一定的进步。因此，十分感谢老前辈及在生态学研究方面作出贡献的专家、学者。

尽管本书充分考虑了生态学的基本概念、基本原理在生态影响评价中的应用，并试图针对不同类型的建设项目提出有针对性和可操作性的生态影响评价技术。但是，由于建设项目类型多样、规模不同、建设内容差别很大，而不同地区、不同区域的生态现状不同，生态现状调查方法、内容各有不同，同时开发建设项目对生态的影响性质、方式、程度、范围也不尽相同，生态影响评价各有不同的要求，生态保护措施也不可能千篇一律。因此，在实际工作中大家还需要根据项目本身实事求是地去分析、评价。

希望各位读者对本书中的不当之处给予批评、指正，将您的宝贵意见和建议发至电子信箱：jsy3928@163.com，将十分感谢。

2013 年 2 月于北京